1970 年代的托卡契夫，當時在波羅的海度假。（當事人親友提供）

1948 年就學時模樣。（當事人親友提供）

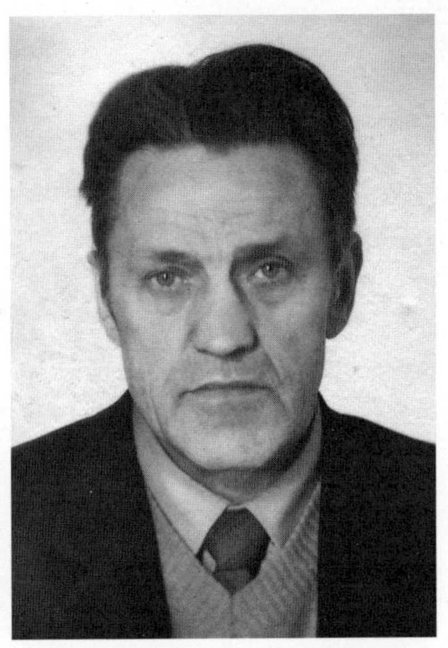

1984 年時的托卡契夫。（當事人親友提供）

托卡契夫第一次與 CIA 接觸的莫斯科加油站，時間是 1977 年 1 月 12 日。（Valery Smychkov 提供）

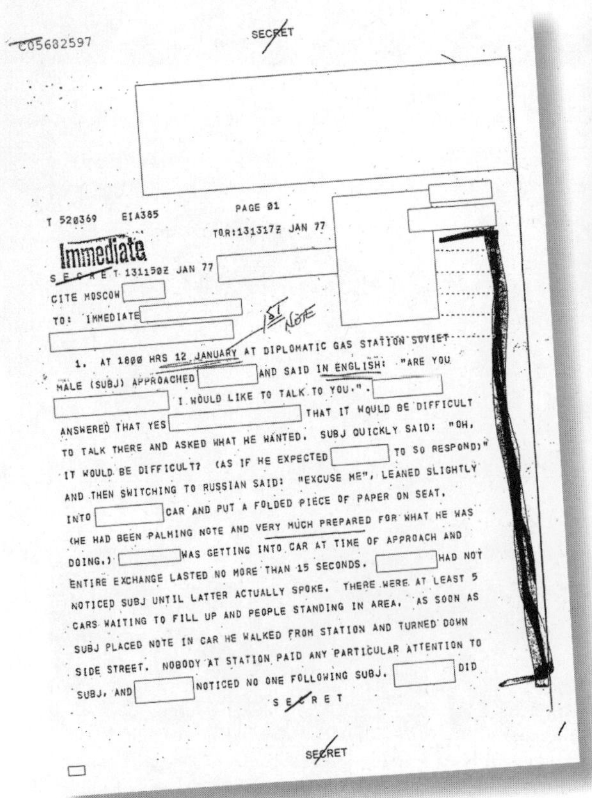

C05682597

SECRET

T 520369 EIA385 PAGE 01
TOR:131317Z JAN 77

Immediate

SECRET 131150Z JAN 77
CITE MOSCOW
TO: IMMEDIATE

1ST NOTE

1. AT 1800 HRS 12 JANUARY AT DIPLOMATIC GAS STATION SOVIET MALE (SUBJ) APPROACHED AND SAID IN ENGLISH: "ARE YOU I WOULD LIKE TO TALK TO YOU.". ANSWERED THAT YES THAT IT WOULD BE DIFFICULT TO TALK THERE AND ASKED WHAT HE WANTED. SUBJ QUICKLY SAID: "OH, IT WOULD BE DIFFICULT? (AS IF HE EXPECTED TO SO RESPOND)" AND THEN SWITCHING TO RUSSIAN SAID: "EXCUSE ME", LEANED SLIGHTLY INTO CAR AND PUT A FOLDED PIECE OF PAPER ON SEAT. (HE HAD BEEN PALMING NOTE AND VERY MUCH PREPARED FOR WHAT HE WAS DOING.) WAS GETTING INTO CAR AT TIME OF APPROACH AND ENTIRE EXCHANGE LASTED NO MORE THAN 15 SECONDS. HAD NOT NOTICED SUBJ UNTIL LATTER ACTUALLY SPOKE. THERE WERE AT LEAST 5 CARS WAITING TO FILL UP AND PEOPLE STANDING IN AREA. AS SOON AS SUBJ PLACED NOTE IN CAR HE WALKED FROM STATION AND TURNED DOWN SIDE STREET. NOBODY AT STATION PAID ANY PARTICULAR ATTENTION TO SUBJ, AND NOTICED NO ONE FOLLOWING SUBJ. DID

SECRET

SECRET

傳爾登向蘭利發回的電文，說明某俄國男性在加油站與他接觸的經過。

當年的 CIA 莫斯科站長，羅伯．傅爾登。（Robert M. Fulton Trust 提供）

當年莫斯科美國大使館所在建築，CIA 莫斯科站就在本大樓 7 樓。後方高聳尖塔的建築就是托卡契夫的住所。（AP Photo/Tanya Makeyeva）

莫斯科站長哈達威，與他住所的蘇聯民兵合影。民兵要負責致電 KGB 任何美國人的進出動態，因此 CIA 情治人員偶爾會用化妝的方式做「身份的替換」。（Karin Hathaway 提供）

1977 年 8 月的莫斯科站火災後的哈達威，身為 CIA 站長，他極力抗拒讓KGB「消防員」進入莫斯科站。（Karin Hathaway 提供）

大火隔天早上，哈達威（右二）穿著風衣與同仁站在大街上，打量失火的大使館。（Karin Hathaway 提供）

海軍上將譚納於 1977 年出任 CIA 局長，他擔憂莫斯科站有哪裡不對勁，所以下令停止一切的活動。（AP Photo/Bob Daugherty）

1979，位於維吉尼亞州蘭利市的中央情報局總部。（AP Photo）

1977 年 7 月 15 日身在 FGB 總部的瑪蒂・彼德生，她是在秘密情報交換點放置物件給歐格洛德尼克時失手被補。歐格洛德尼克最後是以 CIA 提供的 L 藥丸自我了結。（H. Keith Melton and the Melton Archive 提供）

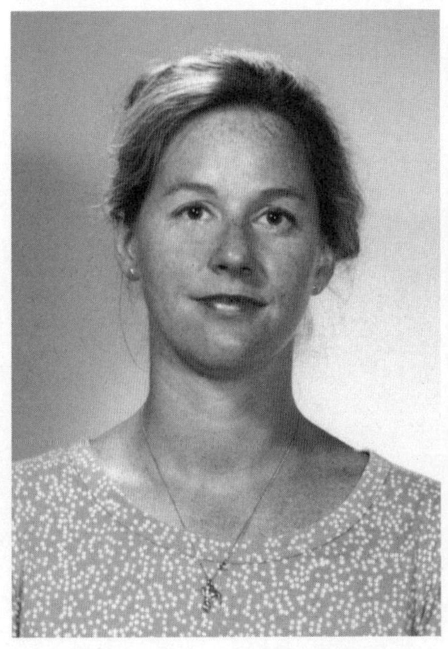

彼德生返回美國後，先後向局長譚納和總統卡特做簡報。（Martha Peterson 提供）

代號「CK 三角」的蘇聯外交官，亞歷山大・歐格洛德尼克。（Martha Peterson 提供）

約翰．桂爾瑟在莫斯科家中留影，他是托卡契夫的第一任專案官員。（Catherine Guilsher 提供）

桂爾瑟於莫斯科站內。（David Rolph 提供）

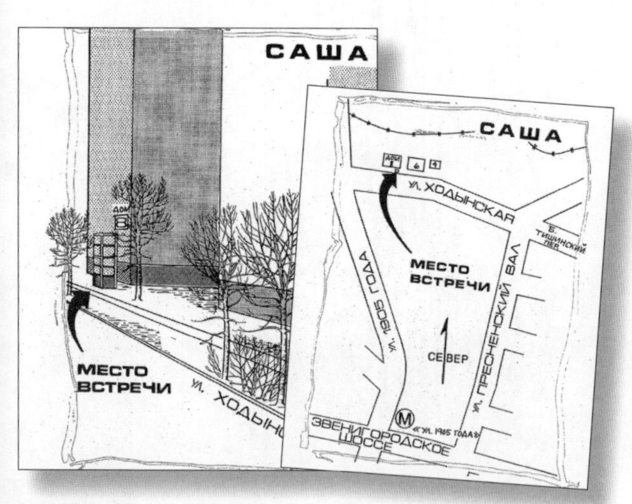

桂爾瑟與其他 CIA 同仁製作的，與托卡契夫會見的地點，代號 SASHA 的地圖和示意圖。

1970 年代的托卡契夫，當時在波羅的海度假。（當事人親友提供）

1948 年就學時模樣。（當事人親友提供）

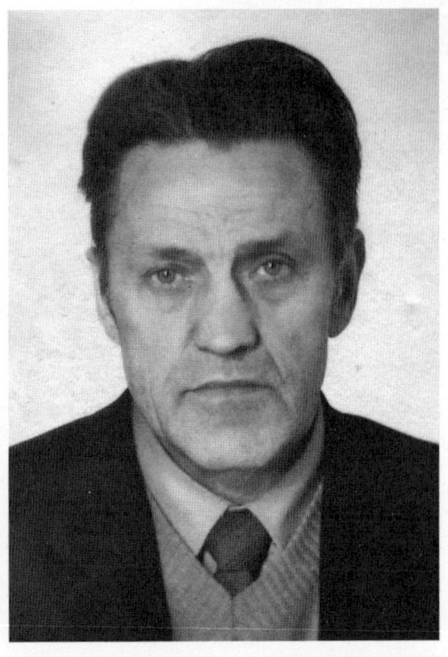

1984 年時的托卡契夫。（當事人親友提供）

托卡契夫第一次與 CIA 接觸的莫斯科加油站，時間是 1977 年 1 月 12 日。（Valery Smychkov 提供）

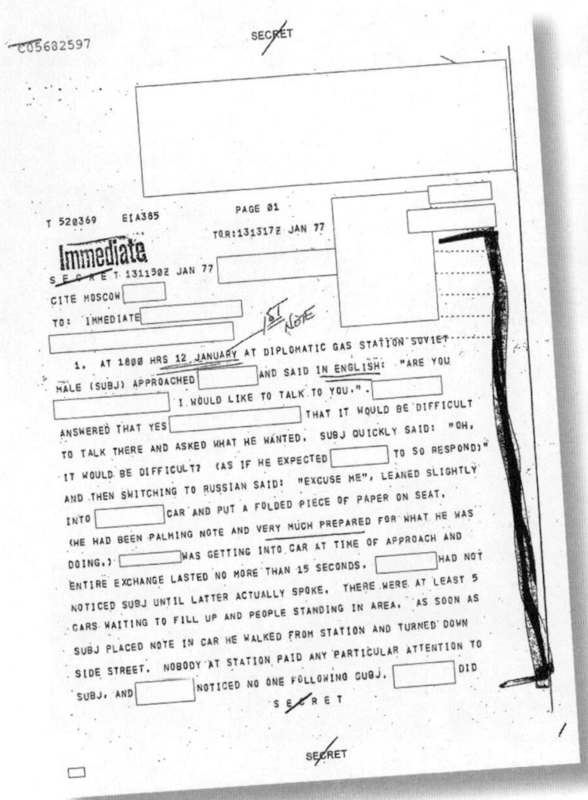

C05682597

SECRET

T 520369 EIA385 PAGE 01
TOR:131317Z JAN 77

Immediate

SECRET 131150Z JAN 77
CITE MOSCOW
TO: IMMEDIATE

1ST NOTE

1. AT 1800 HRS 12 JANUARY AT DIPLOMATIC GAS STATION SOVIET MALE (SUBJ) APPROACHED AND SAID IN ENGLISH: "ARE YOU I WOULD LIKE TO TALK TO YOU." ANSWERED THAT YES THAT IT WOULD BE DIFFICULT TO TALK THERE AND ASKED WHAT HE WANTED. SUBJ QUICKLY SAID: "OH, IT WOULD BE DIFFICULT? (AS IF HE EXPECTED TO SO RESPOND)" AND THEN SWITCHING TO RUSSIAN SAID: "EXCUSE ME", LEANED SLIGHTLY INTO CAR AND PUT A FOLDED PIECE OF PAPER ON SEAT. (HE HAD BEEN PALMING NOTE AND VERY MUCH PREPARED FOR WHAT HE WAS DOING.) WAS GETTING INTO CAR AT TIME OF APPROACH AND ENTIRE EXCHANGE LASTED NO MORE THAN 15 SECONDS. HAD NOT NOTICED SUBJ UNTIL LATTER ACTUALLY SPOKE. THERE WERE AT LEAST 5 CARS WAITING TO FILL UP AND PEOPLE STANDING IN AREA. AS SOON AS SUBJ PLACED NOTE IN CAR HE WALKED FROM STATION AND TURNED DOWN SIDE STREET. NOBODY AT STATION PAID ANY PARTICULAR ATTENTION TO SUBJ, AND NOTICED NO ONE FOLLOWING SUBJ. DID

SECRET

SECRET

傳爾登向蘭利發回的電文，説明某俄國男性在加油站與他接觸的經過。

當年的 CIA 莫斯科站長，羅伯．傳爾登。（Robert M. Fulton Trust 提供）

當年莫斯科美國大使館所在建築，CIA 莫斯科站就在本大樓 7 樓。後方高聳尖塔的建築就是托卡契夫的住所。（AP Photo/Tanya Makeyeva）

莫斯科站長哈達威，與他住所的蘇聯民兵合影。民兵要負責致電 KGB 任何美國人的進出動態，因此 CIA 情治人員偶爾會用化妝的方式做「身份的替換」。（Karin Hathaway 提供）

1977 年 8 月的莫斯科站火災後的哈達威，身為 CIA 站長，他極力抗拒讓KGB「消防員」進入莫斯科站。（Karin Hathaway 提供）

大火隔天早上，哈達威（右二）穿著風衣與同仁站在大街上，打量失火的大使館。（Karin Hathaway 提供）

海軍上將譚納於 1977 年出任 CIA 局長，他擔憂莫斯科站有哪裡不對勁，所以下令停止一切的活動。（AP Photo/Bob Daugherty）

1979，位於維吉尼亞州蘭利市的中央情報局總部。（AP Photo）

1977 年 7 月 15 日身在 FGB 總部的瑪蒂．彼德生，她是在秘密情報交換點放置物件給歐格洛德尼克時失手被補。歐格洛德尼克最後是以 CIA 提供的 L 藥丸自我了結。（H. Keith Melton and the Melton Archive 提供）

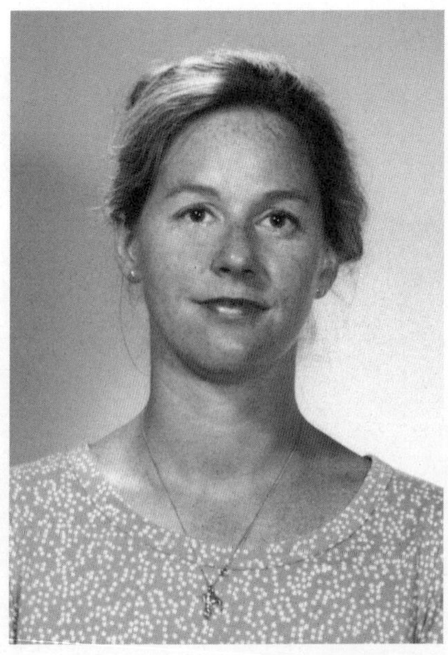

彼德生返回美國後，先後向局長譚納和總統卡特做簡報。（Martha Peterson 提供）

代號「CK 三角」的蘇聯外交官，亞歷山大．歐格洛德尼克。（Martha Peterson 提供）

約翰．桂爾瑟在莫斯科家中留影，他是托卡契夫的第一任專案官員。（Catherine Guilsher 提供）

桂爾瑟於莫斯科站內。（David Rolph 提供）

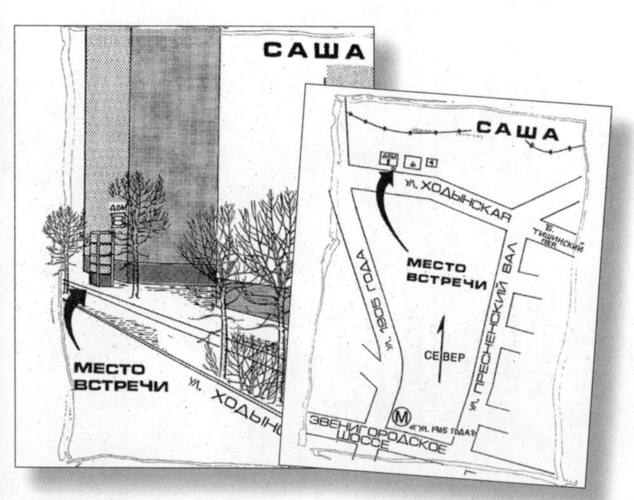

桂爾瑟與其他 CIA 同仁製作的，與托卡契夫會見的地點，代號 SASHA 的地圖和示意圖。

第一台提供給托卡契夫的迷你莫莉間諜相機（右上），但是拍攝結果並不是很好。之後 CIA 再提供他隱藏在鑰匙串中的特洛培相機（左）。特洛培相機是光學工程上的一大奇蹟，托卡契夫曾用這款相機在男廁翻拍密件，右下是使用說明書。（H. Keith Melton and the Melton Archive 提供）

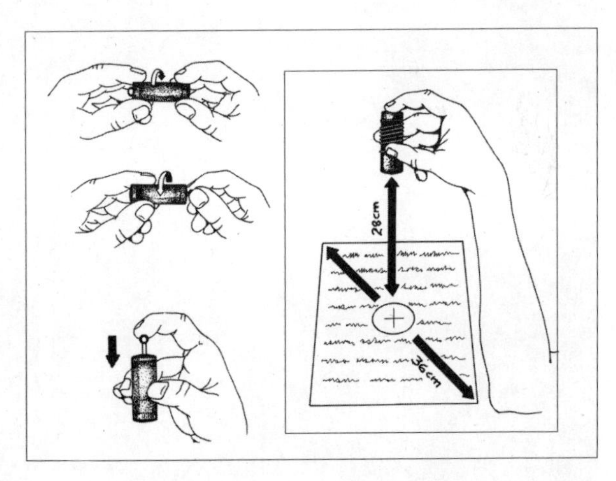

大衛．羅夫在接任托卡契夫的專案官員之前，協助執行大膽的 CK 烏托邦出逃行動。（David Rolph 提供）

CK 烏托邦在柱子上留下的大大一個 V 字，羅夫在 1980 年某個週日發現了這個信號，撤出行動就此開始。（David Rolph 提供）

CIA 嘗試複製托卡契夫的通行證，以利他夾帶文件離開他的辦公大樓。儘管作了多方努力，它只在 1983 年夏天用了很短一段時間。圖為 CIA 版的通行證模樣，第三張是托卡契夫提供羅夫證件紙張樣本說明的英文翻譯。（H. Keith Melton and the Melton Archive 提供）

In the propusk B are colored strips of paper and a strip of material, cut out from the cover of my propusk.

1980 至 82 年擔任莫斯科站長，之後出任總部蘇聯組組長的波敦・葛伯以及妻子。他發展的「葛伯定律」協助調查間諜背景，之後又提出「深度潛伏」人員的構想。（Burton L. Gerber 提供）

羅伯・莫理斯在他的掩護辦公室留影。（Robert O. Morris 提供）

托卡契夫所住的大樓鄰居大部分是蘇聯航空與火箭領域的菁英，他住在九樓。後期他與 CIA 約定見面的信號就是打開蘇聯建築特有的氣窗。（作者提供）

托卡契夫最重要的間諜工具是一台賓得士 ME 單眼三十五公厘相機。他利用這台相機加上一個夾具，就能為 CIA 翻拍上千張機密文件。（Titrisol/Wikimedia Commons 提供）

WANTED BY THE FBI

ESPIONAGE; INTERSTATE FLIGHT - PROBATION VIOLATION

EDWARD LEE HOWARD

FBI No. 720 744 CA2

Photograph taken 1983

Aliases: Patrick Brian, Patrick M. Brian, Patrick M. Bryan, Edward L. Houston, Roger H. Shannon

DESCRIPTION

Date of Birth:	October 27, 1951	**Hair:**	brown
Place of Birth:	Alamogordo, New Mexico	**Eyes:**	brown
Height:	5'11"	**Complexion:**	medium
Weight:	165 to 180 pounds	**Race:**	white
Build:	medium	**Nationality:**	American
Occupations:	economic analyst, former U.S. Government employee		
Remarks:	knowledgeable in the use of firearms.		
Scars and Marks:	2-inch scar over right eye; scar on upper lip		
Social Security Number Used:	457-92-0226		
NCIC:	D0540719191108101419		
Fingerprint Classification:	4 0 1 R IIO 19 / S 17 U IIO		

CRIMINAL RECORD

HOWARD HAS BEEN CONVICTED OF ASSAULT WITH A DEADLY WEAPON.

CAUTION

HOWARD SHOULD BE CONSIDERED ARMED AND DANGEROUS AND SHOULD BE APPROACHED WITH CAUTION INASMUCH AS HE HAS BEEN CONVICTED OF ASSAULT WITH A DEADLY WEAPON AND IS PRESENTLY ON SUPERVISED PROBATION.

A Federal warrant was issued on September 23, 1985, at Albuquerque, New Mexico, charging Howard with Espionage (Title 18, U.S. Code, Section 794 (c)). A Federal warrant was also issued on September 27, 1985, at Albuquerque, charging Howard with Unlawful Interstate Flight to Avoid Confinement – Probation Violation (Title 18, U.S. Code, Section 1073).

IF YOU HAVE ANY INFORMATION CONCERNING THIS PERSON, PLEASE CONTACT YOUR LOCAL FBI OFFICE. TELEPHONE NUMBERS AND ADDRESSES OF ALL FBI OFFICES LISTED ON BACK.

William H Webster
DIRECTOR
FEDERAL BUREAU OF INVESTIGATION
UNITED STATES DEPARTMENT OF JUSTICE
WASHINGTON, D. C. 20535
TELEPHONE: 202 324-3000

Entered NCIC
Wanted Flyer 524
October 4, 1985

FBI 在 1985 年發佈的愛德華．李．霍華德通緝海報。

走在 1985 年莫斯科街頭的霍華德。
（AP Photo/Tanya Makeyeva）

SECRET

Memorandum J.H. Geer to E.J. Sharp
Re: Administrative Inquiry into the
Disappearance of Edward Lee Howard
from Santa Fe, New Mexico,
September 21, 1985

DETAILS: At the request of the Assistant Director, INTD, Assistant Director Glover, Inspection Division, had an administrative inquiry conducted in order to establish how Edward Lee Howard disappeared from Santa Fe, New Mexico, on 9/21/85, while under FBI physical surveillance. This administrative inquiry was conducted and included interviews of personnel in Albuquerque, San Diego and Los Angeles as well as FBIHQ. A copy of this report is attached for your review. (original memo only)

b6
b7C

A thorough review of this administrative summary has been conducted and it is INTD's recommendation that administrative action be considered for [ ] who was assigned to the lookout on 9/21/85, the date of Howard's disappearance.

b6
b7C

[ ] performance was less than adequate and is a critical element in the disappearance of Howard while under physical surveillance. It is noted that [ ] after having been placed on notice that the Howards were to leave their residence, and knowing the approximate time that the babysitter was to arrive at the residence, failed to notice the departure of the Howards from their residence and also failed to notify the surveillance teams of the Howards' departure. [ ] further failed to notice and/or advise the surveillance teams of the babysitter's arrival after having logged outgoing calls that the babysitter was making from the Howards' residence. [ ] recorded an incoming call from Mrs. Howard wherein she stated that she was at Alfonso's Restaurant and, although he recorded this call [ ] failed to notify the surveillance units of this call. [ ] also failed to notice the return of Mrs. Howard to her residence.

b6
b7C

[ ] was further delinquent in his performance in that he failed to report problems he experienced with the surveillance monitoring equipment and he made entries into his surveillance log which he later admitted he could not sustain.

[ ] lack of performance in a very critical position is primarily responsible for the undetected disappearance of Howard.

1985 年 9 月 21 日，霍華德在 FBI 的跟監中從新墨西哥州聖塔菲市給跑了。

托卡契夫於 1985 年 6 月 9 日因臨檢走出他的汽車，之後就被 KGB 人員給誘捕了。（H. Keith Melton and the Melton Archive 提供）

由紐約藝術家凱西．克朗茲．費拉莫斯卡繪畫，用以重現托卡契夫翻拍密件的畫像，如今高掛在CIA 總部內。（畫者提供）

終結冷戰：

一個被遺忘的間諜及美蘇對抗祕史

The Billion Dollar Spy

A True Story of Cold War Espionage and Betrayal

David E. Hoffman

大衛・霍夫曼——著

林添貴——譯

天底下有哪件事不危險。

阿多夫・托卡契夫

一九八四年十月十一日

目錄

序曲

間諜不見了！

他是二十年來美國在蘇聯境內最成功、最有價值的間諜。他提供的文件和示意圖解開蘇聯雷達的祕密，也揭露未來十年研發武器系統的敏感計畫。他冒極大風險從軍方實驗室偷出電路板和藍圖，把它們交給中央情報局（CIA）。他的間諜作業使美國得以在空戰中主宰天空，也證實蘇聯空防的罩門——美國巡弋飛彈和轟炸機能在其雷達底下飛行。

一九八二年秋末、冬初，CIA跟他失去聯絡。五次預定會面，他都沒有現身。已經好幾個月毫無音訊。十月間，CIA試圖與他會面卻不果，因為街上KGB的監視人員太多了。即使CIA莫斯科站的「深度潛伏」人員——那些KGB不知道的情治人員——也無法突破。十一月二十四日，一名深度潛伏的人員稍作化妝、設法從公共電話打電話進這位間諜的家，但接電話的另有其人。CIA即刻掛斷電話。

十二月七日晚間，另一次預定碰面時間，整個行動的未來交付到比爾．蒲隆克（Bill Plunkert）手中。蒲隆克從海軍飛行員退伍後加入CIA，培訓成為祕密行動人員。他年過三旬、身高六呎二吋，夏天時調來莫斯科專職和這個間諜配合。他閱讀檔案、研究地圖和照片、細讀電報，也和專案官員討論。即使與這個間諜素未謀面，他自覺已經非常了解他。他的任務是閃過KGB的官員，與當事人取得聯繫。

前幾天，利用一條他們知道已遭ＫＧＢ監聽的電話線，幾位美國外交官討論要在星期二晚間於某人公寓舉辦生日派對。當天晚間，約莫晚餐時間，四個人走向美國大使館停車場的一輛汽車；停車場遭到守在外頭的制服民兵持續監視，他們會把美方人員一舉一動都向ＫＧＢ報告。四名老美中的一人拿著一盒大型生日蛋糕。汽車駛出大使館時，蛋糕盒就擺在駕駛人後方的一名婦人腿上。

開車的是ＣＩＡ莫斯科站站長。蒲隆克坐在副駕駛座。他們的太太坐在後座。四個人早先利用莫斯科站內的座椅已經事先排練過。現在好戲即將上場了！[1]間諜行動其實有如變魔術。今天晚上，蒲隆克就是魔術師。他在西裝底下，另穿一身俄羅斯老人典型的服裝。生日蛋糕是假的，表面看來像蛋糕，底下卻藏著ＣＩＡ技術作業人員設計的工具。蒲隆克期盼此一工具能讓他躲過ＫＧＢ的監視。

這個工具即常用來惡作劇的「小丑盒」（Jack-in-the-Box），大家給它的代號是ＪＩＢ。累積多年經驗後，ＣＩＡ曉得ＫＧＢ監視人員幾乎總是從後頭尾隨美方汽車，很少趨前兩車並行。ＣＩＡ人員的汽車有可能在轉彎時，快速躲開ＫＧＢ官員視線。藉這電光石火短暫時刻，人員可以跳下車、消失無蹤。同時，「小丑盒」彈跳出來，像那人員上半身輪廓的人偶仍然端坐在車上。

為了製作這一工具，ＣＩＡ總部技術處派了兩名年輕工程師到華府老舊社區某一隱蔽的性愛情趣商店，採買三具真人大小的充氣娃娃。但是，娃娃要洩氣和充氣都很不容易。工程師又跑回情趣店好幾次，請教操作方法，但總是不滿意。後來ＣＩＡ意識到，以ＫＧＢ官員車輛在莫斯科街頭跟監的距離研判，放在前座立體假人就不需要是那麼精密的了，只要有個剪影就行。CIA版「小丑盒」就此誕生。[2]

這個工具過去不曾在莫斯科上陣，但是和那位間諜失聯已經好幾個星期後，CIA十分焦急，從總部派出偽裝專家前往莫斯科站，指導如何操作它。他還為蒲隆克準備一些「無菌」的衣物——過去從來沒人穿過——以避免KGB利用犬隻或其他偵監工具從氣味的蛛絲馬跡追查得到。

汽車在莫斯科街頭穿梭，蒲隆克脫掉美式西裝，塞進街上常見的俄羅斯人會拿的一個手提袋裡。現在他戴上面具和眼鏡，一副俄羅斯老人模樣。KGB官員在後頭一路尾隨。時間約晚上七點，夜幕已降下。

汽車一轉彎，短暫脫離跟監者視線。站長利用手煞車讓車放慢速度，小心避免後煞車燈亮起來。蒲隆克打開門、跳下車。同時，站長太太打開蛋糕盒、放在前面副駕駛座，蒲隆克太太伸手拉把手。

清脆的一響，蛋糕上半部彈開，假人偶的腦袋和上半身就位。汽車加速離開。車外的蒲隆克三步作兩步，跳上人行道。他踩出第五步時，KGB跟監的汽車也拐過彎來。

頭燈照到有個老人在人行道上，汽車加速跟蹤上去。CIA的車子看來仍有四個人在車上。站長利用一根小棍子操作，讓JIB的頭前後搖動，彷彿在講話。

JIB奏效！

蒲隆克稍為鬆了一口氣，但接下來幾個小時才是重頭戲。失聯的間諜價值不凡，不僅是莫斯科站的瑰寶，就整個CIA、乃至美國，都是無價之寶。蒲隆克肩負千鈞之重。稍有差池，整個行動就毀於一旦。那位間諜會因叛國罪而遭到處決。

ＣＩＡ沒有人曉得這個間諜為什麼會消失。他被懷疑了嗎？他並不是專業的情報人員；他只是個工程師。他不小心犯了錯嗎？他是否已被逮捕、偵訊，且洩漏了他的叛國罪行？

蒲隆克踽踽獨行在莫斯科街頭，地上結冰、夜色如墨。他認為這樣最適合搞諜報行動。他常常自言自語。蒲隆克是個虔誠的天主教徒，他現在心中暗自禱告。由於配戴著面具，他每一次呼吸，眼鏡就會起霧。走了一陣子，他卸下面具，換上更輕盈的偽裝。他搭上電車與公車前往會面地點。他留心是否有ＫＧＢ在跟監，但似乎沒有。

他必須找到那位間諜，且務必要成功。

第一章
走出鏡像

美蘇冷戰初期，CIA隱匿著一個祕密：CIA從來不曾在莫斯科街頭布建間諜網。CIA沒在莫斯科吸收間諜，是因為對他們可能要吸收的任何蘇聯公民或官員而言，都實在太危險了——有位CIA官員回憶說：「極端危險。」從第一眼相中可能的間諜、展開接觸起，吸收的過程充滿了被蘇聯情報機關「蘇聯國家安全委員會」（KGB）官員發現的風險，假設被逮到，穩死無疑。少數在蘇聯境外自動投靠、或經CIA吸收的間諜，回到國內後繼續平安地報告。但是絕大部分時間，CIA不敢在「暗黑中心」輕舉妄動吸收間諜。

這是扭轉大局的一個諜報行動故事。主角是在絕頂機密的設計實驗室任職的一位工程師，他是蘇聯軍事研究機構中的機用雷達專家。滿懷憤怒、存心報復的他，把數千頁祕密文件轉交給美國，其實他從來不曾到過美國、對美國也沒有多少的了解。六年之內，他在KGB眼線密布的莫斯科街頭，和CIA人員碰面二十一次，一點都沒露出破綻。這位工程師是CIA在冷戰時期最有價值的間諜之一，提供給美國其他無法從間諜得到的情報。

這項行動是CIA蛻變成長的重大過程，它完成了長久以來認為辦不到的任務：就在KGB官員眼皮子底下與這個間諜碰面無數次。

後來，整個行動垮了，但不是遭到KGB偵破，而是美國人自己內部窩裡反、壞了大事。

要了解這項行動的意義，我們必須回顧ＣＩＡ長久以來拚命試圖滲透蘇聯的艱苦歷史。

ＣＩＡ的誕生緣自於夏威夷珍珠港偷襲的災難。儘管事先已有警訊，日軍仍在一九四一年十二月七日達成全面、壓倒性的突襲，擊沉或重創美軍太平洋艦隊二十一艘船艦，造成兩千四百多人喪生，迫使美國投入戰爭。由於情報被分散在不同機關處理，沒有人將它們整合起來；國會日後調查得出結論，情報事權不統一，構成「嚴重的過失」。一九四七年成立ＣＩＡ，反映出國會和杜魯門總統都有堅毅的決心，絕不允許再次發生珍珠港事變。杜魯門要求ＣＩＡ提供高品質的客觀分析。[1]它成為美國有史以來第一個由文官主持、集中事權的情報機關。[2]

但是因為蘇聯的威脅擴大，包括封鎖柏林、獲得原子彈等事件，加上史達林又緊密控制東歐，讓ＣＩＡ的原始任務旋即改變。ＣＩＡ的任務很快就不僅限於情報分析，也擴及到間諜和祕密行動。以喬治．肯楠（George Kennan）在一九四六年由莫斯科發出長達數千字的「長電報」（long telegram）為開端，美國的圍堵政策旋即大幅擴張，以試圖對抗蘇聯在全球各地滲透及顛覆政府的野心。冷戰先從爭奪飽受戰火蹂躪的歐洲開始，散布成為意識型態、政治、文化、經濟、地理和軍事力量的競爭，中情局就站到第一線來。反共戰爭從來沒有升高成為超級大國之間的直接交戰；它只在戰爭與和平之間的陰影下交手。它在國務卿狄恩．魯斯克（Dean Rusk）所謂的「世界暗巷」中上演。[3]

有一條暗巷特別危險，沒人敢走——蘇聯。史達林相信，第二次世界大戰能戰勝納粹，證明蘇維埃體制的不可撼動。大戰過後，他堅決、刻意地深化他在一九三〇年代練就的殘暴、封閉的制度，在社會建立無止境的緊張，不斷地鬥爭「人民公敵」、「間諜」、「懷疑論」、「國際派」和「敗類」。他嚴禁人民收到國外寄來的書報文章，或是聆聽外國電台的廣播。就許多人而言，出國旅行幾近不可能，未經核准與外國人接觸必遭嚴懲。電話遭監聽、信件被檢查，檢舉密告受鼓勵。每一個工廠、辦公室都有祕密警察。任何人坦白說話都很危險，即使在親人之間也不能說真心話。[4]

這樣的環境很難搞間諜活動。冷戰初期幾年，CIA沒在莫斯科設立工作站，也沒在這個全世界最大、最具祕密性的黨國社會首都派駐情報員。它沒辦法像在其他國家一樣吸收蘇聯人成為間諜。蘇聯的祕密警察機關於一九五四年後改名國家安全委員會，也就是一般人耳熟能詳的KGB，它老練、精明、無所不在而且手段殘忍。到了一九五〇年代，KGB奉史達林之命、積三十年整肅清算經驗，在戰時及戰後消滅對蘇聯統治之威脅，也想方設法偷竊美國的原子彈技術。外國人要在莫斯科與人攀談而不引人側目，根本就不可能。

CIA還是初生之犢，樂觀進取，天真，決心勇往直前——反映出美國的特質。[5]一九五四年，航空先驅杜立德將軍提出警告，認為美國必須更加強悍、更加冷血。他向艾森豪總統提出一份絕對機密報告，提議「我們必須發展有效的諜報和反情報機關，必須學習那些用來對付我們的伎倆更狡黠、更細緻、更有效率的方法，去顛覆、破壞、摧毀我們的敵人」。[6]

CIA面臨強大的壓力，它被要求取得有關蘇聯及其附庸國的情報。華府的決策者憂心在歐洲可能爆發戰爭——焦慮地要取得預警。許多資訊可從公開來源取得，但它們畢竟和真實、具有洞察力的情報不同。一九五〇年代負責CIA祕密行動的理查·赫姆斯（Richard Helms）回憶說：「從先前一再指示要『有所作為』，到憤怒地要求『放手去做』，要求績效的壓力紛至沓來。」[7]

ＣＩＡ在蘇聯境外，努力地從難民、投誠者和移民當中蒐集情報。全世界各地的蘇聯外交官、軍人和情報人員都是爭取的對象。ＣＩＡ祕密行動小組從歐洲難民營裡吸收人才，組成一支祕密大軍。它培訓約五千名志願者作為「後核戰游擊部隊」，一旦發動核武攻擊之後就會打進蘇聯。另外，美國空投孤鳥特工進入蘇聯集團，執行諜報任務，或與抵抗運動建立聯繫。他們大部分被逮捕和殺害。祕密行動小組負責人佛蘭克．魏斯納（Frank Wisner）的願景是滲透進東歐集團，從而分化它們。魏斯納希望透過心理作戰和地下援助——提供武器、無線電台和心戰文宣——或許可說服東歐人民起義，推翻他們的共產黨高壓政府。但是，幾乎所有這些深入敵後祕密行動的努力全都失敗。它們所獲取的情報極少，難以撼動蘇聯。[8]

ＣＩＡ特工仍然不得其門而入。赫姆斯回憶說：「達成我們使命的唯一方法是開發內部消息來源——要有坐在決策者身邊、聽到他們辯論、讀到他們電函的間諜。」但是赫姆斯也承認，在莫斯科吸收和運作能在蘇聯領導人的決策之前發出示警的間諜，「其困難度如同在火星派駐間諜」。[9]一九五三年，針對ＣＩＡ掌握的蘇聯集團情報進行全盤評估，得到的結論相當嚴峻。報告坦承：「我們對於克里姆林宮的觀點沒有任何可靠的內線情資。」軍事方面，它說：「對於敵人的長期計畫和意圖，基本上並無可靠的情資。」評估報告中警告：「一旦遇到突襲，我們無法希望取得蘇聯軍事意圖的任何詳細資訊。」[10]ＣＩＡ成立後的前幾年，它發現「要派特工滲透進入史達林這個多疑的警察國家近乎不可能」。[11]

赫姆斯說：「當年我們有關蘇聯的資訊確實十分稀少。」[12]

儘管困難重重，CIA在一九五〇年代和六〇年代初期仍有兩項突破。派特・波帕夫（Pyotr Popov）和歐列格・潘可夫斯基（Oleg Penkovsky）都是蘇聯軍事情報官員，是最早替CIA當間諜的。他們全出於自願，不是吸收來的，把大量機密情報從莫斯科外洩給CIA，兩人都證明是祕密工作的佼佼者。

一九五三年元旦的維也納國際區，有位美國外交官員正要上車，突然有個矮胖粗壯的俄羅斯人塞給他一個信封。當時的維也納仍由美、英、法、蘇四國部隊占領，是個時刻充滿緊張又猜疑的城市。信封中有一封俄文信，日期一九五二年十二月二十八日的信裡說：「我是個蘇聯軍官，希望和美國軍官會面，樂於提供某些服務。」信中敘明會面的時間和地點。當時這一類的提議在維也納司空見慣；有一群騙子試圖編造假情報賺些小錢。CIA很難全部過濾，但這次這封信似乎不假。到了下一個星期六晚間，這個俄國人如期現身——戴頂帽子、穿著臃腫的大衣，獨自站在一處門廊的陰影下。他是波帕夫，蘇聯軍事情報機關「蘇聯軍事參謀總部情報總局」（GRU）的二十九歲少校軍官——GRU是KGB的小老弟。波帕夫成為CIA第一個、也是當時最有價值的地下軍事情資來源，提供蘇聯陸軍和安全機構內部運作的情資。一九五三年一月至一九五五年八月之間，他在維也納和CIA人員碰面六十六次。CIA的對口人員是出生於聖彼得堡俄羅斯名門世家的喬治・卡瑟瓦德（George Kisevalter），幼年時就移民美國。經過一段時間後，波帕夫告訴卡瑟瓦德說，他是農民兒子，在茅草屋、泥土地長大，直到十三歲才擁有生平第一雙皮鞋。他痛恨史達林透過強迫集體化和飢荒摧毀了俄國農民。他替美國人當間諜，是為了報復雙親在窩瓦河附近小農村故里遭到的不公平待遇。卡瑟瓦德在維也納CIA的「安全屋」擺了一些美國雜誌，如《生活》、《展望》等，但波帕夫只著迷一本《美國農村雜誌》（*American Farm Journal*）。[13]

CIA幫波帕夫打造一把鑰匙，能打開GRU維也納站的機密抽屜。波帕夫指認出蘇聯在維也納所有的情報人員，交出有關華沙公約部隊相當廣泛的情資，更提供卡瑟瓦德若干無價之寶，如一九五四年蘇聯軍方使用原子武器的野戰手冊。[14]一九五五年，波帕夫奉調回莫斯科，CIA總部派出專人祕密前往莫斯科，勘察放置交換情報的祕密地點，好讓波帕夫留下訊息。但是這個CIA情報員表現太差，落入KGB「蜜糖罐」陷阱，後來遭到革職處分。[15]CIA首度在莫斯科建立據點的企圖以失敗收場。

一九五六年，波帕夫又外派到東德，恢復替CIA工作，設法前往西柏林和卡瑟瓦德在安全屋會面。他再度證明是個非常有生產力的間諜。他提供的情資包括蘇聯國防部長朱可夫元帥在一九五七年三月對駐東德紅軍的演講全文，朱可夫大談一旦發生戰爭要如何運用核武。一九五八年，波帕夫突然奉召回莫斯科，經過查核後叛國事跡暴露。然而，KGB祕而不宣，利用波帕夫偶爾傳遞假情報給CIA，加以誤導。一九五九年九月十八日，波帕夫以鉛筆在八張紙條上寫下訊息，捲成香菸大小，通報CIA行跡已經曝光。這是落網間諜勇敢的最後反擊。訊息火速送回總部，卡瑟瓦德讀了以俄文寫在小紙條上的信，不禁痛哭失聲。波帕夫在一九六〇年一月受審，同年六月遭到槍決。

第二個突破就在兩個月後於莫斯科上演。時間是八月十二日深夜十一點左右。

兩個美國大學生遊客艾爾登・考克斯（Eldon Cox）和亨利・柯布（Henry Cobb）剛從莫斯科大劇院芭蕾舞廳看完表演出來，走過輕雨剛過、地面猶濕的紅場要回投宿的旅館，突然有個人從後頭追上來，拉拉柯布衣袖，向他借火點香菸。這名男子身材中等，穿西裝、打領帶，紅髮鬢角略現灰白。詢問他們是否美國人，當他們說是的時候，他開始劈哩巴拉講一堆話，同時四下張望查看是否有人在觀察他們三人。他把一個信封塞進柯布手裡，拜託他立刻送到美國大使館去。考克斯能說俄語，當天夜裡就到大使館去。對方寫說：「目前我手上掌握貴國政府會有極大興趣的許多題材之重要材料。」寫信人沒透露自己身份，但暗示曾以蘇聯軍事情報人員身份派駐土耳其首都安卡拉。他給了如何接觸他的明確指示——把訊息放在一個火柴盒，藏在莫斯科某建築物入口川堂散熱器背後，還附一張標示那個位置的地圖，標出那個位置。[16]

寫信的人即為歐列格．潘可夫斯基，是一個有想像力、精力充沛、很有自信的GRU上校軍官，二戰期間在砲兵部隊服役，戰功卓越。目前他在國家科學研究工作協調委員會（State Committee for Coordination of Scientific Research Work）服務，這是負責與美、英、加拿大等國家科技交流的一個政府機關，為蘇聯在西方國家從事工業間諜和祕密取得技術提供掩護。

這封信一開始讓CIA很懷疑。他們曉得蘇聯為了波帕夫案非常難堪。現在，這會不會是陷阱呢？CIA總部決定與寫信者接觸。可是，此時CIA在莫斯科並沒有第一線的行動高手。美國駐莫斯科大使利維廉．湯普生（Llewellyn Thompson）強力反對派CIA人員進駐大使館。後來在一九六〇年夏天，國務院和CIA才協調好從總部蘇聯組調個年輕人到莫斯科，其任務明訂為與潘可夫斯基接觸。這個年輕人俄文不怎麼流利，CIA給他的代號是「羅盤」（COMPASS）。這個新人重度酗酒，沒有建立起任何的關係，最終以失敗收場。[17]

潘可夫斯基很挫折。他在一九六〇年七月寫下第一封給老美的信，等了好幾個星期守候合適的人交信。他回憶說：「我像一匹狼守在美國大使館附近，尋找相貌可靠的外國人、愛國份子。」[18]他八月份在紅場把信交給考克斯之後，潘可夫斯基苦等ＣＩＡ反應，卻是毫無音訊。他試圖再透過一個英國生意人、一個加拿大人傳遞訊息，並未成功。他挫折感愈來愈深。

最後，到了一九六一年四月十一日，潘可夫斯基把一封信交給一個英國商人，信的受文者是美、英政府領袖。這位英國商人葛瑞維爾・韋恩（Greville Wynne）把信交給「英國祕密情報局」（ＭＩ6），ＭＩ6再轉給ＣＩＡ。美、英兩大情報機關決定共同運用潘可夫斯基作為間諜。

九天之後，潘可夫斯基以蘇方六人貿易代表團團長身份來到倫敦，意欲採購西方有關鋼鐵、雷達、通訊和水泥加工的技術。這時候東西兩大集團的情勢相當緊繃。ＣＩＡ支持的古巴豬玀灣登陸行動剛剛失敗。韋恩到機場迎接潘可夫斯基，而潘可夫斯基立即交給他一個信封，其內包含對蘇聯最新飛彈及發射架的描述和圖說。當天晚間，潘可夫斯基溜出倫敦牛津街蒙特皇家酒店房間，走向三六〇號房。他身穿西裝、白襯衫，打著領帶，敲敲房門。進到房裡，迎接他的是兩名英國情報人員和兩名美國情報人員。一個身材魁梧的老美向他擔保：「你現在已經和高手一道合作了。」他就是卡瑟瓦德。潘可夫斯基回答說：「我等候這一刻已經很久了。」

接下來的對話中，潘可夫斯基告訴美、英情報人員，他在蘇聯軍事情報機關的前途已經毀了，他非常怨恨。父親在他才四個月大的時候就去世，母親告訴他，死因是斑疹傷寒。但是一年前出現的文件顯示，他父親是白軍上尉，與布爾什維克交戰，潘可夫斯基的忠誠因此受到嚴重懷疑。他被控隱瞞出身成分不良。原本要派到印度的人事令取消，讓他遭到冷凍。因此他痛恨ＫＧＢ。

後來利用一九六一年四至五月、七至八月兩度長期出差倫敦，以及同年九至十月出差巴黎的機會，潘可夫斯基在菸味瀰漫的旅館房間裡，和美、英情報人員有長達一百四十個小時的談話，產生一千二百頁的譯文紀錄。潘可夫斯基也交出一百一十一卷照片。他在莫斯科利用一台小小的美樂時（Minox）商用照相機拍攝五千多頁祕密文件，幾乎全部和蘇聯軍隊有關，來源是GRU和軍方圖書館。潘可夫斯基非常狂熱，甘冒風險，有一回在莫斯科有個上校暫時離開辦公室，他立刻拍下此人桌上一份絕密文件。

他和美、英情報人員的談話並不全然很平順。起先在蒙特皇家旅館的一次談話，潘可夫斯基提出一個異想天開的計畫，要綁架莫斯科和整個蘇聯領導階層。他要以隨機的方式在莫斯科放置二十九枚小型核彈，裝在手提箱或垃圾筒。他要求美方提供武器和引爆器，教他如何把它們焊接到垃圾筒底部。美方花了好大工夫才說服他放棄此一幻想。[19]

但是潘可夫斯基認真看待他的間諜任務，向CIA證明，即使是區區一名地下特工，單槍匹馬也能提供大量材料。問到他能否取得一份蘇聯參謀本部刊物《軍事思想》（Military Thought）時，美方順口再問，他能否也取得機密版的《軍事思想》，不料潘可夫斯基反問CIA要不要絕密版？這是CIA根本不曉得的版本！潘可夫斯基幾乎把每一期雜誌統統找來。蘇聯將領在這本刊物上討論核子時代戰爭的概念。[20] 他的報告讓西方很清楚蘇聯在一九六一年封鎖柏林的意圖，他讓西方首次知道蘇聯設置一個非常重要的「軍事工業委員會」（Military Industrial Committee），負責蘇聯的武器系統發展，他也提供蘇聯在一九六二年秋天送到古巴的R-12中程飛彈的關鍵技術細節，尤其是飛彈的射程，以及需要多少時間才能啟動備戰。潘可夫斯基的情報，代號 IRONBARK 和 CHICKADEE，是甘迺迪總統在古巴飛彈期間能夠堅定對抗赫魯雪夫的關鍵因素。[21]潘可夫斯基有關蘇聯中程飛彈的資訊，在一九六二年十月第三週，出現在總統的「每日匯報」（Daily Brief）當中。另外，潘可夫斯基的情報，輔以從新的間諜衛星「日冕」（Corona）所得到的報告，揭穿蘇聯可以像製造香腸那樣生產洲際彈道飛彈的神話，只是赫魯雪夫在吹牛，「飛彈差距」並不存在。*

潘可夫斯基是當時美國在蘇聯所運作最有生產力的一位間諜。[22]ＣＩＡ和ＭＩ６同意每月支付一千美元給他，換得價值連城的情報。[23]在倫敦和巴黎旅館房間會面之後，行動進入第二階段，必須在莫斯科運作潘可夫斯基。英國商人韋恩不時會到蘇聯出差，他和潘可夫斯基碰面，收下情報轉給ＭＩ６。但是潘可夫斯基渴望能在莫斯科和美、英情報人員直接來往。

ＣＩＡ還沒準備好。「羅盤」搞砸了之後，ＣＩＡ培訓另一名情報員，不料此君在最後一刻打退堂鼓，使得ＣＩＡ在最關鍵的重大時刻無可用之材。當時參與專案工作的一位ＣＩＡ官員回憶說：「我們有個愈來愈迫切想要有所表現、且是最有價值的間諜在現場，可是卻沒有人有辦法跟他接觸。」[24]ＣＩＡ也缺少合適的間諜工具供這項行動使用。[25]

美方在倫敦和巴黎旅館房間的會晤中雖然扮演主要角色，莫斯科的行動卻要由英國主導。根據一名ＣＩＡ官員的說法：「ＭＩ６能夠做到我們辦不到的事——替本案設計和執行一項祕密作業計畫。」英國人選擇ＭＩ６站長的太太珍內特．齊秀姆（Janet Chisholm）作為潘可夫斯基的專案負責人。她和潘可夫斯基碰面十來次，場合包括英國大使館接待會和雞尾酒會，大使館附近幾乎沒什麼顧客的餐館，二手貨商店，公園，公寓大樓門廳，場景經常變化，不時還出動她三個子女為掩護。潘可夫斯基把底片藏在巧克力盒，當做送給小孩的禮物交出去。他似乎很狂熱、很積極；ＣＩＡ擔心他和齊秀姆太太見面太頻繁。ＣＩＡ終於在一九六二年六月底派了一名經過訓練的官員到莫斯科，負責和潘可夫斯基的接觸。可是這位官員忙不了太久。CIA最後一次見到潘可夫斯基是一九六二年九月五日的美國大使館接待會上。他此後就消失了。[26]

KGB因跟監齊秀姆太太而對潘可夫斯基啟了疑心。他們在他家書房屋頂鑽了一個針眼小洞，安裝攝影機監視他。KGB另在附近大樓安裝攝影機，對準他家拍照。KGB搜查他家，找到美樂時照相機，以及通信密碼本，還有他用來接收西方祕密通訊的無線電收音機。潘可夫斯基在一九六二年九、十月間遭到逮捕。經過公開審判，間諜罪名成立，在一九六三年五月十六日遭到槍決。[27]

差不多就在潘可夫斯基與美、英情報人員於旅館房間會面同時，又有兩名蘇聯官員在蘇聯境外自願要替美國人當間諜。一九六一年，派駐聯合國總部的蘇聯軍事情報官員狄米崔·波亞可夫（Dmitri Polyakov），在紐約表示願意合作，聯邦調查局（FBI）賦予他代號「高帽子」（TOPHAT）。接下來，KGB科技官員艾力克西·庫拉克（Alexei Kulak）在紐約接觸聯邦調查局，願意提供情資換取現金報酬。他成為FBI線民「費多拉」（FEDORA）。「高帽子」和「費多拉」在一九六〇年代和一九七〇年代的不同時間裡，都是CIA和FBI的重

---

* 編註：Missile Gap，冷戰期間，蘇聯在一九五〇年代末期在洲際彈道飛彈及人造衛星方面領先美國，展現具備長程核武投射能力，對美國國家安全造成嚴重威脅。華府利用此一「飛彈差距」，強調蘇聯核武優勢，爭取民眾的認同，藉此提升政府的國防預算。

要資產，不過他們大多在蘇聯境外活動。ＣＩＡ在世界暗巷還有可能吸收特工和間諜，以及利用自願投效者，但是在蘇聯的心臟地帶、莫斯科街頭，它還是一籌莫展。

失去潘可夫斯基之後，ＣＩＡ在莫斯科陷入一段長久、沒有建樹的時期。主要原因之一是ＣＩＡ總部主司反情報工作的詹姆斯・安格頓（James Angleton）之極大勢力。他讓ＣＩＡ陷入高度恐慌和作業癱瘓的狀態。安格頓個子高、削瘦，對友人溫和、對別人則莫測高深，他戴像貓頭鷹的眼鏡、穿黑西裝、配寬邊帽，在人群中很突出。他獨力管理自己的辦公室，檔案統統上鎖，不和局裡的文件混在一起，辦公桌堆滿卷宗，身為老菸槍，房裡永遠瀰漫煙霧。他有兩個嗜好：種蘭花，和製作釣鱒魚用飛蠅釣鉤。安格頓自一九五四年至一九七四年前後長達二十年，擔任中央情報局反情報總管，給自己及本身職掌建立不尋常的神祕。神祕兮兮、疑心病重、但十分頑固，他著迷一個信念：ＫＧＢ已在一個巨大的欺騙「大計畫」中成功地操縱ＣＩＡ。他經常提到「鏡像荒原」（wilderness of mirrors），這是詩人艾略特（T.S. Eliot）一九二〇年的作品「小老頭」（Gerontion）中的一句話，他用來形容他認為ＫＧＢ布下層層表裡不一、不可信賴的陷阱誤導西方。一九六六年，安格頓寫下，「統合、居心叵測的社會主義集團」設法散播「好的共產主義和壞的共產主義分裂、演進、權力鬥爭、經濟災難的假故事」來混淆西方。一旦這個戰略欺敵計畫成功，蘇聯就會逐一收拾西方民主國家。他說，唯有反情報專家才能阻擋禍害。安格頓的疑心在一九六〇年代浸透進ＣＩＡ蘇聯組的文化和組織，貽害無窮。艾倫・杜勒斯和理查・赫姆斯這兩位ＣＩＡ局長任由安格頓為所欲為。安格頓覺得，來自ＫＧＢ的每個訊息都不可信任。但是，如果沒有人可以信任，可不就沒有間諜了嗎？[28]

反情報是任何諜報機關防止滲透所必須。冷戰時期，它需要結合對外警惕、監視ＫＧＢ所有動作、必要時要欺騙敵人，對內也要抱持懷疑精神，確保ＣＩＡ不會遭受任何欺騙或雙面諜。最理想的是，反情報與蒐集情報能攜手並進，可是這兩者先天性就是兩個矛與盾之間的對峙。一位專案官員可能費盡苦心吸收一名間諜，靠他產生一系列新鮮的「積極情報」*，這是間諜工作的成果，反情報人員卻對消息來源是否可以信賴必須存疑。ＣＩＡ兩者都需要，但是安格頓的反情報部門在一九六〇年代卻勢力獨大；每件事都被貼上可疑或已遭破壞的標籤。

安格頓一生可謂在一片欺騙之中塑造形成。從耶魯大學畢業後，他在二戰期間加入戰略情報處（Office of Strategic Services, OSS），派駐倫敦擔任反情報工作。他目擊英國稱為「雙面諜」（Double Cross），對付納粹的反情報欺敵作業。英國人搞清楚誰是德國特務後，利用他們來對付敵人，有效地化解納粹的情蒐成果。安格頓在義大利主持情報工作後，調回到總部成為ＣＩＡ反情報部門頭號當家。他相信ＫＧＢ有一套針對美國鋪天蓋地的「戰略欺敵」計畫。他和金．菲比（Kim Philby）的交情可能也是一項影響因素。一九五〇年代，這位ＭＩ6官員是安格頓的密友。不料，一九六三年，金．菲比被揭露是ＫＧＢ間諜後逃亡到莫斯科。ＣＩＡ很久以前就懷疑金．菲比，現在一經證實，安格頓可能更加相信諜影幢幢，ＫＧＢ無

＊編註：Positive Intelligence，也可稱為攻勢情報，積極、主動去獲取敵方情報之作為。

所不在。

然而，對安格頓影響最大的是安納托利．葛里辛（Anatoly Golitsyn），一九六一年投誠過來的KGB中階官員。葛里辛編織一個理論和臆測大網，強化安格頓對KGB欺騙西方大計畫之疑慮。CIA內有人將它稱為安格頓的「怪獸陰謀論」。葛里辛說，在他之後投誠過來或自願工作的特務都將是這個大計畫的一部分。KGB當然會企圖欺騙，但安格頓把恐懼氣氛擴充到極致。一九六四年，他發動在CIA裡揪出內奸的行動，因為葛里辛說至少有五人、甚至不排除高達三十個CIA官員或包商是蘇聯滲透進來的內奸。調查行動一無所獲，但許多人的前途卻毀了。遭到懷疑的人當中有第一任莫斯科站長和蘇聯組組長；兩人後來都洗刷罪名。另一名KGB官員尤里．諾申科（Yuri Nosenko）在一九六四年投誠時，他被CIA羈押、盤查了三年多，只因為安格頓和葛里辛懷疑他是否真心投向西方。

長期下來，安格頓的疑心病滲透著CIA蘇聯組。這種造成傷害的不信任和猜疑嚴重阻礙了在蘇聯境內的間諜行動。潛在可能的特工和正面的情報都過不了他這一關。莫斯科站人手很少，只有四、五個第一線人員，而且他們十分小心，花了許多時間準備「祕密情報交換點」——以備有一天真有一位間諜出現，它們能派上用場。有個情報員在莫斯科站待了兩年，從來沒跟真正的間諜碰上面。羅伯．蓋茲（Robert M. Gates）一九六八年以蘇聯事務專家加入CIA，日後晉任為局長。他回憶說：「拜安格頓和他的反情報部門同仁之賜，這段時期我們在蘇聯境內很少有值得一提的蘇聯間諜。」[29]

CIA年輕一代的情報員——他們在一九五〇年代加入，不滿安格頓設下的限制——希望領導ＣＩＡ走出暮氣沉沉和怯懦畏縮。波敦・葛伯（Burton Gerber）即是其中之一。二戰期間，他是個又瘦又高、充滿好奇心的小男孩，成長於俄亥俄州繁榮的小鎮上艾靈頓（Upper Arlington）。每天早上，他騎著腳踏車派送哥倫布市發行的《俄亥俄州日報》（*Ohio State Journal*）。每天上午五點十五分，媽媽準備早餐時，他已忙著把一百份報紙一一摺好，塞進腳踏車的袋子裡。他經常閱讀頭版上的戰爭新聞。一九四六年，他年方十三歲，充滿愛國精神，時常忖想他從頭版新聞上讀到的那些遙遠國度究竟是什麼樣的景況。他決心要親眼瞧瞧。他靠獎學金進入東藍辛市的密西根州立大學，拿到國際關係學位。他考慮當外交官，但是一九五五年暮春、大四下學期，他被安排接受ＣＩＡ校園求才的面談。當時很少人知道ＣＩＡ，也很少受到討論。召募人沒辦法向葛伯說明工作內容，只問他是否有興趣。葛伯答應了，拿了報名表，帶回兄弟會會館，填了表、投進郵筒。當年年底，二十二歲的葛伯加入ＣＩＡ。在陸軍短暫服役後，ＣＩＡ訓練他執行間諜工作，然後派到法蘭克福和柏林任職。[30]

當時的柏林是冷戰前線間諜的大汽鍋。通稱ＢＯＢ的柏林行動基地（Berlin Operations Base）被蘇聯在全世界部署最密集的兵力給團團圍住。ＣＩＡ想吸收俄國人當間諜或投誠者，但這是很難、很費勁的工作。同時，基地有一項最重大技術性的作業是：它有一條祕密的一千四百七十六英尺長地道，通到東柏林蘇聯占領區，是用來對蘇聯和東德軍事通訊電纜放置竊聽器材的。美方攔截大量的通話和電傳訊息；四十四萬三千個對話，其中三十六萬八千個是俄文，美、英情報單位將它們一一轉譯為文字。這項竊聽作業從一九五五年五月持續到一九五六年四月，才被俄方識破。[31]

葛伯被傳授處理人力情報間諜的傳統方法——尋找並在「祕密情報交換點」投放及收取情

報、以祕密寫作方式處理信件，收發訊號，並且學習躲閃跟監的本事。一九五〇年代在柏林，常見的間諜方法是哄騙共產集團的消息人士來到西柏林的安全屋做簡報，就像卡瑟瓦德對波帕夫所做的一樣。它依賴消息來源可自由從東方來到西方，但是一九六一年柏林圍牆築起之後，就不可能了。西方情報人員面臨全新的障礙：如何遠距離遙控特工。CIA對蘇聯集團封閉的社會還不熟悉。CIA總部的思維受到二戰時期情報機關戰略情報處老將所主宰。這些老幹部在二戰期間進行大膽的準軍事行動，但只相信不涉及到人的方法，譬如運用祕密地點交換情報才是安全之計。

所謂「祕密情報交換點」是一個利用祕密地點交換訊息與情報的方法，只有特工及其聯絡人才知道地點所在。他們把材料留在此一隱蔽地點，由另一方收取，兩人可以從不碰頭。對於戰後才加入CIA的新一代官員，「祕密情報交換點」看來似乎是太過戒慎警惕了。他們不願墨守成規，開始創新和實驗新方法。柏林基地變成遙控鐵幕另一邊間諜之實驗室。取代光是邀請間諜來到安全屋，他們創造更有想像力的間諜技術以利滲透進入禁區。

幸運的是，安格頓的疑心病沒有傳染到東歐。雖然蘇聯的附庸國家正在仿效KGB及其前身的模式建立祕密警察組織，安格頓似乎並不關心或太重視。[32] 柏林、華沙、布拉格、布達佩斯、索菲亞和東歐其他城市的暗巷，成為這些CIA年輕情報員練功夫的地方。他們發明新方法在CIA所謂的「拒止地區」進行間諜工作。方法很重要，但是意義更重大的是心態。葛伯受啟示要做當時最重要的工作，即和共產主義及蘇聯作戰。他和同儕第一次外派，並不希望坐在辦公室裡。他們不怕鐵幕。他們已經選擇諜報工作為志業，厭惡消極被動。葛伯一向討厭「拒止地區」這個字詞。拒止誰呢？拒止不了他、也拒止不了他的同儕。

它也拒止不了哈維蘭・史密斯（Havilland Smith）。一九六〇年史密斯向柏林基地報到時，他充滿了點子，作為先驅他把在布拉格開發的新思維拿出來改進。

史密斯從達特茅斯學院畢業後，進入陸軍服役，從一九五一年至五四年是陸軍安全署（Army Security Agency）的摩斯電碼和俄文截聽官，後來進入倫敦大學俄羅斯研究碩士班，有機會替CIA服務。史密斯有很高的語言天分，能說法語、俄語和德語。他在一九五六年加入CIA，內定派到捷克工作。一九五八年，他還在接受語言進階訓練時，總部突然要他接任布拉格站站長。他的前任並不活躍，突然離職了。史密斯在三月到任，他懂捷克語，但對於所要擔負的地下工作卻準備不足。他沒有接受在一個有敵意、且受到嚴密監視的環境執行任務的間諜技巧訓練——如何寄送祕密信件、挑選及設置「祕密情報交換點」、偵知及對付監視，或甚至和間諜會面等等，這些對他都還相當陌生。史密斯必須靠自己去摸索。[33]

史密斯發現布拉格站裡有好幾打精密的無線電，當年在陸軍當截聽官的經驗派上用場。他找出捷克情報機關派來監視美國大使館的監視車所使用的無線電頻率，設法破解他們的語音密碼。如果史密斯必須在祕密地點放置情報或寄發訊息，他先打開無線電，然後以錄音帶錄下通訊對話。他放置情報或訊息後，回去檢查錄音帶。如果他在放置情報或訊息時遭到監視，就取消行動。如果未發現有遭監視跡象，他就示意間諜去取件。他回憶說：「布拉格是我們構思這類行動最完美的地方。這座美麗的巴洛克城市，沒有遭到戰火荼毒。這裡有許多狹窄的老街、拱廊和小巷。」透過試驗，史密斯發現絕大部分時間都遭到監視。有一次他自認為安全無虞，不料後來卻發覺捷克派出二十七輛不同的汽車跟監他。他很震驚，因而相信不論他要執行何種間諜任務，必定會受到監視。他絕對不能假定自己是最安全的。這是在「拒止地區」工作很重要的第一堂課。

史密斯開始實驗。他設法建立例行性、可被觀察的行為模式，誘使監視小組自滿。他成為小心、慢慢開車的駕駛人，目的在讓捷克跟監人員相信，不論他何時外出，步行或開車，他們都已經曉得史密斯要幹什麼，因此不會來干涉。他每兩個星期一次在星期二上午十點鐘去理髮，然後慢慢開車直接回辦公室。六個月之後，他發現出外理髮時，已經沒人跟蹤他，只要他外出不超過四十五分鐘就沒事。史密斯每天晚上都開車送小孩褓母回家，來回又花四十五分鐘。隔了一陣子，跟監人員也懶得跟了。史密斯因此創造出兩個行動的空窗機會，他或許可從中擠出時間到「情報交換點」放置情報或發送訊息、或甚至做些其他事情。從這些僵硬、小心的例行活動，史密斯發現過去不知道的祕密警察行為模式。他們也會偷懶、墨守成規。魔術師也有機會騙倒他們。

然而，即使已知如此，史密斯還是不肯墨守成規。這個型態或許可以製造一個空檔，但是它們還是太僵化。他希望有更多彈性，能夠在總部一聲令下、即使受到監視也能在最短時間之內達成任務。這導致他更努力擴展空檔。他發現不論是在小巷步行或開車，都有可能創造瞬間的視覺盲點。他可以消失非常短暫的瞬間。在監視者都認為正常無異之下，如果妥當進行，他會有足夠時間在完全脫離視線下匆匆接觸、投信，或放下祕密情報。概念很簡單：他要拐彎。當他步行被跟監時，連續兩個快速右轉可將距離拉開到有一瞬間會脫離監視的視線：從他第二個轉彎那一刻到監視者跟上、轉過同一個拐彎——時間可能只有十五到三十秒，這就夠了。

史密斯把擦身而過（brush pass）的概念發揮到極致完美，間諜適切的在空檔時刻出現，然後與情治人員擦身而過，交出或接下包裹後快速離開。如果運作順利，祕密警察在擦身而過的另一端根本看不到間諜；間諜可在一瞬間脫身。其中絕大部分要靠選擇合適的地點，以凸出的拐彎角落擋住跟監者視線，也要提供間諜快速閃人的路徑。

接著史密斯被調到柏林。這是不同的城市，比布拉格更開闊，但他還是在受到監視的情況下運用「趁著空檔擦身而過」的方法。他的構想顯示有可能真正改變舊日方法：可以在壓力鍋般的封閉環境執行間諜任務。在總部建議下，史密斯開始傳授他的新方法給柏林站的其他人員，融合他從「趁著空檔擦身而過」學到的一切。往後幾年，「穿越空檔」成為ＣＩＡ情治人員的箴言和可信賴的方法。

一九六三年，史密斯調回美國，為即將派赴東歐和蘇聯的情報人員開班授課，納入新的行動技巧。但是他發現ＣＩＡ領導層仍然戒慎恐懼、怯懦畏縮。史密斯奉命訓練一個在美國的捷克情報來源。這個捷克間諜堅決拒絕使用「祕密交換點」，因為將害他入罪的機密資料和照片會脫離他的手——有可能會被捷克祕密警察發現。當史密斯告訴他有擦身而過這一招時，他立刻就同意使用它，因為他可以把材料直接交到ＣＩＡ情報員手中。在ＣＩＡ總部，報告被呈到赫姆斯那裡，請求在布拉格行動時准許採用這一招。史密斯回憶說，赫姆斯問都不問即立刻拒絕，聲稱潘可夫斯基一案已經使他焦頭爛額，他絕不再介入這種事。沒有獲准使用擦身而過方法的那個捷克間諜就回布拉格去了，時間就如此拖了一年。史密斯在總部極力奔走，爭取准許採用他的方法。東歐日漸出現有高價值的間諜，史密斯覺得利用祕密地點置放及收取情報的方式已經完全過時了。

一九六五年，赫姆斯核准進行實驗。他派出副手湯瑪士・卡拉梅希尼（Thomas Karamessines）參與擦身而過的演練。史密斯安排好在華府市區五月花大飯店的大堂表演。展演過程中，擦身而過進行得十分巧妙，卡拉梅希尼完全看不出有異。戲法的關鍵是靈巧的手部動作：情治人員很巧妙地以左手幌動風衣，同時以右手交給史密斯一個包裹。卡拉梅希尼看到風衣，卻看不到包裹。史密斯從職業魔術師學到這一招。次日，赫姆斯批准在布拉格啟用擦身而過招數。那位捷克間諜旋即利用這一招傳遞給ＣＩＡ數百卷照片和底片。擦身而過這一招經過修正後，擴大實施到整個東歐地區和蘇聯。

年輕世代一路走來，不時調整改進。大衛．佛登（David Forden）經史密斯調教後派到華沙，發明利用汽車慢行、在轉彎處溜下車的技術，藉空檔與間諜交換包裹。它就像是使用汽車進行的擦身而過。佛登回憶說：「我提出一個我認為在美國間諜受到嚴密監視的地區，用來與對方碰面時可以派上用場、高價值的間諜技巧。但是上級回覆說：『風險太大、太危險、不會成功的。』我回答說：『當然有風險、危險。但它會成功的。』」佛登後來成為ＣＩＡ產出最多、最重要的一名間諜，也就是波蘭陸軍上校雷札德．庫克林斯基（Ryszard Kuklinski）的聯絡窗口，後者提供有關華沙公約組織非常重要的情報。[34]

葛伯實驗比擦身而過更激烈的點子——與間諜碰面。擦身而過是在監視之下間不容髮快速交換東西。葛伯的雄心是促成與間諜真正見面，擺脫監視。總部大吃一驚，但是葛伯認為他下一步奉派到保加利亞首都索菲亞時可以用得上。兩人碰面時間不會很長，葛伯認為小心翼翼的話是可以辦得到的。利用祕密地點傳遞書面訊息，只限於交換紙上所寫的東西，但是親自碰面的話，葛伯可以正視間諜的眼神、詢問問題、觀察肢體語言和情緒。他認為，身為情治人員和站長，代表必須承擔經過盤算的風險。間諜工作需要在沒有後路之下勇往直前。葛伯親自會見間諜的熱忱從未減退。

冷戰頭幾年，受限於蘇聯境內人力情報的匱乏，迫使美國重視科技，這也是美國的強項。首先是一九五〇年代推出U-2間諜機，然後在一九六〇及七〇年代陸續發射「日冕」、「誘子」（Gambit）和「六邊形」（Hexagon）等人造衛星，高空偵照和訊號情報開啟廣大的諜報新視界。最先進的「六邊形」衛星系統，每年可以兩次照到蘇聯百分之八十至九十有兵力部署的地區，「六邊形」衛星一次可以涵蓋寬三百四十五英里、長八千零五十五英里這樣一片廣大區域。對美國決策者而言，人造衛星猶如天助，可以追蹤戰略武器，也是防止突襲的利器。[35]

但是要如何竊取庫房裡或是人腦裡的祕密——也就是人造衛星看不到的機密呢？CIA如盲人摸象般摸索各種有效的方法，物色、吸收和經營間諜以對付蘇聯的目標。CIA內部有份研究一度提議從蘇聯外交官當中找尋不適應、犯錯和心理上有困擾的人。[36]另一個理論是，新一代被寵溺的年輕人、即蘇聯的「黃金青年」比較有可能成為間諜或投誠。[37]CIA某位心理學家提出第三種構想，主張從婚姻不和諧、或覺得工作挫折、個人受辱或前途受封鎖的人下手。[38]

葛伯在一九七一年調回總部，他從來不相信單一偏方。他強調實事求是：先找出誰握有機密，建立和他們交往的橋梁。他常說：「會有效的，就會奏效。」但是葛伯深悉CIA有疑心病重的歷史包袱、不怎麼歡迎莫斯科有人自動送上情報。那些膽敢來到大使館的俄國人，通常會被問了幾個問題之後就送客出門。美方很少花功夫去查詢他們是否為真正有價值的潛在間諜。安格頓的影響既深又巨，且揮之不去。

葛伯手下人員不多，且完全憑著自己的直覺做事。現在他開始有系統的研究，把過去十五年主動到莫斯科大使館兜售情報、及過去十年主動到駐東歐美國大使館求見人士之檔案統統調出來爬梳整理。他挖出檔案文卷和電文往來、檢查每一個細節。整體而言，檔案似乎都高喊著安格頓的不分青紅皂白全盤懷疑是不對的。葛伯覺得，CIA經常性地排拒真正的自願者，丟掉可能有價值的情報。他的結論是，先檢驗主動上門者的真偽，別一竿子打翻把他們全當做是KGB詐騙陰謀的一份子，將會更有建設性。他覺得CIA在莫斯科應該聰明到可以分辨真假消息來源。另外，他也注意到一個模式。KGB用來作餌的「自願者」，通常已是他們有意接觸對象所認得的人，或許是過去已見過一、兩次面的人。KGB的作業模式就是如此：要誘陷某人，他們派出的餌是已經認識的，藉此給陷阱塗上糖衣。葛伯從檔案中也看出一種模式，有某種人KGB絕不會用作陷阱。他們絕對不派現職的KGB人員出來當「線民」；他們不信任自己人和美國情治人員發展關係。那些意圖接觸蘇方的美國人所不認識的陌生人也不會去出這種任務。葛伯的結論是：不必害怕接受你過去完全沒見過的人給你的東西；它可能並不危險。它或許沒有用處，但並不危險。然而，葛伯認為，如果你認得的某個俄國人似乎很想塞給你一個信封，那就要小心了；其中可能有詐。[39]

這些結論在CIA被稱為「葛伯定律」，象徵一個轉折點。它們推翻安格頓的思維，不是每個自願者都是誘餌。葛伯在一九七一年五月將他的結論寫成報告。赫姆斯終於受不了安格頓的影響力，指派一位新的蘇聯組組長進行整頓。新任組長大衛．布里（David Blee）是戰略情報處的老兵，二戰期間空投到敵後作戰，一九四七年CIA成立後即加入，這位溫和、嚴肅的老派情報員，曾任駐南非、巴基斯坦和印度站站長，後升任近東組組長，從來沒有涉及蘇聯的經驗。赫姆斯看中布里的就是這一點，他要的是不受安格頓猜疑黑霧影響的人。布里傳話下去：時間已到，該是在蘇聯境內旋展身手的時候了。安格頓被迫在一九七四年十二月退休，但是其實在他離開ＣＩＡ總部之前，新時代已經降臨。更加積極進取的作風上陣了。[40]

該年一月，ＣＩＡ吸收了任職於哥倫比亞首都波哥大的一名蘇聯外交官。亞歷山大·歐格洛德尼克（Alexander Ogorodnik）是蘇聯海軍一名高階將領的兒子、三十八歲、身材高大、風度翩翩，一頭黑髮，體格像體育健將。歐格洛德尼克當時在波哥大擔任經濟官員。他有許多私生活問題。ＫＧＢ對他施壓、要他當線民，他不想幹又不敢拒絕。他已婚，卻有個哥倫比亞情婦。他買了一輛汽車，這在當時的蘇聯外交官員當中相當罕見，他似乎很喜歡城裡頭的夜生活。他也迫切需要錢。

一名ＣＩＡ人員在波哥大市中心一家大飯店附設土耳其浴室接觸歐格洛德尼克。歐格洛德尼克毫不猶豫、就表示樂意效勞。他告訴這位ＣＩＡ人員，他痛恨ＫＧＢ，希望能改變蘇聯的體制。其實他也有個人因素的動機。他要求高薪報酬。他同意ＣＩＡ把大部分報酬存在代管戶頭裡，但他動用一部分錢買綠寶石珠寶送給母親，也給自己買些不太貴的奢侈品，譬如當時在蘇聯國內買不到的隱形眼鏡。[41]

歐格洛德尼克興味盎然在波哥大一頭栽進諜報工作訓練。根據ＣＩＡ一位前高階官員的說法，通常這種行動訓練需要花好幾個月時間學習、實作好幾年才能上手，但是歐格洛德尼克不消幾個星期就精通了。他學會如何將文件翻拍，起先用一具三十五厘米的相機，後來改用ＣＩＡ新的迷你相機，通稱T-50型相機。這只迷你相機可藏在一支鋼筆裡。T-50的底片感光度不太靈敏。它需要有強大燈光照在文件上，拍照者的手也要很穩定。

有一天，歐格洛德尼克突然告訴他的ＣＩＡ聯絡人。蘇聯大使館剛收到一份有關中國的絕密政策文件，只能在ＫＧＢ辦公室內封閉的房間閱讀。歐格洛德尼克兩度試圖帶那支鋼筆進去，但是逃不過守衛的注意。後來他來到某旅館房間，向他的ＣＩＡ教官宣布：「我想，我取得它了。」ＣＩＡ緊急將相機送交待命的ＣＩＡ官員，親自坐飛機趕回維吉尼亞州蘭利市ＣＩＡ總部。文件全文五十頁，除了兩頁之外，統統都拍下來了。[42]

歐格洛德尼克在一九七四年調回莫斯科，居於更高的職位，可以提供美國更有價值的情報。他對ＣＩＡ只有一個要求：給他自殺藥丸，萬一被捕就自盡。ＣＩＡ不肯，歐格洛德尼克沒能拿到自殺藥丸就回莫斯科了。但他帶回了一本書，一本隱藏著與ＣＩＡ通訊的時間表與指令的書本。

ＣＩＡ找到走出「鏡像荒原」的方法。歐格洛德尼克是這個新時代的第一個間諜，但他不會是最後一個。

第二章

莫斯科站

瑪蒂・彼德生（Marti Peterson）在莫斯科過的是壓力甚大的雙面人生活。她在美國大使館裡，擔任非常忙碌的館員工作，每周上班五天，每天紮紮實實八小時。大使館雇了幾十個蘇聯職員，彼德生和八個人同單位，她們全是女生，其中不無可能有ＫＧＢ線民。彼德生工作認真，準時上班，下班後也與大館內其他男女單身貴族一道出去玩。她公寓裡的每樣東西——衣服、包包、鞋子、購物袋、家書、音樂和書籍——在在顯示她就像個年輕的美國大使館職員。但是，每天中午，她經常會溜出辦公室，號稱去吃午飯，其實她到莫斯科站花一個小時繕打報告，或是準備行動。到了晚上或週末，她檢查及拍照會面地點，收送間諜的包裹，處理和間諜聯繫用的電子儀器，而且時刻提高警覺，提防ＫＧＢ是否盯上她。她的生活十分疲憊，白天要維持正常大使館館員的例行工作做為掩護，其餘時間又得承擔全職ＣＩＡ人員的工作。這兩份工作必須區隔開來，前者要能讓人信服，後者必須隱密、不讓外界知曉。

彼德生是莫斯科站破天荒的第一個女性情治人員。她由站長羅伯・傅爾登（Robert Fulton）親手挑選。傅爾登估算ＫＧＢ可能會對女性掉以輕心，因為他們只選派男性擔任這種間諜工作。四十九歲的傅爾登畢生全力投入反共的影子戰爭。他在韓戰期間服役，擔任軍事情報官，一九五五年加入ＣＩＡ。他日後在芬蘭、丹麥、越南、泰國和蘇聯歷任諜報工作。諜報工作就是他的性命。他是支持彼德生的大支柱，每天午餐時段耐心地守在情報站裡，等候她從掩護工作脫身；他一直很細心傳授她工作技巧。他目光炯炯有神，但不讓自己顯得太嚴肅。

彼德生一九七五年來到莫斯科時，年僅三十歲，剛脫離個人悲傷和生命低潮。她二十多歲時，陪著丈夫約翰·彼德生（John Peterson）到寮國，他是越戰期間ＣＩＡ派在寮國主持準軍事行動的負責人之一。一九七二年十月十九日，約翰的直升機遭擊落而殉職。她整個人崩潰，一度徬徨無神，對美國國內反戰抗議痛心疾首。後來她決定效法亡夫，於一九七三年加入ＣＩＡ。她父親是康乃狄克州一名商人，她在校主修人文學科，冷戰時期的影響讓她的記憶中深刻記得小時候在學校常有防空演習。她受到萬事莫無不能精神的激勵多於意識型態的影響。有個朋友建議她參加祕密情報工作，她立刻行動。彼德生面貌姣好、又是單身，而且不出傅爾登所料：她到了莫斯科，ＫＧＢ沒有發現她就是情報人員。[1]

莫斯科站設在大使館七樓一間擁擠的房間，這是彼德生唯一可以放鬆的地方。在外面，她必須過著掩護身份的生活，而且規定很嚴格；她甚至不能和ＣＩＡ其他同仁在咖啡館裡喝咖啡，也不能和他們社交往來，因為難保周遭的蘇聯職員不會向ＫＧＢ密報。一進到莫斯科站辦公室裡，她就可以放輕鬆、公開說話。她在離開美國之前就接受ＣＩＡ訓練課程，練習諸如要如何放置訊息給間諜、在維吉尼亞州北部某家赫克特百貨公司停車場從行進中的汽車拋出豆袋。她的豆袋總能命中目標，但實際行動會更加困難和緊張。她在莫斯科頭幾個星期的時間花在熟悉街道，開著她的芝格里（Zhiguli）小汽車滿城跑，通常由一位女性友人陪同。

ＣＩＡ設計有一款小型無線電截收器，讓情治人員走在街上時可監聽ＫＧＢ的監視頻道。彼德生什麼也不曾聽到。站裡男同事很羨慕她能到處走動、不受約束。彼德生知道有人懷疑她只是看不到有人跟監她。她決心要證明自己的表現，但同時也暗中警惕自己並不安全。會不會是她沒看到的ＫＧＢ從一棟公寓樓房的窗子監視她？或者十字路口站在「指揮亭」裡的交警就是在監視她？直接承認是有人在監視她，會比不斷努力證明沒受到監視來得容易。但是她的確沒看過有人跟監，她也如此提出報告。彼德生經常使用約翰遺留下來有廣角鏡頭的尼康單眼相機拍下可做為放置祕密情報的地點或是祕密會面的地點。可是街上從來沒有人問她在幹什麼。[2]

彼德生向莫斯科站報告時，歐格洛德尼克行動已經全面展開。歐格洛德尼克的代號「ＣＫ三角」（CKTRIGON）。ＣＫ代表蘇聯組。歐格洛德尼克離開波哥大調回莫斯科時，被派往蘇聯外交部上班。職位不高，但是他可以直接接觸到外交部和全世界蘇聯大使館來往的祕密電文。對ＣＩＡ而言，這太完美了！稍有遲延之後，歐格洛德尼克不斷穩定地提供來自外交部的祕密文件。他精熟T-50相機，他拍的照片永遠對焦準確。他遵循在波哥大協調好的程序，藉由晚上七點至七點十五分將汽車停在他母親公寓大樓前向ＣＩＡ發出暗號。

有一回歐格洛德尼克發暗號表示他預備交一個包裹，傅爾登親自出馬取件。他很鎮定地把取名為哥利亞的狗放上車，駛往莫斯科國立大學附近可以俯瞰全市的一座山上森林。傅爾登開到目的地，看到ＫＧＢ跟監小組懶洋洋地尾隨他。他經常到這個森林遛狗，因此他們不疑有他。傅爾登打開車門，哥利亞突然跳進樺樹和松樹的森林，傅爾登在背後追牠。哥利亞就在一棵樹下撒尿，那正是「祕密情報交換點」。傅爾登趕緊撿起包裹、塞進外套口袋，以防ＫＧＢ看到。他帶著包裹回家，不敢打開看，因為他懷疑ＫＧＢ可能在他的公寓安裝攝影機。次日上午進了辦公室，他才打開包裹，裡面是十卷底片和一張紙條。[3]

一九七六年，突然出現發生異常的狀況。歐格洛德尼克不知何故錯過二月和三月的約定暗號。四月份，彼德生奉命到放置情報的某一祕密地點擺東西，這是她在莫斯科第一次出任務。她要在寒冷、下雪的夜晚把這份包裹放到一根燈柱底座。CIA技術官精密打造的這個包裹，看起來像是壓扁的香菸盒，但裡面是一具迷你相機、幾卷底片以及指令。彼德生假裝停下來擤擤鼻子、調整鞋帶，熟練地放下包裹。又冷、又焦急的她按照莫斯科站規劃，又散步了一個小時才回到現場查看包裹是否被取走。

它還在原地不動。歐格洛德尼克並沒出現。彼德生把包裹撿回家，心裡頭忐忑不安。

六月二十一日彼德生再次出任務時，帶的是CIA為歐格洛德尼克所準備最重要的包裹：他所要求的自殺藥丸。CIA設計一個中間挖空的木塊，裡面藏了一支黑色鋼筆，筆裡頭擺有一顆氰藥丸；另外還有一支外型完全一模一樣的鋼筆則藏有T-50迷你相機。鋼筆裡的氰藥丸非常脆弱，輕咬一口即可咬破。彼德生把挖空的木塊夾在腋下，來到樹林裡一根燈柱底下擺放，然後離開。稍後歐格洛德尼克出現、撿起它，並留下一個像是壓扁的牛奶紙盒，還灑了芥茉醬——使它看來像是嘔吐物，以防有人撿走。一個半小時後，彼德生回到燈柱，撿起牛奶盒，迅速放進皮包裡的塑膠袋，走向附近公車亭。她很興奮。下一步動作是用唇膏在公車亭劃一道紅色細線，讓歐格洛德尼克曉得她已拿到他的包裹。但是由於過於興奮，她太用力，唇膏在她手掌心中斷了，留下紅色印記。她因為交換成功，感到腎上腺素上升，但也感到空洞的快感。彼德生步行時，有很多時間想到歐格洛德尼克。她從來沒見過他。他一定感到十分孤單。她不免忖想，他會不會害怕被逮捕。他會有勇氣使用自殺藥丸嗎？他會誤判末日到了，而太早自殺嗎？[4]

在一九七六年歷經一陣慌亂時期之後，歐格洛德尼克遺失了藏有氰藥丸的鋼筆。他要求再給他一支。彼德生準備用挖空的木塊在同一地點交給他。但是這一次，就在他應該出現、從樹林中撿它之前的一個小時，當彼德生靠近公園時，她看到歐格洛德尼克開車經過。她從車牌號碼知道這是他的車，但是令她緊張的是，有個綁馬尾頭髮的女生坐在他旁邊。她是誰？彼德生在樹林裡找個地方躲起來，緊張地守著不敢亂動。來到約定時刻，歐格洛德尼克單獨現身，帶著手提箱，撿起那塊木頭。「馬尾女郎」不見蹤影。

在黑暗又漫長的冬季，工作緊張時，彼德生會到城外森林做越野滑雪以鬆弛壓力。莫斯科站在森林裡替歐格洛德尼克選了一個放置情報的祕密地點。他發出訊號，預備在一九七七年一月二十九日，星期六上午九點投放包裹。地點靠近一塊大岩石，彼德生已經先看過這個地點的示意圖。

當天上午，莫斯科風雪大作。彼德生開車出去，幾乎看不到有其他人，停好車子，她下車滑雪穿越樹林。這塊岩石大小有如一輛福斯金龜車，已埋在雪中。她希望看到歐格洛德尼克的腳印，但是雪已完全覆蓋。周遭根本連個人影也沒有。彼德生到處都找不到包裹。她肯定它一定就在這裡；歐格洛德尼克會不會錯誤留在岩石不同邊呢？她開始四處挖掘卻一無所獲。她緊張了，挖遍大岩石四周的落雪。

找不到包裹。彼德生只好回家，又累、又擔心。

一月初，莫斯科站站長傅爾登在一座專供派駐莫斯科外交官員及其他外國人使用的加油站加油。這是一座小亭子，油槍在前方，俄文警示牌標示：「嚴禁煙火」。下午六點左右，傅爾登正要回到車上，至少還有五輛汽車排在他後頭。大家站在車旁、閒聊。

傅爾登打開車門，有個男子走上來用英語說：「你是美國人吧？我想跟你說話。」

傅爾登直到此人開口說話之前，都沒注意到他。傅爾登表示在那邊不方便說話並詢問對方有什麼事。

那名男子提高音調說：「喔，**不方便**呀？」似乎已經預料傅爾登會這麼說。

這時男子換成俄語說：「抱歉了。」接著他傾身探進車子，把一張摺疊好的紙條放到座位上。傅爾登發覺這名男子手裡一直握著這張紙條，似乎思索著究竟該怎麼做。

兩人對話不到十五秒鐘。男子快步離開加油站，轉進另一條街道。傅爾登立刻回到莫斯科站，也確信沒人跟蹤他。[5]

回到站裡安全地帶，傅爾登檢視這張紙條。紙條兩邊寫著俄文，再由另一張白紙摺疊包住。傅爾登發回ＣＩＡ總部的報告，形容這名男子五十多、六十歲出頭，大約五英尺六英寸高、體重一百七十五磅，穿著「與一般俄國人常見的黑色大衣、皮毛帽。」傅爾登報告說，當時加油站裡只有他那輛汽車從牌照看得出是美國人的汽車。在簡短的電文中，傅爾登說，這名男子「明顯在等候美國人出現」。這名男子「一點兒也不顯得緊張，顯然已經胸有成竹，想清楚要怎麼辦了」。

這名男子在紙條上表明，他希望在「絕對保密」下，與「美國適當的官員」「討論事情」。紙條沒有透露他是誰或想要討論什麼事情，但是他描述了下一步的詳細計畫，建議在地鐵車站或車廂中碰面。[6]

傅爾登不是沒有憂慮過。蘇聯公民傳遞紙條給美國人並不稀奇，美國外交官的汽車窗子略為留縫透氣，往往發現有人塞進字條。傅爾登學會小心。KGB經常設局企圖引誘CIA人員墜入陷阱。有時候陷阱很粗糙，很容易識破，但也有很難看透。KGB有著施展詭計的長久的歷史，他們會誘使CIA人員碰面再加以突襲，然後宣布為不受歡迎人物、驅逐出境。

莫斯科站每一動作都必須和蘭利協調。傅爾登向蘭利報告，這名男子在加油站遞的紙條傳達了「仔細想過」的會面計畫，但沒有太多細節。他寫說，紙條「帶有一點陰謀的味道，可能有某個情治機構隱藏在背後」。傅爾登說，他「很清楚」這可能是KGB的誘餌，他希望能探清這名男子有何企圖。傅爾登說，他希望向這名男子發出訊號，他有興趣在「車內」碰面，但目前時間還不宜。如果這個人是誘餌，傅爾登可不想一腳踩進陷阱。

但是傅爾登很興奮。這張紙條也頗像那麼一回事。傅爾登認為，如果他先踏出一步，或許這名男子之後就會帶回更多的訊息給他。他開車到男子所提的地點，並沒看到此人蹤影。後來，CIA總部說，他們不想進行接觸，深怕它是陷阱，因此指示傅爾登不要輕舉妄動。[7]

二月三日，該名男子又再出現。晚上七點天色昏黑後，他在一條很接近大使館的街上，現身於傅爾登車旁。傅爾登此時恰好坐在車上，引擎已經發動。汽車附近有一座民兵崗哨，但車子被街旁高高的積雪擋住。男子的臉出現在駕駛座車窗，他敲敲車子。傅爾登放下窗戶，此人把一張紙條丟進車裡。他旋即轉身離開，並沒有人跟蹤他。

紙條再度提議一個訊號和會面計畫。這名男子說，訊號會在明天晚間發出，透過把汽車停在附近街道為訊號。傅爾登發電報回蘭利，表示此人動機「仍然不明」，因此他不予回應。

兩個星期之後的二月十七日，傅爾登約在下午六點四十五分離開大使館，當他走向汽車時，發現這名男子從三十英尺外一棟公寓陰影裡的公共電話亭走出來。傅爾登坐上車，男子已靠過來。

傅爾登問：「你要幹嘛？」

男子說，他要交給傅爾登另一張字條。他把一封摺疊的信丟進車裡，轉身快步離去。傅爾登沒發現附近有別人，進入車內，鎮定地開回家。他也沒看到有人在跟他。

傅爾登拆開信封後發現有四頁用手寫得滿滿的信件。次日上午，他把大略的翻譯報回蘭利。男子寫說，他曉得為什麼他屢次懇求會面，總是不被理睬。他說：「我的行動可能令人起疑。」他又說，他很清楚CIA深怕被KGB設局。但是此人說，如果他要設局陷害，早已經可以收網了，這些都不是他的意圖或手法。他說：「我是工程師，不是情報工作的專家。」他保證將提供更多有關他的資訊，以泯除不信任，但是他促請CIA要非常小心處理他下一封信。他說：「我在一個封閉的機構上班。」這代表他在蘇聯的祕密設施工作，很可能與國防或軍方有關。男子說，為了傳遞紙條，他在不同的地點守候了好幾個小時等候適當時刻，這是很費時間、精神緊繃的工作。他懇請CIA應在下個星期五出面收下他下一張紙條。

傅爾登請求CIA總部准予繼續進行。他很佩服此人的鍥而不捨。他告訴蘭利，把車子停在路邊，等候這名男子從汽車窗縫塞進來信封，風險不大。他說，這名男子「基本上已經成功兩次」，KGB若要抓人，早已經可以伏擊他們。

傅爾登明白，蘭利一定有人持懷疑態度。他們可能要問：一名俄國男子在莫斯科街頭單槍匹馬，能找出CIA站長而遞信，不是很不可思議嗎？一月份此人交出第一張紙條時，美國才剛驅逐派駐聯合國總部的一名KGB特務——這會不會是設了圈套，試圖報復美國呢？可是，傅爾登從這個人身上感受到似乎是真的。傅爾登告訴蘭利，他相信這個人在外交官加油站挑中他，純屬巧合，可能就此記住他的車牌號碼，所以會繼續找到他「並不稀奇」。傅爾登說，他「絕不會」改到另一個可能是陷阱的地點。[8]

蘭利還是不放心，指示傅爾登忽略此人。

又隔幾個月後，一九七七年五月，這名男子第四度找上傅爾登。他躲在傅爾登汽車附近的電話亭，拿著一個包裹。傅爾登看到附近有ＫＧＢ人員，因此不肯拿包裹。

此人敲傅爾登車窗，要引他注意。

傅爾登依據蘭利指示，不理他。[9]

到了夏天，傅爾登任期屆滿，莫斯科站新任站長賈德納・哈達威（Gardner "Gus" Hathaway）的作風迥然不同。他在維吉尼亞州南方長大，鄉音一直未改，紳士作風十足，但也保有強大的使命感。五十三歲的哈達威一九五〇年代末期在ＣＩＡ柏林基地任職，後來又調拉丁美洲，是個勇於辦事的人。

一九七七年春天和初夏，莫斯科站一直為歐格洛德尼克案的挫敗而感到相當窘困。二月份，為歐格洛德尼克留了一塊掏空的木塊，他卻沒有現身。四月間，他按約定時間在「祕密情報交換點」擺了東西，但是莫斯科站技術官打開它，研判它是出自別人之手。他以前拍的照片非常完美，現在卻顯得有點粗心。

哈達威希望和歐格洛德尼克恢復接觸，讓行動持續下去。ＣＩＡ以加密的短波無線電廣播向歐格洛德尼克發出訊號，指示他如果準備好另一次遞送祕密情報，可以在一個標示「孩童過街」的交通號誌用小小的紅色標記發出暗號。

一九七七年七月十五日，彼德生開車經過交通號誌，發現是有個紅色標記，但是看起來不太對勁。標記是櫻桃紅色的粗線條，像是精緻的版模蓋上去的。間諜應該不會有時間仔細刻模製作。她回到莫斯科站，報告她的發現。標記是有了，可是怪怪的。彼德生建議由別人交貨。她的胃打結。這個版模的記號應該讓哈達威有所警覺才是，可是他沒有，他急欲有所行動。

當天，彼德生照常上她掩護身份的班。下午六點，她進到站裡，在哈達威辦公室的小會議桌上檢視了行動計畫。然後她回家，換上輕便衣服，一件夏日上衣、一雙平底鞋。她束上頭髮、藏好金髮。她不可能長得像俄國人，但是希望盡可能不起眼。她把CIA用來偵測KGB通訊的迷你無線電截收器，用魔鬼氈貼在她的胸罩裡。她接上項圈天線，然後用頭髮遮住那非常小的無線耳機。

她開車在城裡頭東繞西轉，目的在偵測是否有KGB特務跟監。她停下車、上了地鐵，三站就換車，於體育場站下車，剛好是群眾看完足球賽散場。她混進人群，終於抵達「祕密情報交換點」，是一座跨越莫斯科河鐵路橋頭上的小石塔。

她走了四十級台階來到橋上的地點，過去她也利用此地交東西給歐格洛德尼克。她皮包裡有一塊容易打碎的黑色瀝青，裡頭掏空，藏了要給歐格洛德尼克的訊息以及一具迷你相機。晚上十點十五分，夏天的莫斯科才初現暮色，彼德生把這塊黑色瀝青擺進橋塔內一處窄窗，把它往裡頭推一臂之長的距離。她開始走下台階，此時看到三名白襯衫男子向她衝來。她無處可躲，也不可能跳入河裡。三名男子抓住她，她發現他們是KGB。一輛廂型車出現，又跳出幾名男子。彼德生狠狠踢了其中一人，但他們制服了她。有個KGB特務開始以閃光燈拍照。然後，他們從她身上胸罩內搜出無線電截收器，但是不曉得如何拆開扣住它的魔鬼氈。接下來，他們從石塔中搜出那塊黑色瀝青。彼德生高聲抗議，她是美國公民，他們應該打電話給美國大使館，他們不能扣押她。她大喊：「放開我！」有個KGB特務說：「請妳聲音小一點，行嗎？」彼德生不斷重覆大使館電話號碼。終於他們從胸罩上卸下無線電截收器，也找到項圈天線。然而，他們一直沒發現迷你無線耳機。

彼德生被送到盧比楊卡大樓（Lubyanka）KGB總部偵訊。當他們拿出那塊瀝青，當著她的面，鬆開四根螺絲，打開密洞蓋子，她整個心往下一沉。技術員把東西一一掏出，偵訊員在旁觀看。給歐格洛德尼克的訊息以小字寫成，攝入三十五厘米底片，裡面還有隱形眼鏡和藥水，好幾卷鈔票和綠寶石珠寶。黑色鋼筆一掏出來，主持偵訊的KGB特務急急指示技術員小心放下、別去碰它。他的口氣顯示出他曉得CIA給了歐格洛德尼克自殺用的氰藥丸。事實上，彼德生曉得這支鋼筆藏的是相機、不是氰藥丸。從偵訊人員的神色，她立刻醒悟，歐格洛德尼克已經被捕了。

她在當天晚上稍後獲釋，這是抓到間諜後的正常程序。大使館領事事務官來接她。一看到她，他簡直不敢置信：他一直以為彼德生只是大使館一般館員，完全沒料到她是CIA第一線情治人員。領事官送她回大使館，彼德生立刻進入莫斯科站，曉得她即將被蘇聯宣布為不受歡迎人物。接下來已經過了午夜的幾小時內，她在站裡詳細交代事件經過時偶爾會夾雜著她的咒罵聲，同仁聽取她的說明，並有另一人記錄下來，預備發電報回蘭利。電報在莫斯科時間凌晨三點三十分送出。

彼德生既悲傷、又疲倦，不曉得歐格洛德尼克怎麼洩漏形跡的。她沒怎麼睡覺，次日即七月十六日、星期六，她就搭機離開莫斯科。

對蘭利來說，這是極為沉重的打擊。歐格洛德尼克是個無價的間諜，這次事件也代表著安格頓的時代已經成為過去。他犧牲了，可是沒人知道為什麼。詹姆斯・奥爾森（James Olson）也是情治人員，他記得消息傳到蘇聯組後不久，蘭利現場的情景。奥爾森說：「整個蘇聯組裡頭，下至最基層的小文書員、上至急躁的組長，全都哭了。這是因為我們失去了『三角』。我們曉得『三角』犧牲了。」[10]

彼德生後來獲悉，歐格洛德尼克在他家被捕。他被剝到只剩內褲。他曉得ＫＧＢ會急切要知道他替ＣＩＡ工作的一切細節，他說我來寫自白書吧。他們把他的鋼筆交給他，他咬破藏有氰藥丸的筆管，當場斃命，ＫＧＢ根本來不及審訊。[11]

第三章
代號「球面」的男人

瑪蒂・彼德生回國的路上還在苦思不解。她不曉得行動怎麼會曝光。她閃躲跟監人員的過程很長、很徹底，她也沒看到有KGB的跡象，可是他們卻守在橋邊等她。即使他們抓了她，剛開始還不曉得她是CIA特工；她已經躲過他們長達兩年。那麼他們是怎麼知道放置祕密情報的確實時間和地點？有什麼疏忽嗎？有人跟監，而她不察嗎？通訊中走漏消息了嗎？是歐格洛德尼克犯了什麼錯誤嗎？還是另有更大禍害呢？[1]

彼德生快速離開莫斯科，還穿著被伏擊那天夜裡的衣服。回到華府，她買了一套新衣。七月十八日、星期一，離莫斯科失手不到七十二小時，她走進蘭利市CIA總部大門。當天早上拍照的新識別證照片，她面帶微笑，雖然看來有點躊躇，她兩眼清澈、明亮。調查工作又重啟她自問的相同問題：歐格洛德尼克錯過了會面時間，他的照片品質變差、在樹林中莫名其妙的事件，以及綁馬尾的女郎。後來，她在蘭利的走廊碰到恩師傅爾登，這是他調離莫斯科站之後，兩人首次再會。他們擁抱良久，強忍住淚水，他們的哀傷無法以言語形容。

在CIA總部七樓，彼德生進入新任局長、海軍上將史丹斯斐爾德・譚納（Stansfield Turner）的辦公室。他剛上任四個月，還在摸索著他的方向。譚納在公開場合相當嚴肅，私底下則親切和矜持。他坐在一張長會議桌的首位，示意陪彼德生進來的CIA官員退下，然後要彼德生坐到他右手邊。她重述事件經過後，譚納要她一起參加第二天向卡特總統的例行簡報。她只有九到十分鐘時間報告來龍去脈。

星期二，他們踏進白宮橢圓形辦公室。當著卡特總統的面，彼德生在咖啡桌上擺出用來放置給歐格洛德尼克訊息的黑色瀝青塊複製品，以及ＣＩＡ繪製的現場示意圖，以便說明經過。卡特非常注意她的報告。國家安全顧問布里辛斯基（Zbigniew Brzezinski）間中插入話題補充細節，譬如間諜的名字是歐格洛德尼克，以及她遭到伏擊的莫斯科鐵路橋橋名等等。布里辛斯基的父親是波蘭貴族，在第二次世界大戰之前的波蘭反共政府中擔任外交官。他本人一直在大學任教，研究蘇聯共產主義的興衰。他或許比在場每個人都更了解這位間諜的價值和其特殊之處。彼德生即將告退時，布里辛斯基告訴她：「我非常敬佩妳的勇氣。」原訂十分鐘的報告延長到二十多分鐘。彼德生獨自離開橢圓形辦公室，還得要請教祕書才知道如何走出白宮。當天稍後，譚納親筆給她寫一封內容輕鬆的謝函。他說：「妳是在短短三天之內既面對ＫＧＢ、又覲見美國總統的第一人。我敬佩、也恭喜妳。」

但是，私底下，譚納卻沉思著她遭到驅逐出境的事，莫斯科肯定有哪裡不對勁。

史丹斯斐爾德．譚納生長在芝加哥北區湖濱富裕的小城高地公園市（Highland Park），這裡華宅林立，林蔭夾道。他父親奧立佛是個白手起家的生意人，家裡頭擺滿了書籍。他母親灌輸他誠實和正直的價值觀。譚納成為童子軍裡最高階的「鷹級童軍」（Eagle Scout），中學時擔任學生會會長，之後進入艾默赫斯特學院（Amherst College）唸書，再經由他父親說服國會議員幫他們推薦後，才得以進入海軍官校就讀。一九四六年畢業時，譚納在同年班八百四十一名中排名二十五。他在能力取向評量方面，包括領導統御、正直、可靠及其他特質上都名列前茅。但是譚納不滿意官校安排的課程，認為它們太著重工程、航海術和科學。他的興趣十分廣泛。他沒有立刻一頭栽進海軍生涯，他贏得著名的羅德獎學金到牛津大學深造，研修政治學、哲學和經濟學。[2]

回到海軍後，譚納到驅逐艦上服勤，但對船上生活的瑣細感到不耐煩。他胸懷大志，希望處於變革的核心。一九五〇年代，新任海軍軍令部長阿雷・柏克（Arleigh Burke）相中他，要他組織一群青年軍官提出海軍興革建議，譚納對這項任務感到非常興奮。在日後系統分析當道的一九六〇年代，譚納被拔擢在國防部長羅伯・麥納馬拉麾下，跟一群青年才俊共事。一九七〇年，朱瓦特將軍（Elmo Zumwalt）出任海軍軍令部長，他派譚納主持他上任後六十天的各項新倡議。經歷這一切，譚納深信軍方很閉塞且守舊，迫切需要新思維。他一度運用系統分析來研究海軍掃雷作業，發現由直升機來做、遠比由船艦來做能更快、更好。可是，譚納熱衷改革，卻經常一頭撞上惰性，尤其是越戰期間軍方的士氣和紀律因為吃敗仗、國內又不得民心支持而十分低落。一九七二年，譚納奉派出任海軍戰爭學院院長，他抓住機會調整課程，使它們更嚴格。透過他歷任的職位，他宣揚紀律和負責任的美德。

譚納在海軍官校同年班同學中有一位稍帶羞澀、骨瘦如柴，來自喬治亞州落後的花生農場年輕人吉米・卡特。卡特也申請羅德獎學金，但沒有入選。卡特在全級以第五十九名畢業。在校時，卡特和譚納並不認識。卡特後來歷任核子潛艦軍官、農夫和喬治亞州州長。一九七三年，譚納邀請卡特到海軍戰爭學院演講，對他印象很好。次年，一九七四年十月，他們在亞特蘭大市卡特州長辦公室再次碰面。卡特就美國軍事及海軍的狀況，連珠砲似向譚納問了半個小時。談話結束時，卡特說：「對了，後天，我將宣布競選美國總統。」

卡特在一九七六年因為對飽受越戰和水門醜聞困擾的全國宣示重建信賴而贏得總統大選。他對政府投注清新、道德主義的作法——「絕不說謊」——又和華府污煙瘴氣的醜聞劃分界限。按照卡特的觀點，醜聞包括從一九七四年底開始爆出的CIA對美國公民、包含反戰積極份子的非法監視。接下來十六個月，針對CIA活動有三個調查案分別進行，揭露更多不光彩的行動。卡特一九七七年一月上任時，CIA仍因這些調查礙手礙腳。[3] CIA四年之內換了三個局長。即將卸任的局長老布希是福特總統任命的共和黨籍局長，他為人和善，在局裡頗孚人望，他也有心留任。但是卡特要求一刀切，清清楚楚來個了斷。卡特先邀請狄奧多·索倫森（Theodore Sorensen）出任局長。索倫森曾替甘迺迪總統撰寫演講稿、擔任文膽，但是當新聞界揭露他以違背良知為由反對越戰，國會內反對任命案聲音高漲，索倫森只好打退堂鼓。

這時候譚納已晉升為海軍四星上將，擔任南歐盟軍總司令。譚納接到電話，要他趕回華府時，心裡盼望會被任命為海軍軍令部長、或至少是副部長。到了白宮，卡特親切迎接譚納到他私人辦公室密談，請他領導CIA。[4] 譚納心理上沒準備，抗議說他留任軍職才會有更大貢獻。但譚納很快就明白卡特已經打定主意。事實上，譚納之所以打動新總統，正是因為他擔任軍職時，一向以紀律和正直聞名，而總統承諾要在CIA開創新頁。譚納接受CIA局長任務，但他也承認「我在暈眩中走出」白宮。[5]

上任初期，譚納和卡特都對科技的神妙進步大感驚奇，譬如革命性的KH-11人造衛星直接將電子影像傳回地面，不再使用過去的笨拙方法，把裝有影片的鐵管彈出衛星，掉落時再由飛機接住。KH-11的影像可以同步即時觀看，不必等好幾天或好幾個星期。湊巧的是，CIA收到的第一批影像就在卡特宣誓就任總統之前幾個小時。次日，卡特在白宮戰情室看了這些照片。譚納回想說：「這是很了不起的一套系統，就像是在太空中的電視機幾乎即刻傳回影像。」[6]譚納看到情報蒐集的科技面是未來的風潮，他希望情報在有需要時即可立刻調閱。

身為局長，譚納在週末會把「國家情報評估」（National Intelligence Estimates）草稿帶回家，用紅筆批改。「國家情報評估」是CIA提供給政府決策者最高層級的情報「成品」，反映情報刺探與分析後的結果，它們在發表前通常已由數十位官員撰寫和潤飾。過去從來沒聽說過有哪位局長把它們帶回家親筆編寫。另外，譚納展現出他對世界獨有的思維方式，喜愛分析它。他強烈質疑美國軍方對蘇聯軍事威脅日益擴大這種陰鬱的評估。這使得五角大廈很不爽，但是譚納堅持美國力量更優越而且應該列入考量。他希望有真實的平衡表，不只是蘇聯最新威脅的紀錄。[7]

但是譚納對於管理間諜這個風險世界的準備實在相當不足。間諜工作意味著要說服別人背叛他們的國家並竊取祕密。和美國政府其他大多數機構不同，CIA的宗旨就是違犯其他國家的法律。以地下工作而言，從事這方面行動的人相信他們是為高尚志業效勞。譚納根本不能理解他們，而他們也認為他高高在上。羅伯·蓋茲曾經擔任過譚納的行政助理，他回憶說：「譚納和地下祕密工作之間的文化和哲理差距實在太大、難以溝通。」[8]譚納說，他要求CIA有更高的道德標準和有效率的結構，像個企業組織。但是地下工作同仁對他的傳教士作風和道德主義深表不然。他們的工作經常很齷齪和無情。他們也痛恨譚納助理群之一的羅伯・威廉斯（Robert "Rusty" Williams）刺探私生活，追問感情和離婚的隱私。因為在高度壓力的間諜工作上，離婚和外遇其實很普遍。[9]另外，譚納在一九七七年裁撤地下工作部門數百個職位。裁員其實早就該做——ＣＩＡ在越戰結束後已經人事過於臃腫——但是譚納在執行時手段粗糙、不講情面。許多資深官員感受到冒犯，怨恨極深。[10]和譚納親近共事過的一位ＣＩＡ官員回憶說：「他從來不怎麼相信人力情報這回事。它有時候好、有時候差。他認為我們從科技情報收穫較大、比較可靠。」

陪著瑪蒂・彼德生在白宮橢圓形辦公室做報告之後幾個星期，譚納更為懷疑莫斯科站是哪裡有不對勁。

一九七七年八月二十六日晚間，政務官員狄克・孔布斯（Dick Combs）在莫斯科美國大使館裡加班撰寫報告。他的辦公室位於七樓——與ＣＩＡ莫斯科站同一樓層。一名陸戰隊警衛衝進來，問孔布斯：「你有聞到煙味嗎？」孔布斯在抽煙斗，因此除了本身煙味、不覺有異。但是他立刻發覺他頭頂上的八樓起火了。經濟組的一具變壓器在大家都下班後起火了。大使館多年來一直苦於防火設施老舊。最近一次裝修用的隔間木板非常易燃，陸戰隊警衛用滅火器已制止不了烈焰。莫斯科消防隊沒有立刻趕到，來到現場的第一批消防隊員似乎訓練不足，器材設備老舊，水管還有漏洞。大使馬爾孔・屠恩（Malcolm Toon）從外交宴會中趕回來，還打著黑領結、站在街上，使團副團長傑克・梅特拉克（Jack Matlock）衝到九樓。梅特拉克愛書成癡，冒著大火想搶救個人藏書。後來，比較有經驗的消防員抵達，其中攙雜著ＫＧＢ人員，肯定曉得ＣＩＡ莫斯科站就在這棟大樓裡，希望趁火打劫能揀些敏感文件或進入機密要地。

情況一度危急，整棟大樓可能會全部燒毀，大使下令找到CIA站長哈達威，命令他撤出。一名館員找到哈達威，身穿雨衣、滿臉煤煙灰，守著七樓站本部，不讓KGB冒充的「消防員」進入。哈達威不理大使命令，誓死不退。[11]

火災是怎麼發生的？CIA總部曉得蘇聯人常以微波訊號轟炸美國大使館。譚納經常提到它，表示他擔心大使館會遭到「光束」攻擊。火警之後，譚納也在想，若不是用光束、KGB是否還有其他方法刻意引起火花、造成火災。莫斯科究竟怎麼了？先是折損了歐格洛德尼克。現在又是神祕大火，引來KGB「消防員」。

好事無雙、禍事相連。九月間，莫斯科站又折損一名間諜：蘇聯軍事情報官員安納托利・費拉托夫（Anatoly Filatov）上校以前在阿爾及利亞任職時，即開始替CIA工作。費拉托夫利用兩車交會那電光石火一瞬間和CIA官員交換包裹，可是KGB卻守株待兔。他們逮捕了費拉托夫，把那個CIA官員夫妻驅逐出境。[12]

譚納大為震驚。難道KGB監聽了他們的通訊？KGB滲透進莫斯科站了嗎？是不是哪裡潛伏了內奸？譚納覺得，系統若有問題，正確的作法就是修好它。現在他要整頓CIA。他採取非常不尋常的措施。他下令凍結CIA在莫斯科的行動——完全停止。莫斯科站奉令不再運作任何間諜、不再執行任何間諜行動。

全面停止行動是蘇聯組從來沒有經歷過的事情。譚納堅持，全面停止行動要持續到蘇聯組能**保證**不再出差錯才為止。許多祕密工作人員簡直不敢相信會有這樣一種命令。譚納究竟曉不曉得諜報工作的基本知識？第一線人員和他們的間諜絕對少不了風險。他們**絕不能**保證不再會發生閃失。[13]

莫斯科站長哈達威氣壞了；譚納的決定讓人無法理解。它牴觸哈達威所代表的一切——違反他的使命感和積極諜報行動的意圖。哈達威手下情報官員被迫無所事事，哈達威只好盡力找事給他們做，要求他們尋找新的「祕密情報交換點」並畫下地圖，為日後恢復行動做好準備工作。[14]

同一時期，莫斯科站開始失去情報來源，其中之一是從一九六〇年代初期就自願提供情資的亞力克西．庫拉克（Alexei Kulak）。庫拉克是ＫＧＢ科技官員，ＦＢＩ給他的代號是「費多拉」（Fedora）。庫拉克是蘇聯戰爭英雄，加入ＫＧＢ後被派到紐約任職。他在一九六二年三月走進ＦＢＩ紐約某辦事處，自願為美國工作、換取金錢報酬。他臃腫肥胖、嗜酒如命、愛吃大餐。庫拉克兩度派駐美國，被ＦＢＩ視為可靠的消息來源，但是一九七〇年代中期，他們開始對他失去信心，懷疑他已遭到ＫＧＢ控制。[15]一九七六年，庫拉克即將調回莫斯科，可能再也不會回到美國。哈達威當時即將接任莫斯科站長，到紐約市親自召募庫拉克投效ＣＩＡ。在某旅館房間的會談，氣氛十分緊張，有位ＦＢＩ官員責怪庫拉克，而哈達威極力爭取他的信賴。哈達威贏了，庫拉克答應他回到莫斯科後，替ＣＩＡ工作。庫拉克離開美國時，已安排妥當藏放及交換情報和留訊號的地點。ＣＩＡ給他的代號是「ＣＫ擊倒」（CKKAYO）。

一九七七年七月初，他第一次在莫斯科某祕密地點留下包裹，內容十分驚人。庫拉克提供一份手寫名單，舉出蘇聯派了哪些人在美國企圖竊取科技機密。更令人振奮的是，他說到了秋天，他可以提供「蘇聯派在全球各地從事蒐集美國科技資訊的所有官員和科學家的名單」，以及ＫＧＢ科技處五到十年的計畫。這將是一座金礦，ＫＧＢ針對當前最重大的一項議題：蘇聯如何竊取西方科技，訂出未來十年的藍圖。

到了秋天，按照時程，庫拉克發出訊號，他要到祕密藏放情報地點交貨了。可是，這時譚納局長的停止活動令已經生效，莫斯科站沒有回答庫拉克。庫拉克第二度發出訊號，莫斯科站還是按兵不動。哈達威被迫眼睜睜看著有價值的消息來源浪費掉。庫拉克行動計畫凋萎了。[16]

一九七七年十二月十日，在加油站接觸傅爾登的那名男子又站在莫斯科某市場附近街角，注意每輛汽車的牌照，尋找代表美國外交車牌的代號——D-04。

一年多前，他在家裡從短波收音機裡聽到美國之音廣播一則驚人消息，蘇聯空軍飛行員維克多·貝連科（Victor Belenko）從蘇聯遠東區空軍基地駕駛米格-25攔截機，飛向日本民用機場、投奔自由。這是大膽逃出蘇聯的行徑，而貝連科獲得美國政治庇護。貝連科投奔自由，讓美國對蘇聯此一可怕、神祕的攔截機意外增加許多新認識，它是設計來追逐、擊落高空飛行的美國SR-71「黑鳥」偵察機之用。貝連科的座機在日本由美、日小組拆卸、分析，揭露更多機密，尤其是它的雷達和航空電子儀器。[17]

站在街角的這個俄國人，口袋裡有一封信。一月份以來，他就試圖找到美國人的車子，以便聯繫CIA。從他在加油站接觸傅爾登起，他已經試過四次，全都沒有回音。然後他出差了一段時候，失去了他原本對象的蹤跡，現在他要重新尋找美國人。

他在市場看到一輛掛美國人牌照的汽車。一個大使館職員下了車。這個俄國人快步上前，把信遞給他，拜託他轉交給主司的美國官員。

在市場收到這封信的大使館職員湊巧是美國大使莫斯科官邸史帕索賓館（Spaso House）的

管家。他把信送到ＣＩＡ莫斯科站，哈達威打開來，發現是兩頁以打字機繕打的蘇聯軍用飛機雷達情報。

男子在信中敘述貝連科叛逃後，上級下令修正米格-25的雷達。他寫的另一部分吸引哈達威的注意。男子寫說，他可以接觸到「俯視／俯射（look-down, shoot-down）」雷達系統的開發。他也說，他可以提供一款雷達的原理圖，這種雷達將成為類似於米格-25這種超快速飛機的基本配備。

他又提供幾種可能接觸的方式，表示他將在新的一年、一九七八年一月九日等候聯繫。他寫說，他希望「做貝連科做的事」。但是他還是沒交代他是誰。

次日上午，哈達威去大使館向武官請教。

哈達威開門見山就問：「俯視／俯射雷達究竟是什麼名堂？」

武官答說：「你沒在開玩笑吧？這是全世界最重要的玩意兒之一！」[18]這種雷達能讓飛在高高度上的蘇聯飛機，從地面地形上找到低飛的飛機或飛彈。當時，美方研判蘇聯軍機沒有這種能力；貝連科開過來投誠的米格-25並沒有這種雷達。甚且，蘇聯的陸基雷達也看不到低飛的目標，並且美國已花了好幾年功夫，準備利用這個弱點，以低飛轟炸機或先進的巡弋飛彈在蘇聯雷達網所不及的低空飛行。

哈達威對蘭利的全面停止活動命令和譚納的畏懼，感到十分挫折。他抱怨：「蘭利是哪一根筋不對了？他們瘋了不成！我們要怎麼辦？坐著不動嗎？」

哈達威雖然不敢小覷ＫＧＢ的本事，可也明白他們並不完美。他有信心ＣＩＡ可在莫斯科指揮間諜活動。他說：「你必須了解，站裡面每個人都很清楚，我們可以對付這些人。」哈達威覺得譚納耳目不聰，沒聽見好建言。他堅持譚納派他的親信助理威廉斯到莫斯科瞧一瞧。威廉斯一到，哈達威就把他帶上路，讓他有第一手經驗瞧瞧莫斯科站同仁怎麼甩開KGB的跟監。KGB縱使到處布下監視網，使用的方法卻很馬虎。哈達威和威廉斯利用CIA的小型截收器聽到KGB的無線電通訊。哈達威回想說：「我們闖紅燈時，聽到他們實在有夠笨的對話，還驚呼『紅燈耶！』」他拜託威廉斯回蘭利要說好話，讓莫斯科站恢復作業。威廉斯似乎明白了。但是譚納不為所動，全面停止活動的命令沒有改變。

一九七七年十二月送出「俯視／俯射」字條之後，CIA給加油站男子一個代號「CK球面」（CKSPHERE）。

哈達威力促蘭利好好評估「CK球面」提供的資訊。從當年年初及十二月的幾張字條來研判，哈達威認為這名男子是在相當祕密的軍事研究實驗室任職的工程師。

十二月九日，蘭利以一份內部備忘錄提出評估。這時候，有一個關鍵點必須確立：這個工程師是否掌握真正重要的情資？但蘭利的評估卻模稜兩可：

> 消息人士所說的主題事項，空中無線電定點站、亦即雷達，極端重要。他所謂「可以針對地形運作」的雷達，指的就是「俯視／俯射」雷達。我們知道蘇聯並沒有特別有效的俯視／俯射雷達，他們非常努力要解決這個問題。有效的俯視／俯射將對B-52轟炸機和巡弋飛彈構成嚴重威脅；有關蘇聯在這領域最先進的訊息，是非常高度優先的情報。他提議交出對目前系統的原理圖和草圖，將對我方之分析有相當助益。

但是，評估的結論是：

「CK球面」所提供的資訊極具情報價值，即使美國政府知曉這個資訊，對蘇聯並不會造成嚴重的傷害。[19]

哈達威大吃一驚。蘭利怎麼會忽視眼前如此明顯的事實：這名工程師掌握的資訊明明會對蘇聯產生嚴重傷害！一九七八年一月三日，離計畫中的會面日期只有六天，哈達威親自向蘭利進言：

如果「CK球面」有關蘇聯「俯視／俯射」雷達現狀的資訊正確，開發有效的「俯視／俯射」雷達肯定是蘇聯面對巡弋飛彈威脅時非常高度的優先目標。如果蘇聯開發有效的「俯視／俯射」雷達，有關它的詳細資訊不就是「對蘇聯有嚴重傷害」嗎？有關它的詳細資訊不就使美國能對抗它的有效性嗎？換言之，假設「CK球面」果真如他所說之身份、也能夠監視蘇聯開發有效的雷達，難道不值得冒PNG的風險嗎？[20]

PNG（persona non grata）指的是情治人員被驅逐出境、或宣告為不受歡迎人物的風險，就像瑪蒂·彼德生的遭遇一樣。

哈達威認為「CK球面」能提供的資訊太有價值了，KGB不會拿它來當誘餌。他們不會如此糟蹋軍事機密。為了一月九日的會面做準備，哈達威團隊呈送詳盡的想定給蘭利，爭取上級核准和「CK球面」接觸。他們提議面對面接觸，向這位工程師問清他的身份，以及他是否還能提供更多資訊。莫斯科站特別想要問他關於在十二月份字條提到的一套武器系統。工程師暗示他可以取得代號「紫晶」（AMETIST或amethyst）的蘇聯雷達系統原理圖，他形容它將成為米格-25這類攔截機的基本配備。他們也會追問更多有關俯視／俯射雷達的消息。視需時多久才能安排，他們也會和他訂好未來會面的時程表，以三十天為間隔，有四個可能地點供選擇。他們會鼓勵這位工程師繼續把信封從車窗塞進汽車，就如同他原先的做法。[21]

哈達威渴望恢復間諜作業。他遵循葛伯法則，查驗自願者，別遽下定論排斥他。

計畫書在一九七八年一月三日一路呈報到譚納局長，蓋著「祕密」和「警示：涉及敏感情報來源和方法」的印記。

譚納從計畫書的備忘錄摘要中得知，「CK球面」是個「中年蘇聯工程師，從一九七七年一月以來已五度接觸莫斯科站」。摘要備忘錄提到莫斯科站沒有回應他的接觸，是因為頭四次這名男子一點兒都沒有透露他是誰，莫斯科站也深怕這是KGB的圈套。同時，也是希望在卡特政府上任之初避免出現意外。但是摘要備忘錄中提到「CK球面」最近一次的接觸就發生在不久前的一九七七年十二月十日。

情報真的那麼棒嗎？摘要備忘錄和蘭利以前的評估一樣，不是很熱衷於此。它說，米格-25雷達更新「不會對蘇聯政府造成嚴重傷害」，不過俯視／俯射雷達是「高度優先感興趣的情報」。

在標題為「風險」的一小段內容，備忘錄建議小心謹慎。內容建議道：

我們沒有證據說「CK球面」是圈套，但是從他向我們接觸可以發現有許多過去那些個案的印記，我們後來發現這些個案受到KGB控制。即使他一開始出於真心，他幾次的企圖接觸我們有可能引起KGB的密切關注。相較於在行動暫停時期，那些我們所不能接觸的莫斯科既有消息來源，我們認為「CK球面」的真實性和潛力尚未能被證實。

摘要備忘錄提出兩個方案供譚納裁決：乙案是准予行動，在一月九日和這位工程師會面。但是摘要備忘錄的結論是：「我們建議採取甲案——不要有任何動作。」原因呢？風險太大。備忘錄說，如果行動失敗，可能造成第三次的驅逐出境，拖長停止作業的時間，或甚至導致莫斯科站關閉。它向譚納建議，不要接觸這位工程師，「我們首要責任和目標應該是恢復與已經證明的莫斯科消息來源安全、有生產性的接觸。」

譚納同意——決定採取甲案。「不要有任何動作。」[22]

第四章
「終於聯絡上你」

這位工程師仍然不死心。一九七八年二月十六日，距加油站第一次接觸已超過一年，哈達威開車駛出使館，進入側邊的小路。他在一個黑暗的十字路口慢下來。突然有人輕敲車窗。他太太卡琳（Karin）坐在旁邊，為了看清楚而搖下車窗。工程師站在車外，靠近來把一個信封塞進來後用俄語急促地說：「請交給大使。」信封掉在卡琳腿上。工程師迅速轉身隨即消失。哈達威立刻掉頭，趕緊開回大使館，把信封帶到七樓莫斯科站。

信封裡有工程師新寫的一封信。他寫說，他覺得陷入惡性循環：「基於安全理由，我怕在書面上多提我是誰，而缺了此一訊息，你又基於安全理由，不敢接觸我，深怕是圈套。」接下來他寫下他家電話號碼，但保留最後兩碼。未來幾週某特定時刻，他將站在某巴士站街邊，手拿一塊木板，上面會寫出這兩個數字。

莫斯科站不敢掉以輕心，派一個情治人員步行去看那號碼，另外又派哈達威太太卡琳出馬。她開他們家汽車經過巴士站，看到這名男子，也記下這兩碼。[1]

哈達威再次力促蘭利准許反應。停止運作令依然有效，但哈達威希望准許一個簡單的行動——和工程師接觸。事有湊巧，工程師最後一次向哈達威接觸時，五角大廈行文ＣＩＡ，表示非常有興趣多了解有關蘇聯航空電子和武器控制系統的情報。

這一來情勢變了，蘭利勉強批准莫斯科站去接觸工程師。

哈達威決定到街上的公共電話打給他，他曉得這樣做有風險；如果CIA人員被KGB看到打公共電話，可能就會被追查到。所有的公用電話亭都有號碼，KGB跟監人員很容易就可要求立即追查電話。二月二十六日，莫斯科站一名CIA情治人員先展開甩開跟監的行動，確定甩開KGB之後才從公共電話撥打工程師家的電話。工程師的太太接電話，美國人立刻掛斷。兩天後又是太太接電話，只好再度作罷。[2]

三月一日晚間，夜幕已垂，哈達威夫婦在毗鄰使館的林蔭巷道大狄維亞丁斯基巷（Bolshoi Devyatinsky Pereulok）準備上車時，工程師出現。哈達威正要從駕駛座這一側打開車門，他看到工程師，認出他，伸出左手。工程師迅速地放了一包東西到他手上，以俄語說：「Pozhaluista」（給你）。哈達威回答：「Spasibo」（謝謝你）。哈達威注意到工程師背後約二十碼有個行人，但是認為在黑暗中的此人應該不會看到有東西傳遞。工程師腳步沒慢下來，快步轉彎離開。哈達威也折回莫斯科站——向使館警衛謊稱忘了東西——立刻打開紙包。

裡頭有六張雙面寫滿俄文的紙張，一共十一頁，和以前一樣它們摺好夾進另兩張紙之內，形成三乘四英寸大小、再用白色膠帶封好。外頭寫了幾個英文字，大意是請轉交給美國大使館相關負責人。

這封信正是CIA等候的突破。

工程師透露他的身份。他寫說：

一九七八年二月二十一日，你沒有在上午十一時至下午一時，或是稍後打電話給我，而且由於同一天夜裡，車牌D-04-661……汽車停在大狄維亞丁斯基巷五號門前，我以為（雖然似乎不太可能）我沒有填上的那兩碼電話號碼，也就是那家門牌的號碼三十二號，沒被經過的車子看到和沒有被記下來。為消除任何疑慮，我現在提出有關我的基本資料。我姓托卡契夫（Tolkachev），名阿多夫．喬治維奇（Adolf Georgievich），一九二七年生於（哈薩克蘇維埃社會主義共和國）阿克土賓斯克市（Aktyubinsk，譯按：今名阿克托比Aktobe，意即「白色的山」）。一九二九年起，我住在莫斯科。一九四八年，我從光學機械技術（雷達系）畢業，一九五四年又從喀可夫斯基工藝學院（Kharkovskiy Politechnicheskiy Institute，無線電技術系）完成學業。從一九五四年起，我任職NIIR（郵政信箱A-1427）。目前我任職於聯合實驗室，擔任主任設計師。（實驗室的職級由下而上為實驗室助理、工程師、資深工程師、主任工程師、主任設計師和實驗室所長）我辦公室電話號碼二五四－八五八〇。上班時間由上午八點至下午五點。午休時間十一點四十五分至十二點三十分。

我的家庭狀況：妻子娜妲莉亞．伊凡諾芙娜．庫茲明納（Natalia Ivanovna Kuzmina），兒子十二歲，名叫歐烈格．托卡契夫（Oleg Tolkachev）。[3]

為了保險起見，阿多夫．托卡契夫又寫下他家電話號碼：二五五四四一五。他寫出他的家中地址：沃斯坦尼亞廣場（Ploshchad Vosstaniya）一號五十七號公寓九樓；是離大使館不遠的一棟著名高樓。他從一九五五年起就入住。大樓有好幾個出入口，因此他加註：「入口在廣場邊大樓中央。」

托卡契夫也主動提示如何打電話給他而不露出破綻。如果是男的打給他，可以自稱是尼古拉（Nikolai）；如果是女的，可以自稱是卡蒂雅（Katya）。托卡契夫說，他已經「花了不知多少時間在街上尋覓」掛美國外交官車牌的汽車，即使找到了，也常常不敢冒險立刻留字條，深怕出差錯。他說他現在迫切需要對他長久以來的努力得到正面答覆，如果這次沒有結果，他就放棄死心了。[4]

托卡契夫在字條裡又提供寶貴的新情報，其價值遠超過其他任何方式可能得到的情資。他從機密文件抄下一些文句，又提出有關俯視／俯射雷達更多的細節。這張字條也包含一個極端重要、可供驗證的訊息：托卡契夫任職單位的郵政信箱號碼是A-1427。

ＣＩＡ現在確認托卡契夫是蘇聯兩個研究軍用雷達機構中之一的設計師，又以裝在戰鬥機上的雷達為主。他任職單位是「無線電工程科學研究所」（Scientific Research Institute for Radio Engineering），俄文字母縮寫ＮＩＩＲ，離他住家公寓步行約二十分鐘。

現在應該給他正面答覆了。莫斯科站終於再度加速前進！

從公共電話亭打電話給托卡契夫的ＣＩＡ情治人員是約翰．桂爾瑟（John Guilsher）。四十七歲的桂爾瑟是個英俊漢子，濃眉灰髮，沈靜內斂。他喜愛戶外生活，曾經想當森林保護員，但是蘇聯吸引他走上不同方向。

桂爾瑟的父母和祖父母那兩代親眼見證他們的家庭和財富毀於二十個世紀俄羅斯的動亂——戰爭、革命和流亡。桂爾瑟的父母親喬治（George）和妮娜（Nina）成長於彼得格勒，是帝俄末年貴族之後，兩人自幼青梅竹馬。喬治從皇家學院（Imperial Lycee）畢業後，任職於沙皇的財政部。布爾什維克奪權後，他加入英、美支持的白軍，對抗赤俄。喬治另一位兄弟也加入白軍，在內戰初期即陣亡。喬治是家族裡唯一熬過內戰倖存下來的一員。他隨著潰敗的白軍退到土耳其君士坦丁堡，再於一九二三年來到紐約市，與妮娜重逢；妮娜在革命過後的彼得格勒過了貧困悽慘的五年，也逃到紐約。兩人於一九二七年在紐約市結婚，後來喬治成為器材製造商殷格索・蘭德（Ingersoll Rand）公司的生產經理。

他們育有三名子女；約翰是次子。他在第二次世界大戰之前成長於紐約市一二二街，戰後全家遷到長島海崖鎮（Sea Cliff）。暑假他們會到康乃狄克州康瓦爾（Cornwall）一位阿姨的家中去避暑。雖然他們出身俄羅斯貴族世家，逃到美國時卻身無分文，早年生活十分拮据。他們妹妹記得，小時候的約翰和哥哥經常穿著乾淨、筆挺的小男孩水手服，彷彿家裡相當富裕。其實兩人各自只有一件衣服，母親每天晚上為他們洗燙。家人在家說俄語，父親經常和友人暢談歐洲的文學和政治。他有一本記事本，詳記俄羅斯所有重大歷史事件，包括特別律令、著名作家和其他名人、甚至當代聖人生日。他蒐集俄國郵票，帶兒子逛博物館。約翰・桂爾瑟從來沒到過俄國，但是俄國就在他身邊。[5]

一九四五年約翰年僅十五歲，父親心臟病突發而逝世。他一面利用暑假打工（如幫人清掃煤爐）協助母親維持生計，約翰憑獎學金進入康乃狄克大學，主修森林系。他哥哥已經搬到遙遠的阿拉斯加州定居，約翰去作客時迷上開闊的空間和蔚藍的天空。韓戰爆發，約翰加入陸軍，但借調到國家安全局服務。一九五五年即將退伍時，他加入中央情報局，被派到倫敦參與柏林地道監聽任務。

他啟程前往倫敦之前，結識、愛上一位年輕美女凱莎琳（Catherine）、小名姬莎（Kissa），她也是俄羅斯貴族後裔。她父親為逃避布爾什維克，舉家遷居貝爾格勒（Belgrade），姬莎就在那裡出生。由於第二次世界大戰戰亂，全家又逃到美國。少女時期的姬莎已經痛恨共產主義和納粹，渴望過美好生活。她就讀華府的喬治．華盛頓大學時，在暑假結識約翰。他們訂婚後的兩年，他到倫敦上班，她則完成學業。一九五七年兩人在倫敦結婚。約翰已經在ＣＩＡ開始事業前程，可是在蜜月期間，他熱切地提起放棄情報工作的可能性，想追求夢想到阿拉斯加森林工作。姬莎堅決反對。桂爾瑟聽老婆的話，終身為ＣＩＡ效命。

約翰說的俄語，帶有一點點來自波羅的海地區的腔調，但是他的語言能力一流，在冷戰初期那些年格外有價值。一九五〇年代和一九六〇年代初期，他參與兩項ＣＩＡ對付蘇聯最重要的行動：柏林地道和潘可夫斯基。

哈達威一九七七年奉派出任莫斯科站站長時，他欽點桂爾瑟一道上任。他們過去不曾同事過，但哈達威曉得桂爾瑟的語言本事。有一天姬莎帶著子女在康乃狄克州度假，約翰打電話來說：他們即將搬到莫斯科住。儘管明知日子會很艱苦，她仍十分高興。他們將回到先人的故國，不是以貴族子弟身份歸鄉、而是要進行反蘇聯的間諜工作。他們並不是感情用事；他們先人的俄羅斯已經被布爾什維克摧毀。約翰過去二十二年從蘇聯境外不同駐地都在進行反共任務。但這次的工作不同。過去，他是語文官員，譯解文稿和講稿。現在，他將第一次在蘇聯境內擔任情治人員，協調外勤行動，姬莎也會助他一臂之力。[6]

他們在一九七七年七月十六日抵達莫斯科。大使館一名館員奉命到謝列梅捷沃國際機場（Sheremetyevo International Airport）接機。他們通過護照查驗、從獸醫站領出愛犬後，這位大使館官員透露一則震驚的新聞：瑪蒂．彼德生在放置祕密情報時被逮個正著，就在他們入境這一刻，她正要從同一個機場離開莫斯科。約翰立刻明白：歐格洛德尼克出事了，代價可能是要付出性命。

相隔不到幾星期，駐莫斯科大使館起火，然後第二名特工被捕，再來是譚納下達暫停行動的命令。桂爾瑟發現莫斯科站士氣相當低沉。宿舍很擁擠，而且四周都在施工，修復火災的災損。

桂爾瑟本身受到KGB嚴密監視——尤其嚴重，他的住所遭到竊聽。約翰和姬莎若想談些敏感話題，他們彼此筆談，而且小心地以木板或金屬作墊子，才不會在下一張紙上留下痕跡，以免遭KGB解讀。約翰一再向姬莎強調他們必須在莫斯科「低調」過著小老百姓的日子，一再地重覆他們的例行活動，才不會遭KGB注意到有不尋常的地方——這是借重一九五〇年代哈維蘭．史密斯的教訓。姬莎很討厭這些限制；她外向活潑和約翰的內斂完全不同。

KGB的監視可謂出奇的粗糙。約翰和姬莎不只一次到衣櫥裡找大衣，卻發現大衣不翼而飛，顯然是被監視人員偷走拿去安裝麥克風了。大衣隔幾天就會神奇地物歸原位。有一個夏天夜晚，桂爾瑟夫婦決定約幾個朋友在莫斯科市外一家餐館會面，明知可能遭到KGB監聽、仍在電話中討論。當桂爾瑟夫婦開車時，算一算前呼後擁竟有不少於三輛跟監汽車。他們有點迷路，有一輛KGB跟監汽車突然轉到另一條路，桂爾瑟心想反正不知往哪裡走，那就跟它走吧。最後KGB汽車竟然把他們帶路帶到餐廳去。

另一方面，KGB也可以相當細膩。一九七八年，檢查人員在大使館煙囪內發現一條天線。天線的目的何在，一直沒查出來。那一年檢查過打字機，技術人員沒發現有異。事實上，蘇聯從一九七六年起就在國務院送到莫斯科大使館和列寧格勒總領事館、供外交官使用的ＩＢＭ電動打字機內植入隱性竊聽器。竊聽器有一個主動式電路，可以把敲打鍵盤的資訊傳遞出去。十六部打字機被裝置竊聽器，直到八年後才發現，好在沒有任何一部擺在ＣＩＡ莫斯科站使用。[7]

在街上，桂爾瑟學習如何發現跟監人員。ＫＧＢ使用的大型俄製伏爾加（Volga）轎車有八缸引擎，相較於其他四缸引擎小汽車有明顯較大馬力。約翰也發現ＫＧＢ使用的小型跟監汽車芝格里經常有一個記號、小小一塊三角形污泥出現在車子前方某個不顯眼的地方，顯然是因為ＫＧＢ洗車的刷子搆不到那地方。

桂爾瑟在ＣＩＡ總部受訓、準備派到莫斯科時，他曾經讀到一名俄國男子在加油站交給傅爾登的字條。他認為它看起來是那麼一回事，不像是圈套。後來，一九七七年底、一九七八年初到莫斯科站服務，桂爾瑟負責翻譯工程師交給哈達威的字條。桂爾瑟認為，這個人所寫的任何字條不是出自ＫＧＢ之手。因為只有哈達威被樹或高積雪擋住，這個人才小心地交出字條。現在他們曉得這個人名叫阿多夫．托卡契夫。但是他用意何在？桂爾瑟奉命擔任托卡契夫的第一個ＣＩＡ聯絡人，負責找出答案。

一九七八年三月五日，托卡契夫把包裹交給哈達威的四天之後，桂爾瑟夫婦前往莫斯科大劇院觀賞著名舞者瑪雅．浦里賽茲卡亞（Maya Plisetskaya）演出的芭蕾舞劇《安娜．卡列妮娜》（Anna Karenina）。他們盛裝前往，坐在外交官包廂觀賞。姬莎曉得約翰當天夜裡要執行任務，當他們入座時，她愕然發現包廂裡坐在她旁邊的是在大使館工作，負責調派工友、司機和女傭，瘦高、黑髮的俄國女子賈琳娜（Galina）。姬莎和她很熟，但認為她應該是ＫＧＢ派來潛伏的特務。[8]

約翰已經告訴姬莎，中場休息時間他將去打一通電話。他認為他將有幾分鐘空檔不會有人監視，他也已經確認好電話亭位置了。燈一亮，他立刻走出包廂。

當約翰起身時，賈琳娜看到，也要起身。姬莎腦筋快轉，開口問：「妳要到哪兒去呀？」賈琳娜說，她要去化妝室。姬莎設法拖延她。她說，中場休息時間化妝室一定很多人，「誰要跟她們擠在一起啊。」賈琳娜竟然同意等一會兒去比較好。

這一拖延恰好時間足夠約翰走到電話亭，撥打電話給托卡契夫。

桂爾瑟決定遵循托卡契夫的指示，自稱是尼古拉。他需要讓托卡契夫放心，托卡契夫交出的材料已經由適當單位收到，而且美國有興趣更深入知其詳情。但是這必須小心翼翼，假使有人竊聽電話，也無法知道他們在講什麼。[9]

大約晚上十點整，約翰站在電話亭裡撥了電話。

托卡契夫：哈囉。

桂爾瑟：哈囉，我是尼古拉。

托卡契夫：（稍為停了一下。）喔，哈囉。

桂爾瑟：我終於找到你了。我收到你所有的信，謝謝你。它們很有意思。我希望以後和你再接觸。

托卡契夫：我在九號那天要到梁贊出差，星期六恐怕找不到我，最好是星期天這個時候再打來。

（又停了一下。托卡契夫顯然預備再講些什麼，但沒有說出來。）

桂爾瑟：那就再見了。

托卡契夫：再見。[10]

桂爾瑟回到包廂坐下。姬莎看了他一眼，一切都好吧？

舞台布幕升起，燈光又暗了，他微微點頭。

哈達威對暫停行動的命令嗤之以鼻，他覺得譚納下令莫斯科停止行動根本是錯誤而且代價極高的命令。當然，和托卡契夫誘人的初次接觸顯示他們應該恢復全面間諜活動。三月間，爆發一次危機，涉及到艾力克西・庫拉克，就是那位因停止活動命令而被放棄的過胖KGB科技官員。CIA總部通知哈達威，目前住在莫斯科的庫拉克有可能被捕，進而暴露替美國當間諜的事。哈達威覺得對庫拉克有特別的義務，因為庫拉克是他在紐約某旅館親自吸收的間諜。蘭利表示，作家愛德華・傑・艾潑斯坦（Edward Jay Epstein）剛出版一本新書，內容細節足以辨認出庫拉克是美國間諜。如果KGB追查書中的細節、逮捕了他，庫拉克肯定會以叛國罪起訴，處以極刑。蘭利決定，必須聯繫到庫拉克，警告他身份恐將曝露。CIA緊急安排一項高度風險的行動計畫，必要時把庫拉克偷運出蘇聯。儘管對莫斯科站的作業有疑慮、儘管也下令暫停行動，譚納還是核准與庫拉克接觸的任務。[11]

為了這項行動，哈達威必須不惜代價躲避KGB的監視。哈達威的女祕書已經建立一個習慣性的生活模式，每週有一天會和丈夫去溜冰。哈達威戴上面具化妝成他的女祕書，把她的溜冰鞋擺在腿上，由她丈夫駕車離開大使館。守在大門的民兵並沒注意到。汽車開到離使館大門夠遠時，哈達威撕下面具，躁急地跳下車，他不知道下一步會是什麼狀況。當他發現四周一片肅靜之後，開始在莫斯科寒冷的夜晚遊盪好幾個小時，以甩掉可能的跟監特務。他計畫提議協助庫拉克逃出蘇聯，CIA的術語是「敵後淨空」。哈達威帶著一具相機，以便替庫拉克拍近照、製作新護照。事實上，莫斯科站以前從來沒執行過敵後淨空行動。這種行動需要好幾個月的作業準備時間，而現在哈達威只有幾天的時間。

經過幾小時在莫斯科街頭閒晃、確定沒人跟監後，哈達威走上庫拉克公寓的台階，打算直接敲門。但是有個女性門房坐在那裡，她攔下哈達威。他只有回頭走人，被迫放棄行動。第二天夜裡，他再次出動，利用公共電話亭打電話給庫拉克。庫拉克立刻認出哈達威那明顯的維吉尼亞南方腔。哈達威提出警告，庫拉克的反應很平靜、不猶豫，也沒有恐懼。他感謝哈達威示警，但是表示他不會有事、也不希望偷渡出國。哈達威無能為力，他和CIA自此失去庫拉克這個情報來源。[12]

儘管受挫，哈達威渴望在托卡契夫身上能獲得進展。一九七八年三月二十一日，他發電文向蘭利建議「全速」推展。他提議，「先整理好一個基本通訊包裹」，由未受KGB監視的情治人員放置到祕密地點。然後CIA打電話告訴托卡契夫到哪裡去取件。這個包裹讓托卡契夫有基本手段和CIA來往傳送訊息，CIA也能逐步深入了解他知道什麼、可能供給什麼情報。哈達威提議包裹裡要有一份行動紀錄，提供托卡契夫下一步動作的指令。哈達威覺得當面碰頭是得到答案最快速的方法，他非常傾向於親自見面。但這也是風險最大的方法。[13]這項計畫有太多的不確定因素。莫斯科站還不認識他們的間諜，這位間諜想要什麼，或是他能做什麼。[14]

哈達威送回蘭利的電文，對托卡契夫有如下的描述：

很顯然，他的要求或先決條件會影響我們選擇如何處理行動。他希望以情報換取金錢報酬嗎？是一次性提供情報、還是無限期持續供應呢？他會要求敵後淨空嗎？什麼時候？總而言之，不先知道他的想法，很難為他做出安排詳盡或長期的計畫。然而，我們的印象是，儘管他提到「貝連科」，他企圖在一段期間內提供資訊、想有部相機可擴大他的生產力，也渴望建立持久的長期關係。因此，我們必須維持靈活彈性，直到了解「CK球面」的條件是什麼，我們覺得目前最好的辦法是與這位動機十足的間諜作直接而持續的溝通，合理、有效地滿足他的需要。同時，我們將試圖儘早了解「CK球面」的需要，對計畫做必要的調整以滿足它們。[15]

哈達威在同一電報裡也提到一個問題：在此一行動的初期階段，是否先發給托卡契夫一具CIA迷你相機。相機可以方便他複製文件，但若被逮到，危險就大了。間諜相機立刻可以坐實他的罪名。哈達威問蘭利：「我們什麼時候給他相機？給他什麼樣的相機？很顯然，我們愈早讓『CK球面』有照相能力，他就越早能提供大量情報，我們也可更快知道他的真誠度。」——哈達威指的是CIA需要托卡契夫證明他可靠與否。

但是蘭利還是不情願，哈達威奉指示採用「盡可能簡單的方法」。就目前而言，不提供拍攝文件的相機，也不和托卡契夫碰頭。

三月二十四日的電報，蘭利確認到，托卡契夫至今所提供的情報「遠超過蘇聯會用來作為設圈套而餵給我們的情資」。這是好消息；至少托卡契夫的情報已跨過第一道障礙。CIA測試一個原先不認識的消息來源是否真實的常用方法，是查驗是否有任何新資料，以及尋找可以利用其他已知來源的資料進行確認比對。可是，托卡契夫筆記所包含的情報太新，無法查核。它可能是天上掉下來的重大收穫，也可能是圈套；疑問無法迅速獲得解答。[16]

哈達威沒有選擇，只能按部就班慢慢來。他和桂爾瑟擬訂一個新計畫。主要目的是澄清對方真實身份的不確定，其次是搞清楚他能取得什麼「積極情報」——CIA描述間諜成果的術語。哈達威和桂爾瑟寫說：他們希望和托卡契夫建立的通訊「風險降到最低的」，同時「我們希望降低『CK球面』的風險到最低程度，相等於提高我們自己的保護」。他們又說：「不幸的是我們不能兩全其美：對我們最安全，或許對他就最危險；反之亦然。我們所追求的是對我們本身和對方能有最適度平衡的保護。」[17]

然而，蘭利還是很頑固地抱持疑心。蘭利四月十三日的內部檢討還是很小心，提出警告說，即使托卡契夫一年前初步接觸是真的，他可能已在日後多次試圖接觸CIA時遭KGB盯上。他也有可能執行KGB的欺騙行動，意在玩弄美國人。這項檢討的結論是，托卡契夫的行動只有五〇%機率是真的。這樣的結論對CIA領導階層是一個大警訊，使得哈達威更難推動下去。

CIA局長譚納在五月七日聽取簡報。兩天後，桂爾瑟在莫斯科打電話給托卡契夫，請他再等兩、三星期，屆時他必須撥出約一個小時時間碰面。托卡契夫說，他沒有出城度假的計畫。

他可以等。

接下來，蘭利在一九七八年五月開始以比較正面態度看待這件事。托卡契夫手寫的字條送到CIA技術處，由筆跡專家做分析。專家提出的報告說：「寫字的人很聰明、心中已經拿定主意和有相當自信。他能自我約束，但不會過份刻板。他有遠超過一般常人的智慧，也有很好的組織能力。他觀察敏銳、很認真，能謹微慎小注意細節。他很有自信，有時候可能會有些急躁、不是那麼謹慎或細膩。總而言之，他是個理智、調整得很好的個人，顯示其心智和心理都可成為有用、多功能之人。」[18]

五月十七日，蘭利的電文送到莫斯科站，對托卡契夫的材料有相當正面的評估。CIA分析人員找不到和托卡契夫目前交出的材料相牴觸的部份。評估的結論是：「報告中的許多細節符合其他來源和既有技術分析的資料」，而且「沒有出現與報告中之細節衝突的任何其他資料」。電文因此說，蘭利感受到「強大的誘惑」，決定接受托卡契夫提供的新資訊，更何況它可能會證實他們早先對蘇聯戰鬥機開發的猜測。但是同一時期，蘭利內部的疑慮持續不散。電文說：「由於資料對我們評估空防能力會有重大影響，至少在確認真實之前，我們抗拒全然接受其報告內容的誘導。」[19]

這算是有進展——但還不是對哈達威想要執行行動的訊號。他按捺不住。自從托卡契夫第一次在加油站接觸以來已經過了將近一年半的時間，他們和他還未建立工作關係。

哈達威和桂爾瑟、以及站內其他人開始規劃要給這位間諜的第一份包裹裡面應該包含的內容物。如果要放一份情報問題清單，要如何措詞才不會顯得太唐突？這個包裹要藏在哪裡，托卡契夫才能方便取得、又不致於被KGB發現？托卡契夫會怎麼反應？

莫斯科站計畫使用祕密地點存取情報，這是不涉及人員接觸的典型交換方式。包裹內將有說明書講解如何以「祕密書寫法」寫信給CIA。信的正面——「掩護面」——要寫得像個興奮的西方觀光客，以女性、花式的書法寫家書。它的開頭是「親愛的爺爺：太棒了！我真的不敢相信。但是我來到俄羅斯了！感謝你們、感謝你們——非常非常感謝你們說服麥基和我把俄羅斯納入行程。太棒了！」但是背面的「祕密面」，CIA要托卡契夫回答CIA的問題、並提供更多情報。CIA將提供給托卡契夫特製碳紙寫信。寫完「親愛的爺爺」家書的「祕密面」之後，托卡契夫要把它摺好，在莫斯科投入郵筒，寄往海外一個不起眼的地址，其實它是由CIA所有的。如果一切按計畫順利進行，即使KGB開信檢查也看不懂祕密書寫的內容，但是CIA收信後有辦法解讀。

哈達威也堅持給托卡契夫一次性密碼本。這是一本數字表，隨機鍵為字母，托卡契夫可用來替他的祕密書寫加密。唯有持有相同密碼本的人才有辦法解碼，CIA當然掌握相同的另一本密碼本。用過一次後，它就要報廢。[20]

一九七八年六月一日，蘭利核准哈達威的計畫。擺到祕密地點的包裹將包含祕密書寫的說明書、要解答的情報問題，以及行動紀錄。這將是CIA第一次和托卡契夫真正通訊，草稿在莫斯科站和蘭利之間往返修正、潤飾了好幾個星期。行動紀錄開宗明義說：

> 我們終於可以和你分享我們的想法和計畫，以及採取第一步來安排我們希望的長期、互惠關係。首先，我們非常感謝你的接觸，也要向你致歉，花了這麼長時間才以明確方式回

應你多次、思慮周密建立聯繫的努力。我們很高興你展現出的體貼，了解需要怎樣說服我們相信你的真心。我們十分尊敬你的勇氣和果斷，交給我們有關你本身、工作的必要資訊，以及有價值而且有趣材料的傑出樣本。這一切都有助我們開始規劃未來與你持續通訊的計畫。[21]

一九七八年八月二十四日，給托卡契夫的資料被祕密放進一個莫斯科建築工人常用的髒手套中。當天晚上九點十五分，桂爾契開車出門，繞了一會兒，停好車，帶著那手套改搭地鐵，來到托卡契夫住家附近。他把手套藏在「美麗的普列斯尼亞街」（Krasnaya Presnya）附近一條巷子的一個電話亭後頭，那裡有個大地鐵車站，靠近托卡契夫住的公寓大樓。

然後，桂爾瑟從電話亭打電話到托卡契夫家。

托卡契夫：哈囉。

桂爾瑟：阿多夫嗎？

托卡契夫：是的。

桂爾瑟：我是尼古拉。你有半個小時能出來嗎？

托卡契夫：是的。

桂爾瑟：那麼，你從公寓大樓走向大樓後方，經過右手邊地鐵出入口、再經過左邊另一個，然後循著大路——

托卡契夫：喔，你說的是卡斯納亞浦斯亞嗎？

桂爾瑟：是的，你再走到特瑞科果納亞街（Trekhgornaya）。

托卡契夫：我雖然在這兒住了很久，對這一帶街道並不是全都熟悉。

桂爾瑟：這是第二條或第三條街，在左邊。你左轉進特瑞科果納亞街後，會看到右手邊有個電話亭。我在亭子後面放了一個手套……裡頭是給你的包裹。

托卡契夫：好，我立刻就去。

桂爾瑟：希望很快再跟你說話。再見。[22]

桂爾瑟接下來離開現場，朝他預料托卡契夫會走過來的方向走過去。他見到一個符合托卡契夫身形的男子走向電話亭。桂爾瑟悄悄溜了。他在報告對話經過的電文裡說，他的「印象」是托卡契夫「一個人在家，他公開討論如何找到現場」。過去幾次的電話通聯，托卡契夫總顯得相當謹慎。

桂爾瑟也說，托卡契夫聽起來像「外行人」，「肯定不是」KGB人員。托卡契夫遵循指示，發訊號給CIA說他收到建築工人手套了。

九月間，托卡契夫寄給「親愛的爺爺」的家書成功送達。跡象顯示，三封信曾遭KGB拆開，但祕密書寫沒被察覺。信件化解了蘭利還存有的任何疑慮。每一封信都含有加密訊息，大半是技術性內容，是要來回應CIA的問題的，它的訊息也吻合早先的情報，證明托卡契夫能取得絕密文件。這些情報包含蘇聯一種新的機用雷達和導引系統、蘇聯新機用雷達系統的表現測試結果，以及各種蘇聯飛機武器瞄準設備的研究現況。[23]

祕密書寫和一次性密碼本都使用得很理想。CIA發覺他們打交道的對象是個很有組織、精準遵守指示的人，他是個很有潛力的自願者。

托卡契夫另外給他們一個很誘人的暗示：他手上有本九十一頁的筆記本，抄滿了情報，希望交出來。

祕密書寫的信平安抵達，表示ＣＩＡ已經與這個間諜成功地祕密交換材料。但是過程太拖泥帶水，而他們還是欠缺長期的通訊計畫。哈達威渴望再有進展，他希望一舉讓蘭利取消暫停行動的命令。他向蘭利提議由莫斯科站派人與托卡契夫親身碰面，ＣＩＡ才能更深入驗證這名間諜能做什麼，以及他想要什麼。

哈達威和桂爾瑟呈給蘭利的電文提議，復刻八月份建築工人手套那一招：打電話給托卡契夫，但是這一次在電話亭碰面。他們會要他帶來筆記本。桂爾瑟會跟托卡契夫邊走邊談，往莫斯科河方向散步。一大優點是這個地區很黑暗、夜裡頭幾乎沒有人。[24]十一月四日，蘭利同意哈達威建議的碰面方案：「首要目的是找出『ＣＫ球面』是什麼樣的人，究竟他要什麼，並且協商持續合作的條件、方法和大略方向。」譚納在十一月二十一日核准計畫。這實質上終結了已經一年多的停止行動的命令。

ＣＩＡ希望面對面會談能建立與托卡契夫長期溝通的管道，但是哈達威依然感到困難重重。桂爾瑟遭到愈來愈嚴密的監控，他可能無法出面和托卡契夫碰面。莫斯科站也希望對托卡契夫提出更詳盡的問題，蘭利也同意。很多事情似乎要看托卡契夫怎麼回答這些問題而定，這些問題要探究他的生活和工作情形、家庭、在家和辦公室是否有私密空間、休假計畫、嗜好、安全、健康、是否擁有相機和收音機、上司姓名，以及平常讀什麼期刊雜誌等等。

最後，他們差不多全部準備就緒了。最後一步是通報美國大使馬爾孔·屠恩。大使很不以為然。會面若被逮到，可就糗大了。

但是，哈達威說服他，這是必要的行動。

第五章

「打從心裡頭就是個異議份子」

一九七九年新年元旦，莫斯科陷入冰凍的寒流當中。窗戶遭到冰封、汽車無法發動，街上幾乎毫無人跡。桂爾瑟注意到ＫＧＢ監視人員幾乎完全消失，或許是因為假日，而且天氣奇冷的緣故。他決定在這一天行動。約翰和姬莎從他們駐所把女兒安雅（Anya）帶到使館參加生日派對。派對在下午五點半左右結束時，全城已經籠罩在黑暗中，他們啟程返家。離公寓不遠，約翰悄悄從駕駛座下車，消失在一條窄巷。他下車時，穿的是樸素的大衣、戴皮毛帽，就像個俄國退休老人，在夜色裡一點都不起眼。姬莎把車開回家。

桂爾瑟先上了巴士，坐到靠近托卡契夫公寓的一座地鐵車站，正是八月份ＣＩＡ放置建築工人手套的同一地點。他觀察著廣闊、開放的空間，沒看到有人在注意他。他用來監聽ＫＧＢ通訊的無線電也靜悄悄的。桂爾瑟進入電話亭，撥電話給托卡契夫。桂爾瑟自稱是「尼古拉」，請托卡契夫「立刻」帶著「資料」出來見面。十五分鐘之後，托卡契夫出現了。

他服裝整齊，個頭比桂爾瑟略矮，有張長長的橢圓臉，略為戽斗，外表飽經風霜，有幾顆金牙或銀牙。托卡契夫鎮定、能自制，沒有緊張地東張西望。他能維持在他們討論的主題，也清楚地回答問題。

桂爾瑟問他是否有帶來筆記本。托卡契夫從大衣口袋掏出筆記本。通常桂爾瑟會提個公事包，但是今天他把它留在家裡，覺得新年假日拎個公事包會很突兀。桂爾瑟把筆記本塞進皮製腰帶裡，立刻感到腰際一陣冰冷。

他接下來問托卡契夫一個令ＣＩＡ百思不解的問題：基於什麼動機，他要冒如此風險？托卡契夫有點遲疑才答說，這是個很複雜的問題，需要花點時間討論。

桂爾瑟還是追問。為什麼？

托卡契夫只答說，他「心裡頭就是個異議份子」。

接下來托卡契夫問桂爾瑟一個問題。他想知道，一九七六年米格-25飛行員貝連科叛逃到日本，美國人付給貝連科多少錢？桂爾瑟預料他會有此一問。他說，他不知道貝連科拿到多少錢，但是ＣＩＡ每個月會付給托卡契夫一千盧布。托卡契夫向桂爾瑟要求，以迄今他已經做的，他要求一萬盧布。桂爾瑟說沒問題，當下就付給托卡契夫一千盧布。這是少得十分荒唐的一個數字，或許只是蘇聯一名中階研究人員三個月的月薪。而托卡契夫已經提供的情報對美國而言價值好幾千萬美元。桂爾瑟給托卡契夫一些問題，下次碰面再給答案。[1]

桂爾瑟提醒托卡契夫，間諜往往因金錢而露了餡。他提起一九七七年有兩名間諜在莫斯科被捕，報紙上的報導就是因金錢而露餡。這有一點牽強——他們是因其他原因被捕——但是桂爾瑟認為這或許可以讓托卡契夫三思。桂爾瑟說，何況莫斯科物資短缺，也沒有什麼東西可買。托卡契夫承認箇中是有風險，表示他會小心且明智。他告訴桂爾瑟，他們家人其實不缺錢，他可以解釋有錢是因為前幾個月母親去世、留下一些遺產。桂爾瑟明顯覺得，托卡契夫希望以錢作為他受尊敬的象徵，藉以彰顯他的努力很有價值。

他們倆人散步時，街上空蕩蕩的。兩個男子穿著大衣，輕聲細語交談，籠罩在俄羅斯冬夜的夜幕裡。他們的談話簡潔、扼要。桂爾瑟過去從未到第一線擔任聯絡人，希望把事做對。他問托卡契夫，有沒有能用相機拍攝文件的個人辦公室。不，托卡契夫說，但是如果有一部相當安靜的相機，他或許下班後可以在辦公室多待一會兒，在大門上鎖前的二、三十分鐘設法拍攝文件。桂爾瑟對這個答案印象深刻；這顯示托卡契夫曉得他有所侷限，而且不能引人猜疑。托卡契夫表示，相機讓他不需用手抄寫那麼多文件。桂爾瑟承諾很快會給他一部相機。

托卡契夫說，他在家裡毫無私密空間。家裡的電話安裝在廚房，他太太和兒子經常接電話。他家另外只有兩個房間。他承認他花了不少時間守在電話旁，等候「尼古拉」來電。當他需要隱密地抄寫九十一頁的筆記時，他必須躲到莫斯科最大的公共圖書館「列寧圖書館」，一個人悄悄地趴在桌上寫筆記。

他們在酷寒中邊走邊談了四十分鐘。桂爾瑟意識到該分手了。他們握握手，托卡契夫消失在夜色中。

桂爾瑟搭巴士回家，筆記本仍塞在皮製腰帶底下。他對姬莎隻字不提會面經過，把筆記本塞在床墊底下就寢。第二天，他帶著筆記本去上班。第一件事是先發電報向蘭利報告，見面很順利，沒受到跟監，他已經交付托卡契夫一千盧布及其他問題。桂爾瑟寫說：「沒有事故。『ＣＫ球面』交出九十一頁我認為將會是無價的情報。」[2]

桂爾瑟另外以一份較長的電報交代會面經過。桂爾瑟說，他對托卡契夫的「冷靜和專業舉止印象十分深刻」。桂爾瑟寫說：「在一般蘇聯人或多或少會喝幾杯老酒的日子，他顯得絕對清醒、不沾酒。」托卡契夫會讓桂爾瑟引導討論方向，顯然願意接受後者「是個專家，把個人未來安危交付在他手中」。

身為情治人員，桂爾瑟整個焦點擺在作業細節，如通訊、會面和規劃。有關蘇聯軍事雷達和包含在托卡契夫九十一頁手寫筆記中的其他事項這些「積極情報」，則急速直接送回蘭利翻譯及仔細分析。

蘭利立刻就酬勞這一部分存有保留態度，對於未來要由桂爾瑟交出一大疊鈔票相當不安。桂爾瑟告訴托卡契夫的話當然一點都不假：金錢經常導致間諜不小心洩露形跡而自取滅亡。桂爾瑟在一月二十二日向蘭利再度擔保，托卡契夫「十分清楚」箇中危險，也答應下次會面時會再次警告他。桂爾瑟說，兩人散步時，他提出以托卡契夫私人名義在西方國家開個現金代管帳戶的可能性，這會比較安全。但是托卡契夫不以為然，認為他根本用不到這些錢。桂爾瑟力促蘭利不要反悔他已經答應的一萬盧布。他們仍須贏得托卡契夫的信任。他寫給蘭利的報告說：「在這個節骨眼上，我們覺得十分必要遵守我們的安排，交付給他要求的數目。」他又說，藉由快速交錢，「我們希望讓他建立好印象，讓他對我們完全信賴，一旦他相信我們將遵守承諾，我們可以開始探討如何微妙地設法解決這個棘手的問題。」桂爾瑟建議等六個月後，再來討論這個話題。

第一次會面引發一系列的行動。現在，莫斯科站終於恢復諜報作業。每一個涉及到人員的情報蒐集動作——在祕密地點放置交換情報（譬如把祕密書寫的指示藏在建築工人手套中），或是從公共電話打電話給間諜，或是寫作業指示給間諜，或是準備會面和放訊號的地點等等——都需要莫斯科站密切的準備，也需要和蘭利往返電文討論。經營一名間諜需要像發射登月火箭一樣集中注意力：莫斯科站和蘭利都不希望輕忽掉任何一個細節；每個最細小的環節都必須設想周到。每個地點都需要準備照片和地圖；要規劃如何甩掉跟監特務；劇本要先寫好及排練；而且一再要自問：**還有哪裡會出差錯**？

桂爾瑟必須在與蘭利往返討論的電報裡替這位間諜發聲；成為這位間諜的朋友和告解對象；扮演這位間諜的顧問和保護者；提供器材、訓練、金錢和回饋；成為從來沒踏足美國的這個人可以信賴的 C I A 和美國代表——而這個人，他以前根本不認識。每個專案官員都有個覺悟：沒有一個間諜是你可以完全了解的，他們難以預測的行動，通常不是專案官員所能掌控的。

桂爾瑟接下來將為要在二月份交給托卡契夫的一份包裹寫封私函。他希望他起草的信函不會含糊不清，他稱讚托卡契夫「可靠、冷靜」，表示有信心「你一直會敏銳地行動」，「可以信賴你會遵守」通訊計畫中的「指示」，你會「冷靜地執行你已選擇的角色」。

然後桂爾契把語氣轉換為教練角色，強調托卡契夫必須極力「不以任何方式招惹注意」。他解釋說：「相貌和舉止必須像是街上的一般老百姓；在辦公室裡，不能顯示對別人的工作太感興趣，不向第一處要求和你工作不相干的資料，不要太常加班，尤其是單獨留在辦公室裡。」第一處是蘇聯研究機構保管絕密文件的單位，也是監視員工、控制誰能接觸祕密資料的安全單位。桂爾瑟又進一步指示：「在你的私生活中很重要的是，要建立一個可以掩飾我們接觸，而且不會引起家人疑心的生活方式。最重要的是，必須鎮定行事，不要慌張。」

桂爾瑟呼籲托卡契夫「如果有任何想法不能和太太、友人討論，任何時候請和我分享」。他鼓勵這位間諜，心裡頭有任何煩心的事，請說出來。他在信末尾簽上：「我和你握手，尼古拉。」[3]

一九七九年二月十七日，桂爾瑟又設法上街甩掉 K G B 跟監人員，擺了一個包裹等候托卡契夫撿起。這個包裹還是藏在一隻髒兮兮的建築工人手套裡。這一次，它裡面包括：一部迷你莫莉（Molly）相機、一部測光儀、底片、相機說明書、行動紀錄、桂爾瑟寫的私函、CIA總部的評量表、CIA進一步的問題和「要求」、一份通訊計畫以及五千盧布，也就是托卡契夫要求目前為止工作報酬之一半。

評量表語氣樂觀，但沒有提到特定事項，只說祕密書寫的信是以「精細的技術」寫成，資訊「非常棒」。一月份收到的九十一頁筆記顯示「花了相當大努力和專注」才完成，CIA「非常佩服」，但是評量表不談太多細節，只提到一個要點。

CIA交付托卡契夫一個非常明確的要求：請設法蒐集已知的RP-23雷達系統的相關資訊。它具有「最大的價值」。

三月份，莫斯科站呈給蘭利的電文指出，托卡契夫現在已「全面運作」。但是CIA這名間諜和他的聯絡窗口仍在摸索合作的方式。

桂爾瑟已經告訴托卡契夫確認即刻要碰面的程序。根據計畫，CIA提供托卡契夫一些快速碰面的地點，它們都靠近他住的公寓大樓附近。每一個地點都有俄文代號，譬如有個地點就叫「妮娜」（NINOCHKA）。計畫就是桂爾瑟打電話到托卡契夫家，找妮娜，代表希望在這個地點碰面。如果他能快速抵達，托卡契夫就說你恐怕打錯號碼了，立刻掛斷——然後就出門。

可是，桂爾瑟三月份某天第一次這樣打電話，要找妮娜時，托卡契夫弄錯了，他說：「你是尼古拉嗎？」

答案不對。桂爾瑟掛斷電話。[4]

桂爾瑟下次再打是四月四日晚間，要找「瓦拉莉」（VALERY）；這次托卡契夫沒搞錯，他立刻出門。他們在「瓦拉莉」這個地點碰面十五分鐘，互換包裹。托卡契夫給了桂爾瑟從莫莉迷你相機拍下來的每卷八十張的五卷底片，五十六頁的手寫情報，其中有一封致ＣＩＡ的長信和四張草圖。[5]

七天後，ＣＩＡ致電哈達威和桂爾瑟，暗示托卡契夫的資料相當棒。電文說：「你一定有興趣知道」，「一月份收到的資料」已正式「以一百多頁長的文件」發給相關單位，「空軍初步顯得相當熱衷，這些資料看來有造成重大衝擊」。事實上，一月份所提供的筆記本是個豐富的機密寶藏。托卡契夫提供了包含他所涉及的敏感工作之詳細敘述，以及武器和電子系統確切的方程式、圖解、草圖和規格。他手抄高等級的機密文件，這些文件包括核准興建新型飛機，如蘇愷-27型先進戰鬥機，西方國家根本都還不知道。他又以大開張的繪圖紙仔細地畫了幾張圖解。每份文件都記載清晰，每個字都清楚可辨。筆記本涵蓋有關飛機設計、速度、無線電頻率、武器、航空電子儀器、雷達的重大詳情——等於清楚看到設計板上的藍圖，也看到未來十年的飛機長什麼模樣。[6]

桂爾瑟和托卡契夫碰了兩次面，成果斐然。但是他們倆人沒有機會暢所欲言，未能深入了解托卡契夫的動機或想法。桂爾瑟渴望更了解這位間諜。托卡契夫四月四日交給桂爾瑟的長信，強烈地顯示托卡契夫有著堅強不移的性格，是個有遠見的人。托卡契夫在信中自述，他打算以十二年時間、分成七個階段替美國當間諜。他敘述他能提供什麼樣的資料，以及何時可以提供。這是很不尋常的藍圖，也宣示了他的認真。托卡契夫說，他的目標是盡最大可能傷害蘇聯。他寫說：「我選擇了一條不允許我後退的道路，我不打算從這條道路退縮。既然我已承諾要交出最大量的資訊，我無意半途而廢。」[7]

桂爾瑟看到有關他性格的另一條線索是，托卡契夫頑固、堅決努力接觸美國人，現在他在給CIA的長信裡又吐露了一些細節。他寫說：「我起先並沒想到利用汽車傳遞紙條。最初我試圖設法是否可能在美國人參加的展覽會建立接觸。這種方式過於困難，由於展覽會相當少，通常又有許多人參觀。」然後他獨自到莫斯科市區散步。他曾經看到一輛D-04-526車牌的汽車，04代表是美國人開的汽車。這導致他決定透過把字條塞進車窗、或是與駕駛人講話的方式建立接觸。托卡契夫說：「起先，我天真地以為只需要挑選方便的時刻，湊近汽車，要求對話，美國人就會敞開雙臂歡迎我。」他又說：「我開始尋找可以接近一輛汽車的地方。因此開始有目的在莫斯科街頭，以及沿著狄維亞丁斯基巷的散步，持續了許多天、許多小時。」這正是他接觸哈達威所在的美國大使館旁那條林蔭巷道。

托卡契夫背了幾句英語，以便碰到美國人時可以派上用場。在一九七七年一月一個寒冷的冬夜，他終於在離住家公寓大樓幾條街的柯拉斯納街（Krasina Ulitsa）加油站看到D-04-526車牌這輛汽車。他回憶說：「時機很恰當。當時加油站並沒有蘇聯或社會主義陣營的其他車輛。」他趨前向傅爾登打招呼，重覆他背好的那幾句英語，包括問傅爾登：「你是美國人嗎？我想跟你說話。」聽到傅爾登回絕，「我丟下字條，快步離開」。

托卡契夫回憶說，丟下字條後，他預期事情會迅速發展，但是一連好幾個月全無動靜。他並不死心，一再嚐試，還是毫無進展。桂爾瑟愈是了解托卡契夫的故事，就愈發意識到這是一個百折不撓的人。雖然還不完全清楚是什麼因素驅動他，但是托卡契夫絕對不是一時衝動走進來的人。他堅持到底、不屈不撓。

托卡契夫也展現出工程師的精確度。他寫給ＣＩＡ的信裡，精確地寫下他任職的機關如何處理機密文件。他還用手繪簡圖加以敘述。機密文件由第一處保管，第一處分布在兩棟不同建築物——托卡契夫稱它們為一號樓和二號樓，標明見「簡圖四」。他描述員工在上班日任何時間如何取得機密文件和保管一整天。文件每天下午五點以前必須交還。他說：「因此是有可能在一天當中偷偷帶著機密文件，溜出研究所一個半至兩個小時，這當然會違反禁令。可以藏在大衣、雨衣或西裝上衣裡，通常只有小型文件才能這樣夾帶出場。」研究所員工不准帶公事包進入大樓，購物袋會被抽查、而且次數頻繁。托卡契夫寫說，另外還有一個機密資料室保管絕密科學研究和論文。「我可以利用這個機密資料室裡的所有資料。」換句話說，第一處和資料室都有機密文件。

托卡契夫指出安全防護網有極大漏洞。他可以把文件放在大衣口袋堂而皇之走出研究所大門。

桂爾瑟曾經兩度使用祕密地點放置包裹與這位間諜溝通，但是現在他曉得托卡契夫的耐心已經快要耗盡。托卡契夫說，他愈來愈難以向家人解釋，為什麼他一接到電話就必須匆匆出門。托卡契夫告訴桂爾瑟，「就心理上而言」，他覺得他們承受風險，三不五時親自碰面會比較好，別去玩那些把髒手套藏在電話亭後面那些把戲，它們搞不好會被陌生人拿走。這是托巴契夫個性堅決的另一個跡象。如果他要冒性命危險從事間諜工作，他希望認識和見到與他患難與共的同伴。不涉及人的祕密地點不能讓他有這種接觸。

接下來托卡契夫提出另一個要求。他要求ＣＩＡ給他一顆致命的氰化物藥丸，以備形跡敗露時可以自殺。ＣＩＡ把這種藥丸稱為「L藥丸」——L代表致命。兩年前ＣＩＡ給了歐格洛德尼克L藥丸，他一被捕後立刻用它自殺。桂爾瑟明白，要讓ＣＩＡ總部同意給托卡契夫L藥丸會很困難。蘭利一向擔心間諜會因驚慌失措，在不需要的時候就吞了自殺藥丸，或者是遭到查獲而洩了間諜的底。五月一日，蘭利來的電報說：「鑒於先前的情況，我們要拖延這個問題。」電文建議，桂爾瑟下次和托卡契夫碰面時，最好是勸他打消這個念頭。[8] 桂爾瑟在五月四日回覆說他也同意，而且「會盡一切努力拖延這個問題」。[9] 五月七日，蘭利提供桂爾瑟四個「提示」可以用來勸阻托卡契夫：

一、隨時帶著這玩意兒的精神負擔。

二、很難藏它。

三、會有誤判情勢的時候，如提前使用這玩意兒的風險。

四、擁有這玩意兒，一旦被當局逮捕時就會排除掉其他可能開脫的替代辦法。[10]

桂爾瑟現在對托卡契夫有了個粗略的印象：他一心堅定從事間諜工作，接觸許多機密文件，具有工程師的組織能力和精確的頭腦。但是，托卡契夫的要求和希望將會測試在莫斯科從事間諜活動的外在極限。ＣＩＡ認為托卡契夫要求親自碰面是最危險的辦法；如果遭到訓練有素的ＫＧＢ跟監人員看到在街上和外國人在一起，麻煩就大了。托卡契夫要求更多錢，這個問題還沒解決。現在他又提出提供L藥丸的「特別要求」，更有致命誤判情勢的風險。

不過，桂爾瑟的結論還是認為，托卡契夫是個堅定、直率的人，ＣＩＡ可以跟他合作。

第六章

六位數獎金

在托卡契夫四月份給CIA的信中，他語氣厭惡地提到蘇聯的意識型態和公共生活。他說，政治、文學和哲學「長久以來都夾雜著一些不能逾越、虛偽的浮誇說詞，大唱意識型高調」。托卡契夫說，他很久不去劇場，雖然他很喜歡古典戲劇，當代蘇聯戲劇卻「充滿意識型態廢話」。這是老百姓共同的態度。街頭上，共產黨的堂皇宣告鐫刻在地鐵車站的水泥牆面和工廠大門上，還掛出自我褒揚的旗幟。但是就一九七〇年代末期大部分蘇聯公民而言，共產主義前途光明璀燦的應許早已被人遺忘，這是停滯的時代。蘇聯投入偌大資源進行軍備競賽，使其經濟只能勉強生產最劣質的商品給消費者，且經常都鬧短缺，令人很困惱。人民必須排隊好幾個小時等候買鞋子和冬衣。托卡契夫住的沃斯坦尼亞廣場一號公寓大樓是莫斯科七棟最著名的大樓之一，建於一九五五年，在街道層四個角落各設有一家挑高的食品市場，分別供應肉、魚、牛奶和麵包。這四家商店模仿十九、二十世紀之交的莫斯科富麗堂皇風貌，配鑲紅白色大理石，落地窗，明亮的吊燈和雄偉的中央圓柱。商品卻從來都不充足，在剛開業頭幾年，還有可能走進去就買得到燻魚和香腸。到了一九七九年，商店已經破敗，貨架幾乎是空的。理論上，蘇聯國家供應一切——醫療照護、學校教育、交通和就業，但是體制從內部腐敗。商品短缺迫使許多人求助於巨大的黑市市場，透過朋友和關係掙扎求生存，永遠在留意哪裡能買到一罐肉、一些茶葉或是一雙鞋子。[1]

托卡契夫在研究中心的工作使他享有若干特權，能緩和一些不幸和辛苦。他有權每週買一次特供品，在辦公室買一點食物配給品，或許一罐即溶咖啡、罕見的茶葉或者甚至燻香腸。但是他不屬於受寵愛的菁英。他不屬於共產黨，只能忍耐、減少物慾。當他初次表示願意替ＣＩＡ效勞時，他沒有汽車、沒有鄉下別墅。他的藥品和衣物都需在黑市購買。週末或下班後，他們夫妻必須到商店和市場搜尋日用品。他在公寓已經相當擁擠的空間還保留一個角落囤藏建材——木板、三夾板和水管，可做小修理之用。他喜歡動手修修補補；他自己修理收音機和電視機。為了放假休閒，他寧願帶著自己家人到森林野外或湖濱露營，而不喜歡拿研究中心給的免費證到黑海海濱人山人海的索契國營度假勝地休假。

談到他想要什麼，托卡契夫最關心的是他兒子歐烈格，一九七九年時才十四歲。托卡契夫對兒子是有求必應。四周商店貨架空蕩蕩，蘇聯年輕人變得渴望消費性商品。他們深受他們所聽到、所學到的西方影響。他們鍾愛搖滾音樂、渴望能有一條牛仔褲。蘇聯的中央計畫制度完全不理會牛仔褲，後來才推出劣質的仿冒品。但是在黑市可以從街頭小販或海外回國旅客那邊買到牛仔褲。歐烈格具有創作和藝術天分，他喜歡收集西方搖滾音樂。

托卡契夫並不缺錢。他月薪二百五十盧布，另有百分之四十安全加給，意即每月收入三百五十盧布左右。計入他太太的薪水讓他們的收入再增加一倍，而當時蘇聯人平均月薪約一百二十盧布。[2]但是金錢無法買到不存在的商品。俄文有個動詞「取得」，這個字當時比「買到」更常用到。你能取得的東西，往往不是靠金錢而是靠關係，或者罕見的商品突然出現的機運。有時候買不到茶葉，有時候它卻突然出現。這是托卡契夫熟悉的世界，偉大自誇的黨國數十年下來已經成為幻滅的烏托邦。

桂爾瑟閱讀托卡契夫四月份的信時，其中有一段話引起他的注意。托卡契夫表示，ＣＩＡ提議付他薪水，讓他很不痛快。托卡契夫寫下，桂爾瑟表示每月付酬一千盧布「太讓人心痛」，根本不夠。他希望有相當大一筆數字來象徵「我的工作和我努力的意義和重要性」。他答應桂爾瑟，他不會粗心大意。他嘆息道：「直到現在，我不覺得我獨自努力打破不信任的高牆，以及我在一九七八年提供的資訊之重要性，有得到適度的重視。」桂爾瑟曉得他說得一點都不假。但是他也曉得，ＣＩＡ要求小心謹慎是對的。他們若是給他錢財，而他的鄰居卻困於短缺生活，這個間諜有可能曝光。即使站長哈達威也不能理解。哈達威經常問桂爾瑟：「他有了那麼多錢，能幹什麼？放到閣樓間踩著舒服嗎？」[3]

可是托卡契夫很頑固。他先為他已提供的機密索價一萬盧布，後來又提升到四萬、五萬盧布。[4]他堅持以後也要付大筆酬勞，以美元支付。他要求至少獲得和飛行員貝連科一九七六年一月駕駛蘇聯米格-25戰鬥機逃到日本時相同的獎金。托卡契夫說，他從美國之音廣播聽到，貝連科拿到「六位數」的獎金。

他也要求六位數的報酬。

一九七九年五月一日，蘭利發電報給哈達威和桂爾瑟，提出付托卡契夫六位數字報酬的新計畫。電報說：「我們預備原則上付給他總數三十萬美元。」但是因為托卡契夫事實上不可能在莫斯科存放那麼多錢，蘭利提議把錢存進西方一個可孳生利息的銀行帳戶裡，可以用托卡契夫名義開戶、也可以用別人名義開戶；ＣＩＡ可以在開戶就存入十萬美元，然後往後四年每年再付五萬美元。電報也提出另一個可能性：「既然金錢明顯不是唯一的動機，如他提到需要有人『拍拍背』以示鼓勵，我們在想是否可以有其他形式的獎勵。我們想到，或許頒給他動章、成為我們組織的一員，或者感謝狀……任何這些『獎賞』是否能讓他在心理上更樂於幫助我們？」[5] 當桂爾瑟起草預定六月份再次會面時要交給托卡契夫的行動紀錄時，刻意加入肯定其貢獻的話句。但是往後幾星期，蘭利對於付給托卡契夫那麼多金錢又有疑慮。五月十八日，一向對人力情報高度質疑的譚納局長，核准付給托卡契夫十萬美元作為他配合至今的報酬，「作為我們守信的象徵」，但付款要分五年兌現、而非四年。譚納的決定由蘭利以電報傳遞到莫斯科站，另外還附帶一個條件：「假設他持續產出」。[6]

桂爾瑟覺得蘭利這樣斤斤計較很沒有意義。托卡契夫不是勉強來當間諜，他提議以十二年時間、分七個階段替美國收集情報，而且死心塌地去執行。五月二十二日，桂爾瑟急電蘭利，認為蘭利的提案「不合」托卡契夫的願望。他說，把付錢和他繼續產出連繫到一起是很愚蠢的，「因為『ＣＫ球面』的首要動機不是金錢」。他說，托卡契夫要的是一路持續合作下去，而蘭利現在的計畫卻是五年後就終止合作。桂爾瑟建議，付給托卡契夫十萬美元，以後每年四萬美元——不附加條件。[7] 桂爾瑟反對這種財務上的枝節，一方面盡可能深化托卡契夫的信任，另一方面又得顧及蘭利的關切。桂爾瑟在預定下次會面交給托卡契夫的行動紀錄寫說，ＣＩＡ將付給他三十萬美元，但是蘭利擔心如何交錢、要把錢放在哪裡。桂爾瑟提議，由ＣＩＡ在西方國家替托卡契夫開個儲蓄帳戶，年息百分之八點七五，他可以提款出來用，每次碰面時都可以讓他看存摺。桂爾瑟也建議除了金錢之外，會另外給他「某種有價值的」報酬。[8]

一九七九年五月底，一小撮美國情報專家，大多是關於蘇聯武器系統的專家，在華府高度嚴密保防措施的會議室進行研討會。出席者來自空軍、海軍、CIA和國防情報局（Defense Intelligence Agency）。他們都讀過桂爾瑟在地凍天寒的元旦從托卡契夫收下的手寫筆記本，以及在四月份以一百頁機密報告所發佈的資料。

現在已到了要處理這個棘手問題的時刻：托卡契夫的資訊真實嗎？研討會的目的在於釐清他的資料是否有任何虛假詐騙的跡象。自從托卡契夫首度在莫斯科加油站試圖接觸以來，已經過了兩年半時間，情報機關和軍方仍然存有疑慮。如果托卡契夫是在KGB控制下，萬一他的文件經過編造以便誘使美國走上錯誤方向，一旦上當後果不堪設想。危險當然一點都不假；KGB有長久技巧運用欺騙、假情報和誤導方向的前科紀錄。美國也採用同樣的方法對付蘇聯。[9]同時，美國渴望能洞悉以及有情報可以了解蘇聯軍方計畫和意圖。如果托卡契夫的資料、文件是真的，收穫實在可觀：它們是從蘇聯軍事─工業複合體最先進實驗室外洩的藍圖和研究檔案。美國的武器科技領先蘇聯，但總是深怕對方暗伏奇兵。這個間諜未來可以提早好幾年就蘇聯的武器發展提出預警。

研討會結束後，蘭利發給莫斯科的哈達威和桂爾瑟一封簡單摘要的電報。電報指出，托卡契夫的文件、筆記和簡圖使美國對長久以來封閉的蘇聯軍事計畫的世界，可以略窺堂奧。又說：「所有與會專家都說，他們對產品印象十分深刻，所有可以查核的資訊都被認為合乎邏輯。沒有任何有關事實的陳述可被反駁。你們將會欣喜獲悉，『CK球面』的產出提供一個框架可把以前蒐集來顯得不相干的資訊一塊一塊拼組起來，現在可以就蘇聯在此一特定領域的進步，得到一個完整的圖象。估計這一產品節省我們五年的研發時間。」[10]這裡所提到蘇聯「進步」的領域，我們並不知確切是哪一塊，但有可能是航空電子技術和雷達，包括「俯視／俯射」雷達，這是托卡契夫專精的領域。

這段期間，美國國防部研發、測試和設計的年度總預算超過一百二十億美元，其中大部分用在空軍和海軍，擬以新的現代化武器對抗蘇聯的威脅。以節省五年開銷而論，托卡契夫交給桂爾瑟的第一批文件，對美國而言至少就價值數以百萬美元計、甚至更多的費用。參加研討會的專家非常興奮，又提出更多的問題，要求在下次碰面時交給托卡契夫。[11]哈達威回憶說：當托卡契夫的資料送回到蘭利時，「人們狂喜。軍方表示，天啊！你們從哪兒弄來這些東西？我們還要更多！」

在莫斯科，桂爾瑟正在準備六月即將到來的會面，他寫信給托卡契夫表示：「如你所了解的，你的資訊，我們非常有興趣，最高層的那些官員要求我對你的表現表達最高的謝意，他們對你有最高的敬意，也深信你的產出具有最高價值。」桂爾瑟曉得托卡契夫冒著極大風險，他向托卡契夫保證，「你的資訊，基於性質十分敏感，僅在最高的保密等級下非常限量發佈，只有必要的專家才會看得到它。」[12]

有關托卡契夫情報的一百頁摘要，只印了七份，列為最高機密。讀過文件的人員，姓名都要登記在稱為「偏執狂名單」的紀錄上，和報告一併送到ＣＩＡ蘇聯組保管。托卡契夫文件要翻譯和分發時，經常要與得自蘇聯其他來源的情報混在一起，以防外洩，托卡契夫不會成為唯一的消息來源。[13]莫斯科站拍發電報給蘭利時，一向都加密，但在托卡契夫這個個案上更加謹慎。任何有指認作用的訊息，如姓名、年齡、地點或身體特徵等，在電文中都雙重加密。譬如，在電報完全打散、傳回蘭利前，他兒子歐烈格的名字改成亞力克斯（Alex）。到了蘭利，電報才解碼，把名字或文字還原。在這種方式下，如果KGB有本事攔截電文，他們也沒有姓名或線索可以追查間諜的身份。蘭利只有一小部分人知道「CK球面」的真實身份。[14]

六月六日，桂爾瑟和托卡契夫第三次面對面碰頭。桂爾瑟先看到他，托卡契夫穿著一件深黃褐色風衣、配黃棕色格子襯衫。他們交換只有彼此才知道的密語，如「波里斯向你問好」之後，托卡契夫交給桂爾瑟二十九頁手寫筆記，以及用莫莉迷你相機拍的十卷底片。

當他們談話時，桂爾瑟關心托卡契夫的病情，記得他在四月份的信裡提到的腳痛，大部分在腳脛部位，經醫師診斷是血栓性靜脈炎。托卡契夫答說，那是個誤會；患病的是他太太。她在本地診所就醫拿了一些藥膏，但托卡契夫想知道CIA是否曉得更有效的方法。這又讓人看到托卡契夫日常生活中物資短缺的困境。桂爾瑟交給托卡契夫他向CIA總部要來的一些治療方法。[15]

桂爾瑟接著交給托卡契夫，他所寫的行動紀錄、一份美國專家提出的問題清單、未來碰面的時間表，以及一部賓得士（Pentax）ME單眼三十五公厘相機以便翻拍文件，還附了一個用來把相機扣穩在椅子或桌子上的夾具。桂爾瑟又詳細說明金錢的安排：CIA會開立一個有利息的美元儲蓄帳戶，並且應托卡契夫要求付給他「六位數」的薪酬。桂爾瑟指出，以美元支付會比以盧布支付比較有利；相對於盧布，美元比較安全，盧布有可能因蘇聯不時的貨幣回收和貶值失去價值。托卡契夫的反應是未置可否。桂爾瑟注意到，托卡契夫一向很冷靜。但這一天的他，幾乎是令人難以理解的。

托卡契夫事後想起並對桂爾瑟說道，反正他也不曉得怎麼處理那麼多錢。桂爾瑟又交給他五千盧布。兩人只相聚十五分鐘。[16]

一九七九年六月十八日，卡特總統和蘇共總書記布里茲涅夫（Leonid Brezhnev）在維也納經過三天的高峰會議後，簽訂了第二階段戰略武器限制條約（SALT II）。卡特就職時滿懷理想主義要控制核子武器，但是到了一九七九年，他只能以這一條約勉強減緩軍備競賽。在談判第二階段戰略武器限制條約期間，蘇聯一再表達關切美國正在發展的新武器——戰略巡弋飛彈，這種武器不需要人員持續控制，攜帶小型核子彈頭，可以高飛穿越敵人領域，然後急降至地面上五十英尺的高度，以精密、對地形很敏感的導引系統奔向目標。蘇聯沒有有效的低空雷達，空防上的這個漏洞根本無法彌補。托卡契夫的情報裡，最重要的主題之一就是這個罩門。福特任職期間，曾在白宮舉行一次會議，國防部副部長威廉・克里門茲（William Clements）向福特總統報告：「我們的巡弋飛彈計畫把他們逼到角落，因為他們的防禦無法保護他們不受我方巡弋飛彈攻擊，他們心知肚明。巡弋飛彈造成他們極大的痛苦和煩惱。」[17]卡特總統任期進入第三年，美國的巡弋飛彈很快將會成為事實。七月十七日，也就是卡特和布里茲涅夫簽署第二階段戰略武器限制條約後一個月，通用動力公司設計的戰斧巡弋飛彈首度試飛成功；通用動力和波音兩家公司激烈競爭要承攬製造此一新武器系統。巡弋飛彈沒有洲際彈道飛彈飛得快，但是它行蹤難測且幾乎無法阻擋。美國軍方的祕密測試在一九七八年九月完成，顯示蘇聯目前的防空系統無法對付它。

可是，有一個惱人的不確定因素：蘇聯究竟打算如何對付它呢？[18]

托卡契夫六月六日和桂爾瑟見面、交出的筆記和底片送回ＣＩＡ總部。筆記翻譯後，內容在六月二十五日呈送到蘇聯組組長喬治．卡拉理斯（George T. Kalaris）桌上。卡拉理斯個頭很高，一輩子都在第一線擔任地下工作，歷任希臘、印尼、寮國、菲律賓和巴西等國家任務。他最有名的功績是在中南半島拿到蘇聯ＳＡ－2防空飛彈一枚彈頭和操作手冊。他很清楚間諜作業的危險和壓力。後來他被調回蘭利，清理安格頓瞻前顧後、疑心病重留下的反情報部門。一九七六年，卡拉理斯主管蘇聯組。他言行舉止直率有力，啟發部屬的信心。[19]

卡拉理斯一看到托卡契夫的筆記，立刻發覺其中特殊之處。儘管蘇聯一再抱怨美國的巡弋飛彈，托卡契夫說，莫斯科的防務規劃人員和武器設計師「才剛開始研究如何對付它的問題」。

才剛開始？這將讓美國有喘息空間和信心，相信這一武器系統在未來幾年會很有效。卡拉理斯立刻打報告給譚納局長和兩位副局長，敘述桂爾瑟在莫斯科的會面、取回筆記以及十卷底片。他寫說：「『ＣＫ球面』的訊息持續被評定為最高等級。」除了有關巡弋飛彈的情報，托卡契夫的筆記還有關於新型防空飛彈系統的資訊，同時也證實ＣＩＡ的報告：蘇聯正在替其軍事單位建立新的識別系統。卡拉理斯說：「這一切都將影響到未來的國家評估報告。」——他指的是ＣＩＡ提供給政府決策高層最重要的情報結果報告。[20]

卡拉理斯在公文轉呈單上註明，要求勿將他的報告放進正常的歸檔系統；愈少人讀到它愈好。他要求屬下把它親送到譚納和兩位副局長辦公室。其中一位在公文呈送單上批了：「好極了。」

第七章

間諜相機

托卡契夫可以取得極端敏感和機密的文件，但是如果他無法複製它們，對CIA也不會有價值。起先，他背下他讀到的資料，然後手寫成筆記，可是若要在十二年內替CIA當間諜並提供相當大量情報，這種方式是不切實際的。在不被偵知的情況下複製文件的能力，是他和CIA想完成的所有一切的關鍵。

CIA最先給他用來複製文件的相機，是莫莉迷你相機，但這不是CIA最好的器材。蘭利在一九七九年七月四日告訴莫斯科站，托卡契夫交給桂爾瑟的十卷底片，「基本上無法讀取」，只有少數幾頁可以辨識。原因出在聚焦不佳，以及托卡契夫握住迷你相機時手部的晃動。這是令人沮喪的挫敗，不僅白白損失了八百頁的文件，而且也對托卡契夫行動產生疑慮。

托卡契夫是不能逕自走進研究中心的一個房間自己影印文件的，蘇聯官方一向懼怕影印機這東西。影印機是最基本的事務性機器，有助於散布資訊，而嚴密控制資訊是共產黨能掌握權力最重要的關鍵。在許多辦公室裡，影印機是要上鎖的。

托卡契夫向CIA描述他辦公室的狀況。「影印機位於一間特別房間內，由四、五名職員負責操作。」「不在影印室工作的人不准進入。」機密文件若要影印，向第一處提出申請；未列為保密的文件，則任何人都可申請影印。但是他說：「未列機密的文件要送到影印室之前，必須填申請表；申請表必須附上第一處就文件保密區分的證明，證明文件的確不是密件。這些文件不能有任何字眼或詞句洩漏單位的性質。譬如，第一處不會允許下列句子：『雷達站有幾個工作模式。』句子必須改成類似：『四〇〇三號項目有幾個工作模式。』」[1]

依照托卡契夫的說法，很顯然影印這條路走不通了。CIA必須依賴相機和底片。

一九六〇年代初期，潘可夫斯基替CIA和英國人當間諜時，依靠商用美樂時三型（Minox Model III）相機；KGB和其他國家情報機關大多也使用它。這一款相機長三．二英寸，寬一．一英寸，厚度只有〇．六英寸，小到可以塞進一個人的手掌心，它的鏡頭可以靠近對焦。美樂時非常適合用來拍攝文件、信函、書頁和信封，但無法在不引起人注意下用它。美樂時快門聲音很大，需要兩隻手握穩和適度的光線才能拍好，它不是最適合祕密拍照的機器。[2]

潘可夫斯基被捕有部分原因是缺乏精密的間諜科技支援他。事後的檢討報告強調缺乏有效的作業工具，特別是間諜的通訊器材太差。羅伯．華萊士（Robert Wallace）和基斯．米爾頓（H. Keith Melton）兩人對CIA的間諜器材史，有相當權威的記載。他們回憶說：「CIA的庫房裡根本沒有適合的器材從事這一類型的作業。譬如，直到一九六二年，CIA還未開發出小型、可靠的文件翻拍相機供間諜使用。」[3]但是科技在往後幾年有爆炸性的發展。一九七〇年，CIA專家開始研發一款極小、又安靜的相機。要求可謂是幾近無法想像的嚴格：它必須能在KGB辦公室**裡面**有效運作而不被偵知。CIA一九七三年在哥倫比亞吸收了歐格洛德尼克之後，這成為迫切的需要。在高度保密下，CIA委外給一家精密光學廠商研發迷你相機，代號T－100，大小只有美樂時相機的六分之一。它有小小的圓柱外形，可以藏在日常生活中常見用具，如鋼筆、打火機或鑰匙串中。華萊士和米爾頓寫說：這款相機融合「製錶工業的精準和光學儀器迷你化的精髓」於一爐。鏡頭由八片玻璃元件組成，相互交疊，在拍攝標準信件大小的文件時相當清晰。底片、鏡頭和快門都裝在同一個鋁盒裡。每拍一張照片，底片會自動推進到下一張，共有一百張。組裝幾近於製錶那麼精密。每一台都得藉放大鏡之助，個別組裝。供應非常有限。英國情報機關詢問他們能否借用藍圖，開闢第二條生產線時，CIA大方答應——可是這款相機實在太複雜了，英國人無法仿製成功。

由於相機尺寸甚小，迫使設計者要使用非常細薄的底片。好在從柯達原本用於間諜衛星的底片，找到適合切割並裝進迷你盒子中。當安裝底片幾度發生技術困難之後，CIA開發第二代T-50相機，它只有五十張底片。有了這款相機，間諜不必傷腦筋換裝底片；使用完相機後，直接交還即可。為了歐格洛德尼克，CIA選用一支名貴鋼筆來隱藏相機。拍攝文件時，歐格洛德尼克兩肘要放在桌上，雙手握好鋼筆，以鋼筆上的鏡頭向下對準文件。離文件十一英寸，是最理想的距離。相機取名「特洛培」（Tropel），這是位在紐約州羅契斯特郡替CIA研發這款相機的光學公司名稱，它在一九七〇年代中期交給歐格洛德尼克使用，非常順手。[4]

托卡契夫一九七九年初開始間諜作業時，CIA不願給他這款特洛培迷你相機。托卡契夫是剛投效的新間諜，還未經過訓練，也未經過考驗。CIA只給他莫莉相機。莫莉相機大小如火柴盒，它以美樂時為基礎，由廠商依據CIA的規格製造，是以廠商老闆女兒的名字來命名。發給托卡契夫的這部相機序號為018，另配一測光儀。底片捲成特殊的卡匣，每一卡匣有八十張底片，再包裝成盒型。[5]

到了四月份，托卡契夫向CIA報告說，他使用莫莉相機並不順利。他曉得它是新器材。但是他寫下字條告訴ＣＩＡ：「熟悉相機之後，我覺得有些失望；這或許可能是我對這個領域技術的發展抱持較為樂觀的預期所導致。」

蘭利因此決定改配托卡契夫三十五公厘的賓得士相機和相機夾具，由桂爾瑟在六月六日會面時轉交。賓得士顯然不是間諜會用的相機；全世界到處有人使用它，若是出現在一個蘇聯工程師家中，也不會啟人疑竇。有了賓得士相機和夾具，托卡契夫的照片可能就不會因動搖而模糊。以間諜使用的歷史來看，至少可以追溯到第二次世界大戰期間，有一名德國情報員以臨時拼湊的夾具固定住，才好拍攝文件。[6]

ＣＩＡ考量是否也要給托卡契夫精密的特洛培相機。最後，蘭利決定給他兩具特洛培相機，但是強調只能在家「試用」；他不能冒險帶著它們進辦公室。莫斯科站的桂爾瑟對這些要求和不確定性玩了一點手法。他同意核發特洛培相機給托卡契夫的計畫，但是堅持蘭利也把俄文使用說明書交到莫斯科站來。這款相機可以藏在鋼筆、鑰匙串和口紅裡。很重要的一點是讓托卡契夫事先就同意隱匿方式，以防東西從大衣口袋掏出來時與其他物品格格不入。托卡契夫告訴他們，他通常都帶著鋼筆和鑰匙。

每個細節都不能有差池。ＫＧＢ若在他身上搜出特洛培相機，他穩死無疑。除了收集情報，它沒有別的用途。

一九七九年十月十五日，兩人再次會面時，桂爾瑟交給托卡契夫兩具特洛培迷你相機。一支黑色、一支紅色，方便托卡契夫和ＣＩＡ分辨和追蹤。每支都藏在鋼筆裡，預先裝妥一百二十張底片，供他在家裡「試用」。

兩人碰面時，桂爾瑟意識到托卡契夫為某件事煩心。從他們上次見面迄今已經過了四個多月，托卡契夫抱怨他在春天時曾索取過自殺藥丸，事隔半年還沒有下文。托卡契夫催逼桂爾瑟，表示他希望能儘快拿到。托卡契夫向桂爾瑟描述莫斯科無軌電車發生一起事故，司機緊急踩煞車、躲避車禍，但是踩得太猛，有些乘客摔成重傷。他提醒桂爾瑟，他可是經常大衣裡揣著機密文件搭巴士和無軌電車。假如他出了車禍，會是什麼狀況？托卡契夫保證，只有身懷機密文件時，他才會隨身攜帶自殺藥丸。其他時間，他會把藥丸藏在家裡。他保證，這將是萬不得已的最後一招。他可不想面對被捕之後，遭到刑求、判決的痛苦。如果被逮，他要自殺。[7]

托卡契夫也說，他不想浪費寶貴的時間討論錢的問題，但是他已在行動紀錄中寫下回覆給CIA了。桂爾瑟把字條放進口袋。

翌日上午回到莫斯科站後，桂爾瑟打開托卡契夫的字條。讀了幾頁後，他看到第七項「關於財務」這一項，立刻意識到大事不妙。托卡契夫寫說：「上次六月份傳遞給我的財務方案，不能令我動心。這些方案太偏離我曾在一封信中所表述的願望。」

「當我提到貝連科的報酬約略為六位數時，我說的不夠精確，我腦子裡的數字不是六位數、而是六個零。」

「根據我所知的訊息，他得的總數相等於六百萬美元。」

桂爾瑟一到莫斯科站任職，就閱讀和翻譯托卡契夫手寫的所有字條。他和托卡契夫也碰面四次，覺得自己了解這個俄國人。可是他也被嚇倒了。

托卡契夫索價超過一百萬美元？

他繼續讀下去。

托卡契夫抱怨說：「有時候我覺得就財務問題而言，明顯有個應付我的策略在。我了解在財務問題上需要有漸進的作法，你也已經對我說明。然而，為了讓你在這個事情上所運用的策略不會造成停止或拖延訊息的傳送，也**不會產生無可逆轉的負面結果**，我希望你在檢討我的財務立場時，考量下列因素。」托卡契夫特別在負面結果這幾個字底下畫線。

托卡契夫繼續說：「我的基本目標是與你們合作，包括在最短時間內、交付給你最大量的資訊。」

「我沒有侷限在傳遞和我工作直接有關的文件資訊，我積極尋找新的重要文件，試圖取得它們，以便拍照下來。」

「你也曉得，我是自願與你們合作的。為了建立接觸，從交出第一張字條到第一次會面，足足經過整整兩年。在這兩年裡，我告訴自己我的行動可能會有不堪設想的後果。今天，就和過去一樣，我了解隨時可能就是末日，但是我不害怕，我會堅持到底。**然而，我不會永遠只以自願的方式工作**。」

桂爾瑟又看到他在這幾個字底下畫線。

「如果我發現你們跟我耍花招，或對我施壓力，我會停止合作，而且我完全明白，我唯有自殺才能終止繼續合作。」托卡契夫逐步提高壓力，威脅要罷手，但是他也含糊表示，如果他罷手，他會遇上許多不確定狀況——譬如，遭ＫＧＢ逮捕——因此他別無選擇，只能自殺。

「我真誠、公開寫下我對財務的看法。我希望你也以同樣的態度回答我。」

托卡契夫說：「我想，這樣的資訊要價幾百萬美元，並不算太過分。」[8]

接下來幾個星期，CIA為托卡契夫叫價數百萬美元的要求痛苦掙扎。他們搞不清他是否在虛張聲勢。桂爾瑟意識到CIA已進入需要小心處理的時間點。對托卡契夫的答覆必須讓他有感，但也不能照他的要求付款。CIA從來沒有付給任何一個間諜這麼龐大的金額。

十一月十六日，桂爾瑟和哈達威發電給蘭利，討論如何回答托卡契夫。或許CIA可以挑戰他，為什麼原來要求數十萬美元，卻大幅漲到上百萬美元？或許是假裝成大感意外？最後，他們認為最好不要惹惱托卡契夫，把它當作誤會一場，設法協商解決就好。[9]

CIA曉得托卡契夫說得一點都沒錯，他所提供的情報資料可說是掠奪了蘇聯軍事研究的精華，索價幾百萬美元毫不過分。但是他們沒辦法付他這麼多錢，主要是因為怕他會錢財露白、並且危害到他自身安全。

十二月十二日，蘇聯組組長卡拉理斯打報告給譚納局長，討論如何解決「六個零」這個問題。他的簽呈透露出托卡契夫的行動變得有多麼重要。

卡拉理斯向局長說：「你也明白，我從本案一開始就參與其中。我們蘇聯組從來沒有任何個案像這樣過。」

卡拉理斯說蘇聯組試圖依以前經營間諜的案例所發展出來的作業準則辦理，但是托卡契夫案實在太獨特了。以前的案例，如波帕夫、潘可夫斯基和波亞可夫，他們是自動請纓、且大多在蘇聯境外活動。然而，托卡契夫卻就在莫斯科的心臟地帶活動。卡拉理斯也提醒譚納，托卡契夫為了和CIA接觸所展現的韌性和不屈不撓，他形容托卡契夫相較於CIA曾經交手的較年輕和精力旺盛的間諜，他「是個成熟、低調的人」。

卡拉理斯說：「我們還是不敢斷定『CK球面』是基於什麼樣的動機找上門來為我們效力。我們目前的判斷是他受到報復心理激勵。直到這一刻，以及可預見的未來，本組決定非常小心處理這個個案，因為被耍的機率仍很高。」但是他也寫說，托卡契夫「已經生產某些極端高價值的情報，它們已經影響到我國空軍；他也承諾未來還會提供更多情報。」

風險是很高，但是卡拉理斯指出，雙方對金錢的歧見已經在「『CK球面』心目中對我們產生嚴重懷疑」。卡拉理斯建議CIA對托卡契夫要出手大方，消弭他的懸念：在十二月碰面時，付他三十萬盧布、即相當於九萬二千美元。卡拉理斯寫說：「我認為很重要的一點是，向他展現出我們不是在跟他錙銖必較。」

他又說，固然應該交錢以證明我們的誠心，但也應該再次警告托卡契夫，「光是擁有這麼大一筆錢，他的風險就很高」。「然而，首度以完全吻合他特定的金額要求，可以提供良好的基礎來討論未來的合作」。

接下來卡拉理斯小心翼翼地轉移到更困難的問題。

他寫說：「『CK球面』要求未來十年要付給他一千萬美元上下的金錢。我們沒有同意。我也提議我們目前不要同意這一金額。」卡拉理斯提議保留含糊空間。CIA可以用這三十萬盧布為例，告訴托卡契夫，「我們承諾未來適度付錢，但要付多少，要視我們對成果的評量而定。」他說：「我認為我們應該補充說，如果他依承諾提供產出，我們估計這些材料價值將在七位數左右。我不會說出比這個更高的數字了。」

卡拉理斯說：「提到七位數之後，我們就可以再度提出基於安全理由，開立代管帳戶的話題。如果他不同意，而我猜他將會對開立代管帳戶深表不以為然，我們就可以請他考慮在我們協助下離開蘇聯的可能性。」

這是全新的點子。卡拉理斯告訴譚納，ＣＩＡ不必真正承諾「敵後淨空」——把間諜偷渡出國——他們只要溫和的建議。雖然卡拉理斯沒說出口，ＣＩＡ過去從來沒有將間諜由莫斯科偷渡出境的經驗。卡拉理斯說，他不曉得托卡契夫是否想過逃出蘇聯、或是會有興趣。但是談論偷渡會有一個好處。它或許可以讓托卡契夫打消索討自殺藥丸的念頭。卡拉理斯寫說：「我們希望他活下去，享受他工作的成果。如果他再度堅持索討自殺藥丸，我們可以原則上同意給他。我們可以藉由請他建議藏匿在什麼物件裡的過程，至少可以拖延近一年的時間。」[10]

查爾斯・巴塔各利亞（Charles Battaglia）是一名與譚納親近的助理，當托卡契夫索取重金報酬的議題在局長室討論時，他也在場。在譚納的腦子裡，間諜會有失敗的可能、而且無法預測。而今這傢伙竟然獅子大開口，索取幾百萬美元。巴塔各利亞回憶說：「我絕對忘不了譚納臉上的表情。他倒吸了一口氣。」然後點頭答應。[11]

十二月十五日，蘭利傳話給莫斯科站，「局長已經核准」在下次會面時付給托卡契夫三十萬盧布，藉以「證明我們的誠意，及評量他所提供的情報之價值」。蘭利又叮嚀一句話，托卡契夫「不能期待我們對他未來的成果承諾明確的金額，雖然他提供對我們承諾的東西，其價值也可能統統包括在七位數當中了。」

電文說：「我們全然打算未來適切地付他錢，但我們將依據資訊對我們的價值，決定每次付款的金額。」[12]

事實上，托卡契夫提供的情報對美國軍方及情報機關的「價值」一路攀升，已經被認為價值數億美元。但是ＣＩＡ總部不想讓托卡契夫知道。他們需要找個方法表揚他、顯示他的間諜工作十分有價值，同時又不哄抬到數百萬美元以上。ＣＩＡ計畫交給托卡契夫讓他眼睛一亮的大把盧布現鈔。對於一個月薪三百五十盧布的蘇聯工程師而言，三十萬盧布可說是天文數字。（然而，比起七個月前蘭利核定付給托卡契夫的三十萬美元，價值卻降低許多。）桂爾瑟將負責交錢，他奉指示要再次向托卡契夫問清楚，是要付他珠寶鑽石、還是在西方國家開設代管帳戶存進去。桂爾瑟也奉命表示，ＣＩＡ將規劃托卡契夫逃出蘇聯的計畫，這是承諾未來協助他逃亡、不是當下就要逃亡。

關於自殺藥丸這個棘手問題，蘭利要求桂爾瑟設法推遲拖延，並且嘗試說服托卡契夫。這是托卡契夫最強烈的要求，可是蘭利也最不願答應。蘭利告訴桂爾瑟說：「你可以告訴『ＣＫ球面』，我們正在認真考慮他的要求，但是仍然覺得擁有這東西是個重大錯誤。」

第八章

橫財和風險

一九七九年十二月二十七日，桂爾瑟和托卡契夫第五度會面，在一座舊車庫附近的空地，於刺骨嚴寒中散步了二十分鐘。托卡契夫心情很好，顯得很高興見到桂爾瑟。十月份的信裡，他威脅要停止和ＣＩＡ合作，但是桂爾瑟立即發現，托卡契夫反倒是熱切提供情報。他比以往更精力旺盛、意志堅決地投入合作。他們散步時，托卡契夫把一個包裹塞給桂爾瑟。裡頭有來自蘇聯雷達的五個電子元件，並附上每個元件的電路圖。托卡契夫告訴桂爾瑟，它們是「我在完成ＲＰ-23組件實驗時」所剩下的東西。這是ＣＩＡ在這一年稍早所提到「最有價值」的雷達。這些電子零件是情報上的天大意外收穫，可以幫助美國確認蘇聯的雷達和航空電子儀器如何運作——並建造反制措施使它們失效。

托卡契夫另外給了桂爾瑟八十一卷三十五公厘底片，記錄有好幾百頁機密文件。賓得士相機已經卡住、無法捲入底片，因此他把相機交還給桂爾瑟，請他另給兩台新的相機。他們散步時，桂爾瑟交給托卡契夫四具特洛培迷你間諜相機，分別為藍、金、銀和綠色，做為未來幾個月之用。托卡契夫把他在十月間收到「試用」的紅、黑色兩具特洛培相機還給桂爾瑟，裡頭底片已經拍攝過。

桂爾瑟隨身拎了一個手提箱，把一大捆十五萬盧布現金交給托卡契夫。ＣＩＡ從瑞士一家銀行取得盧布，以免被追查到與美國有關。這只是卡拉理斯建議金額的一半，但是效果立刻出現。托卡契夫很高興地收下錢，表示這才吻合他工作的價值——絕不是年初會面時說的區區五千盧布。托卡契夫說，其實他並不缺錢，會把它們藏好。

然後他向桂爾瑟承認，他要求好幾百萬美元「並不實際」，不是要美國人照章全收。桂爾瑟再次提起在西方國家開設保管帳戶的可能性。這一次托卡契夫並沒有馬上駁斥這個構想。

桂爾瑟很小心地提到是否偷渡出境。托卡契夫當下就說不必了。他說，他絕對不考慮偷渡出境。

托卡契夫帶來一些令人憂心的消息。他辦公室裡處理機密文件的程序變得更為緊縮了。從前，他可以填寫第一處保管的申請單，就借出機密報告。再利用午餐時間把文件藏在大衣裡溜出辦公室回到家裡拍照，午餐後回到研究中心，把文件放回去。在研究中心大門，他必須出示通行證，但是警衛很少檢查他是否攜帶什麼東西。

托卡契夫說，現在若要從第一處借閱文件，他必須把通行證交給第一處職員保管。沒有通行證，他沒辦法利用午餐時間外出，也就無法在家拍攝機密文件。他或許能帶回家的文件就是一些比較不敏感的技術文章。托卡契夫向桂爾瑟誇耀，他在十二月二十四日騙過制度，偷偷把一些絕密文件帶出研究中心，回到住家拍攝。但是他面臨的挫折是，他通常把文件放在大衣口袋帶出來的習慣，維持不下去了。

托卡契夫很嚴厲地提醒桂爾瑟，他要求的自殺藥丸還沒有下文。他覺得自己現在更加危險。他已借閱明顯與他現有工作不相干的文件。如果有人問起是否機密外洩，申請表上全是他的簽名。他乞求桂爾瑟快點取得自殺藥丸，不能再拖了。

分手之前，桂爾瑟給了托卡契夫意外的聖誕禮物。桂爾瑟送給他在莫斯科買不到的兩本由異議份子寫的書，其中之一是一九七四年即流亡國外的亞歷山大・索忍尼辛（Alexander Solzhenitsyn）的作品。桂爾瑟報告說，儘管這一年起起伏伏，托卡契夫「很愉快」。[1]

他們分開後，桂爾瑟轉身走離空地，托卡契夫突然往他的方向奔跑過來。桂爾瑟嚇了一跳，深怕他會遭到伏襲。但是托卡契夫追上來後，說是他寫了一張行動紀錄，忘了交給他。他把字條交給桂爾瑟，旋即消逝在夜色中。[2]

回到站裡，桂爾瑟讀了行動紀錄。托卡契夫堅持自殺藥丸變得「對我愈來愈必要」。他告訴桂爾瑟，他愈來愈覺得「不可預見的情勢」會危害到他，或從美國方面洩出他的身份。然後他說明，每次從第一處借閱文件，在申請表上要填上姓名、並簽字。ＫＧＢ若要調查的話，全都清清楚楚。他寫道：

> 我所借閱的文件遠遠超過我的產出需求。譬如，我根本無法解釋為什麼我需要 AVM RLS RP-23、N-003、N-006、N-005 的技術說明……我很難解釋，因為我們的實驗室已在一九七八年九月停止監督 RLS RP-23、N-003、N-006，而我們的實驗室從來沒涉及到發表 RLS N-005 的文件或該系列的說明。上述考量驅使我，第三次向你要求，立刻交給我可自我了斷的東西。[3]

托卡契夫字條中這些代號透露出相當重要的情報。他提供的是蘇聯正開發並要安裝在其攔截機和戰鬥機上的數種最先進的雷達藍圖。十二月間，美國國防部在一份備忘錄中告訴ＣＩＡ，基於托卡契夫提供的一大堆文件，空軍已經完全推翻一項預定投入七千萬美元、要用在美國一種最新型戰鬥機上的電子裝備的發展方向。[4]

但是桂爾瑟看到一個更大危機正在醞釀。托卡契夫借出太多文件，他已留下叛國事證的痕跡。申請表可以毀了整個行動。現在，托卡契夫利用午餐時間在家拍攝文件的方法，也因為借閱文件時必須交出大樓通行證而受到限制。

哈達威兩年半來努力和ＣＩＡ總部周旋，力圖保住莫斯科站一線生機。他努力抵擋譚納局長和其暫停行動的命令。他堅持托卡契夫真心投誠，他把桂爾瑟調到莫斯科，他守住大使館火災現場，不讓ＫＧＢ特務乘亂侵入，他也失去歐格洛德尼克和庫拉克這兩名間諜，但是他明白折損間諜是和ＫＧＢ持續作戰必要的風險。哈達威終於讓莫斯科站恢復間諜作業，甚至克服ＣＩＡ自從一九六〇年代癱瘓以來長久的挫敗，當年在莫斯科可根本沒有值得一述的間諜呢！

哈達威即將結束站長任期，回到總部升任蘇聯組組長，但是他在莫斯科站任期的最後幾週，卻充滿了焦慮。一九七九年十二月底，蘇聯入侵阿富汗，與西方世界進入新的緊張時期。和解的年代成為過去。第二階段戰略武器限制條約在聯邦參議院遭到擱置，歐洲出現新一輪軍備競賽，同時美國還威脅要杯葛即將舉行的莫斯科奧運會。[5]

就莫斯科站而言，蘇聯入侵阿富汗意味著麻煩大了。哈達威在一九八〇年一月九日警告蘭利，KGB會增強街頭監視的作業。托卡契夫案已經推展到目前這一地步，他堅決不能失去他，誓言在「政治情勢惡化下」增強安全措施。他說，莫斯科站在他們計畫和托卡契夫碰面的日子，會啟動電子監控，「對所有已知和存有疑慮的監視頻率加強注意」。他們也會特別留意部署在大使館四周的監視網，以及注意托卡契夫公寓的窗戶，看是否有任何活動的跡象。[6]

托卡契夫十二月底與桂爾瑟的談話，以及交給他的信——敘述他的單位採行新的安全程序，警示他借閱太多文件後的罩門，以及他用計要偷取更多的文件——讓蘭利很擔心。蘭利有一封電文形容當時的情勢——「令人脊骨發涼」。[7]

CIA擔心，新的保防限制阻礙托卡契夫把文件帶回家拍照，可能會使他鋌而走險，譬如把特洛培迷你相機挾帶進研究中心。哈達威和桂爾瑟已經發覺托卡契夫根本不甩他們要求他要小心謹慎。他們需要有些作法增強他的信心，也強化本身的影響力。一月八日，他們上呈報告給蘭利，堅持該把托卡契夫一再要求的自殺藥丸發給他了。他們希望這可以讓托卡契夫放心，明白CIA還是很關注他的需求。

他們告訴蘭利：托卡契夫上個月索取自殺藥丸的「論據堅強，結論合乎邏輯」。他們又說，托卡契夫覺得自己身陷險境的看法是對的。由於他本身過度產出的緣由，沒有合理的掩飾就借閱文件，還把它們帶回家拍照，他的安全處境已經惡化。桂爾瑟和哈達威告訴蘭利：「『CK球面』並不聽從我們的要求慢下來，而且還一路向前衝，循著他的意向進行，要在最短時期內交出最大量的材料。」他們寫說，他們並不覺得訝異他會願意為成就大業而自殺。「他明顯遵循每個俄國公民從小就被灌輸的行動模式，亦即為祖國做最大犧牲是光榮、勇敢、男子氣概的行為。一個人為志業奮鬥時，做出要結束自己性命的勇敢、光榮決定，並沒有不道德的意涵。『CK球面』的志業就是，盡其力量給蘇聯當局製造最大的損害。」桂爾瑟和哈達威記得托卡契夫情緒「冷靜地」保證，「他的自我克制和意志力」，不到最後關頭不會使用L藥丸。他們提醒蘭利，如果露餡，托卡契夫肯定會被KGB刑求、審判和處決。他們寫說，「我們必須重新檢討他索取自殺藥丸的要求。」[8]

一九八〇年一月十七日，專人把闡明這個問題的備忘錄送到CIA七樓譚納局長辦公室，請他裁奪。備忘錄由哈達威還未到任之前、代理蘇聯組組長的華倫．佛蘭克（Warren E. Frank）提呈。佛蘭克在備忘錄中預測，托卡契夫「可能還會繼續爭取」L藥丸，另外也摘述托卡契夫十二月份字條上有一句話提到，L藥丸「對我變得愈來愈必要」。

莫斯科站強烈建議發給托卡契夫自殺藥丸，但是佛蘭克轉呈給譚納時，已把口氣淡化。佛蘭克建議請桂爾瑟「再一次」勸告托卡契夫，「擁有致命藥丸並不明智」。其實桂爾瑟已經勸過了。佛蘭克提出四項重點，桂爾瑟可依據用來和這位蠢蠢欲動的間諜談話。桂爾瑟八個月前也已經收到蘭利給他相同的四點提示。可是，這一次有一個新重點：「我們局長基於道德和作業的理由，個人非常強烈反對提供毒藥。」

莫斯科站希望有一個明確而直截了當的決定，能提供托卡契夫所要求的自殺藥丸。現在蘭利的回答卻要求稍安勿躁。佛蘭克提議給這位間諜含糊的承諾，CIA以後會給他所要的，這是緩兵之計。即使譚納在二月份核准發放L藥丸，佛蘭克還是建議，「我們還是可以輕易地拖到今年冬天才發給藥丸，可以說是夏天放暑假、製造和掩藏的技術問題需要時間研究等等。」佛蘭克的備忘錄要求譚納核准實際上是個折衷方案——不明確承諾日後會提供藥丸，但只限於托卡契夫「持續覺得有必要」。

譚納對這件事很不滿意。誠如佛蘭克所說，基於道德和作業上的理由，譚納反對使用L藥丸。他在備忘錄寫下他這麼決定的原因：「我們擔憂（源自於過去的經驗）一旦有了L藥丸後，會助長間諜去冒下那些未經審慎考慮的風險。」他也寫說：「KGB已經清楚我們分發L藥丸給間諜的事情，毫無疑問在搜查時會更加地徹底。」

備忘錄的文末，蘇聯組用打字機打出「同意」兩個字，留個空白讓譚納簽名。一月二十四日，譚納在「同意」兩個字前面寫下「不」，並且指示桂爾瑟應該繼續拖延，設法再次說服托卡契夫。

他批示：「別在這方面做承諾。史丹。」[9]

桂爾瑟和哈達威失望透頂。桂爾瑟覺得他了解托卡契夫的想法，怕會惹起他憤怒的反應。他委婉地提醒蘭利，「對談重點」已經和托卡契夫討論過，繼續再循這一思路和他討論，「只會使關係疏離」。再者，他說，如果告訴托卡契夫他的要求還有待核示，可能「導致失去此一有可貴的資產」。

他斗膽質問上級：「我們要冒這個風險嗎？」

桂爾瑟也提醒蘭利，托卡契夫已在十月份警告，別跟他玩遊戲，當時他就威脅說不幹了。當時托卡契夫寫說：「我非常清楚，我只能以自殺來終止我的配合。」桂爾瑟指出，他要自殺，並不需要CIA的自殺藥丸。對於蘭利，這是一種相當強硬的訊息，暗示整個行動可能崩盤，CIA可能因為譚納不肯批准提供自殺藥丸，而永遠失去托卡契夫這個人及整個間諜行動。桂爾瑟最後提出孤注一擲的想法。他說，下次會面時，他應該告訴托卡契夫親自寫一封信向CIA局長懇求發放L藥丸的要求。

這至少可使此一「特別要求」不會破局。[10]

除了自殺藥丸這件事，桂爾瑟和哈達威一九八〇年一月還面臨一個兩難的麻煩。托卡契夫雖然產出極端有價值的情報，但實在是冒太多的風險。為了提升他的安全，CIA或許必須放慢他的間諜作為。應該如何取捨，十分艱難，還有另一個因素也很重要：放慢托卡契夫的腳步，和他個人希望儘可能傷害蘇聯的意願相互牴觸，他們也許無法讓他慢下來。

莫斯科站和蘭利天天為這個棘手難題傷腦筋。資料室借閱申請表是最大的危險。如果研究中心當局仔細一查，他們可以立即發現托卡契夫曾借閱數量龐大且範圍廣泛的文件。一月十二日，蘭利告訴桂爾瑟和哈達威，「我們也和你們一樣，十分關切」這個問題。「不幸，傷害已經鑄成，第一處保管了申請表，隨時可以檢查它們。」蘭利建議托卡契夫編織一個掩飾故事——不論多麼薄弱——俾能解釋為什麼他需要借閱這麼多文件。[11]

但是問題比掩飾過去的行動更麻煩。托卡契夫愈來愈冒險，包括在十二月份大膽的從研究中心偷出文件。一月十六日，蘭利坦承，「很顯然我們必須試圖提升他的安全，讓他慢下來。」[12] 蘭利建議扣住賓得士三十五公厘相機不給托卡契夫，他就無法帶文件回家拍照。這可以減輕某些安全顧慮：他不會從研究中心偷帶絕密文件出來。但這樣做也會喪失他的產能。托卡契夫已經利用賓得士相機交給CIA數千頁寶貴情報。托卡契夫熱情不減，在十二月份的字條中表示，將在一月份「迅速交出」文件。蘭利對這個主意潑冷水，告訴莫斯科站：「我們必須不惜代價避免任何倉促、可能遭人起疑的『迅速交件』行動。」[13]

桂爾瑟的直覺是，不換新的賓得士相機給托卡契夫將是錯誤的舉動。他打報告給蘭利說，他和哈達威「相信」「我們怎麼勸，他都不會聽」，因為「沒有任何事」能阻止托卡契夫「以最短時間造成最大傷害」的目標。蘭利連番發來電文，表示關切托卡契夫正走上災難之路。[14]桂爾瑟答覆說，他們必須溫和地制止托卡契夫，但「不能傷及他的動機或導致冒犯到他，或使他對我們失去信心」。

除了托卡契夫立即性的安全風險之外，桂爾瑟也擔心長期的危險。托卡契夫交出的文件愈多，美國也將會有愈來愈多軍事及情報專家讀到它們。長期下來，美國武器的設計會改變，作戰戰術會修改，反制系統也會被設計出來，一切都依據托卡契夫提供的情報為基礎。桂爾瑟寫給蘭利說：「不是不可能，話終究會傳回到蘇聯，指我們擁有某種資訊。蘇方展開調查的話，很快就會把矛頭指向『ＣＫ球面』。」[15]蘇方第一個要看的就是文件借閱申請表，上面全是托卡契夫的簽名。

桂爾瑟覺得受到壓迫而不耐煩。蘭利駁回托卡契夫的要求，不給他L藥丸。蘭利也駁回托卡契夫希望提供賓得士三十五公厘相機的申請。蘭利希望一路往前衝的間諜，腳步可以慢下來。

ＣＩＡ的特洛培迷你相機雖然是工程上的傑作，但並不是完全沒有瑕疵。一月間，蘭利告訴莫斯科站，秋天交給托卡契夫在家「試用」的兩支特洛培鋼筆相機，其中那支黑色鋼筆相機拍出的照片不清晰。每一張照片都光線不足，寶貴的情報報銷了。[16]特洛培相機需要至少三十五至五十英尺光照度，才能拍出清晰的照片。[17]托卡契夫告訴他們，他使用特洛培相機時非常小心。他拿一根縫衣針串在手錶再手持垂吊著幫他判斷對準焦點的適當距離，ＣＩＡ分析人員果真從他照片看到針的影子。回到家裡後，托卡契夫可以控制燈光，但還是有問題。他在拍前八十張照片時，有充足的亮度，可是拍後面四十張照片，亮度就不足了，從黑色特洛培迷你相機沖出的底片就看不清楚。CIA技術專家還在實驗一款改進版，有更大光圈、能在較暗環境下操作。但是它還在研發階段，不能送到托卡契夫手中。

一月二十八日，莫斯科站要求蘭利立刻送來兩部賓得士三十五公厘相機和清晰的鏡頭。這一次，蘭利立刻答應。

莫斯科站同仁在一月份為哈達威舉行餞別晚會，但是他不喜歡這種慶祝活動，找個藉口走到莫斯科站門口川堂上那具工業用大型碎紙機旁邊。這座龐然大物還不僅限碎紙機功能，萬一突然必須毀滅一切文件時，它的動作很快，也能把文件化為灰燼。哈達威在莫斯科的最後幾個鐘頭，就站在這兒，把文件餵進這台隆隆作響的機器。

接任站長的是他的老朋友波敦．葛伯（Burton Gerber），是一九五〇年代加入CIA的那些熱血青年之一，他們對間諜工作採取積極進取的態度。葛伯先後在德黑蘭、索菲亞和貝爾格勒服務過，發展出審查潛在間諜的「葛伯定律」。由於CIA的輪調和升遷有一套制度，葛伯並不敢確定自己是否能出任嚮往的莫斯科站站長職務。派令一下來，他高興極了——那是全世界最重要的外勤站站長。

葛伯在一九八〇年一月第三週到達莫斯科。他是個要求嚴格的主管，不耍花招、不多廢話的工作狂，以咄咄逼人並隨時鞭策屬下而著稱。但是他也相當體恤下屬及家眷所承受的辛苦——工作時間長、常常要祕密出勤，對於監視和保密必須高度警戒。葛伯記住每個部屬妻兒子女的姓名，常常對他們噓寒問暖，但是工作要求絕不鬆懈。他有個終身嗜好，就是研究狼群，辦公室放了一張狼的照片。另外，他也掛了一張ＫＧＢ反情報部門主管列姆・科拉斯尼可夫（Rem Krasilnikov）的照片。葛伯藉此提醒自己，科拉斯尼可夫的手下無處不在。葛伯必須擊敗他們。

葛伯不像站裡其他同仁使用新穎的ＩＢＭ Selectric 電動打字機，他帶來一部手動舊打字機——而且打字速度飛快。他深信外勤人員必須了解駐地城市、也必須熟悉目標對象。莫斯科站有位同仁回憶說，葛伯有時候會買蘇聯共產黨重要人物的宣傳照卡片，然後調皮地拿給站上同仁，考問「假設你走在路上，看到這個人」，「知道他是誰嗎？」

桂爾瑟和托卡契夫見面已有一年之久，深刻感受到保持他的安全及行動持續下去的重擔。為了準備下次會面，他寫了一封很長的行動紀錄，他曉得托卡契夫回家後將會仔細閱讀它。這封信能彌補兩人會面短短時間內，桂爾瑟所不及詳述的一些想法。桂爾瑟警告托卡契夫，蘇聯入侵阿富汗後，ＫＧＢ將會加強街上的監視行動，即使托卡契夫不喜歡利用祕密地點存取情報，他們或許也必須改用這一招溝通。桂爾瑟要托卡契夫放心，如果他不能像以前提供大量絕密文件，ＣＩＡ可以理解。他寫說：「請勿為此感到不安，儘量悄悄工作，別從第一處借閱和你工作不相干的資料。」

同時，桂爾瑟這封信也傳遞出一個完全不同、不會被誤解的訊息：美國還是很飢渴、盼望經由托卡契夫得到更多寶貴情報。桂爾瑟列出一大堆廣泛範圍的機密，拜託托卡契夫設法偷竊。桂爾瑟說：「我們很高興收到你提供的電子元件。」請托卡契夫再設法弄一些來，譬如來自飛機和技術儀器的金屬片。他寫說：「我們對於用來製造飛機的合金很感興趣。我們會很感激你的。」他又說：「我提醒你，我們仍然希望拿到與你單位往來的研究機構和部會、機關的電話及其他手冊。」桂爾瑟說，CIA希望「就你所知，告訴我們誰到國外出差」。CIA希望知道蘇聯工程師對美國科技已有怎麼樣的了解——「請詳盡提供」已經有什麼「資料、材料和資訊」流到蘇聯國防工業研究單位。CIA希望托卡契夫更集中在未來的武器系統上，包括蘇聯才正開始規劃研究製造的空中預警管制飛機，以及垂直起降戰鬥機的詳情。CIA希望知道「從系統在第一階段至第五階段進一步新研發的進展」。「提醒你，我們對你所知道的一切民防作業，在你的單位、以及全國的狀況，都有興趣。譬如說，現在是否有跡象顯示更加注意民防呢？」[18] CIA希望獲悉的清單愈來愈長。CIA希望知道研究中心資料室包含有什麼資料在裡面，譬如資料要怎麼借出來，申請單作業流程，以及文件能外借多久。CIA希望知道這裡保管什麼層級的祕密文件，它們是否涉及未來或目前的武器系統，以及資料室是否包含有航空及雷達，飛機製作所需的材料，飛機和火箭的設計、雷射，導引能源的研究、氣溶膠、合金和特殊材料、空中攻擊戰術、光電儀器，前進空中管制和密接空中支援的戰術，以及指揮及管制系統的相關資訊。CIA想知道托卡契夫是否能夠帶一支光線測量計進入資料室，拍下「你能夠合理借走」文件的樣本。[19]

桂爾瑟也在思索取得機密文件的新方法。根據新的安全規則，托卡契夫從第一處借出機密文件之同時，必須交出大樓通行證。這導致他因為沒有通行證，沒辦法離開研究中心，並把文件偷帶出大樓。但是托卡契夫有個點子：CIA能否仿製一張大樓通行證？他可以在借閱文件時把一張通行證押在第一處，然後在大樓出入口以另一張通行證進出。桂爾瑟思索著哪會出差錯？如果托卡契夫在借了文件、把通行證押在第一處之後，幾分鐘之後被人看到拿著證件進出大樓，會不會啟人疑竇？會不會因為這樣被抓？仿製一張通行證的點子著實讓ＣＩＡ動心。如果成功，將是幫助對他們最有價值的這位間諜最高超的欺敵之術。[20]

桂爾瑟在信中給了托卡契夫未來十二個月會面的新時間表，也附上相隔長時間之後又要見面該如何發訊號的新指示。新指示反映出這位情治人員對細節的一絲不苟。每個月第一天，托卡契夫應該在某一地點「用我給你的黃色臘筆畫個記號——這個記號會比粉筆畫的記號更可靠，因為粉筆記號很容易被洗掉或擦掉。請記得，這個記號是在及腰高度平行畫下十公分長的標誌。」

一九八〇年二月十一日晚間，桂爾瑟又展開躲閃跟監的行動。他提前二十分鐘抵達和托卡契夫第六度會面的地點，這兒離列寧格勒斯基大道（Leningradsky Prospekt）很近，這是一條通衢大道，往西北走就離開市中心。桂爾瑟繞了現場四週，小心地觀察。托卡契夫出現後，他們邊走邊談，快速地交換東西。桂爾瑟給了托卡契夫兩部賓得士三十五公厘相機。托卡契夫則交回他用來拍攝文件的金、銀、藍、綠色特洛培相機。托卡契夫也交給桂爾瑟九頁的行動紀錄。

托卡契夫說，從今以後若要確認會面日期，他會在中午至下午兩點打開所住公寓廚房的燈，從街上可以明顯看到。他們同意下次會面是五月。桂爾瑟也警告托卡契夫，ＫＧＢ的監視行動有增無減。

托卡契夫再度問起自殺藥丸。桂爾瑟不得已告訴他，這一「特別要求」已被蘭利否決。

托卡契夫整個人極為難過。他喃喃抱怨，對他來講，這是極大的心理打擊。桂爾瑟注意到，在這一刻之前，托卡契夫站得筆直、保持警覺，但突然間變了，他完全洩了氣。

桂爾瑟立刻轉移話題。他促請托卡契夫寫封信向美國「最高層」陳情，要求重新考慮。

接下來桂爾瑟告訴托卡契夫，他的任期即將屆滿，預定夏末調離莫斯科。二十分鐘後，兩人分手。桂爾瑟消失在夜色中，口袋裝著特洛培間諜相機和信函，心中沉思托卡契夫在他眼前落寞失望那一幕。[21]

第二天上午，桂爾瑟早早就到了莫斯科站上班，葛伯已經在等他。桂爾瑟報告，托卡契夫聽到索取自殺藥丸遭拒答覆後幾乎崩潰的情況。這個反應比他原先的預料更加嚴重。桂爾瑟和葛伯給蘭利的電文中說，這位間諜「心理上遭到嚴重打擊，如果我們不推翻決定，將非常不利地影響到未來的行動」。但是在托卡契夫寫好他向美國「高層」陳情信之前，他們毫無辦法。他們也向蘭利報告，由於桂爾瑟請托卡契夫「限縮產出、避風頭」，而且桂爾瑟即將調職，這一挫折將會雪上加霜。因為一年多來，托卡契夫只認得桂爾瑟這個 C I A 人員。

桂爾瑟打開托卡契夫寫的信。它敘事條理分明，精確描述他如何使用那四支不同顏色的特洛培相機拍攝文件。托卡契夫把每種文件都編號，譬如，「文件 RE10 是用金色相機拍攝」。他也提醒 C I A，由於他從第一處借閱太多文件，他處境非常危險。他寫說，如果消息從美國那邊走漏，「我的情勢會變得毫無希望」。桂爾瑟當然同意這項觀點。

托卡契夫在信中又回到一直爭執不下的金錢問題。他說，這裡頭有「誤會」、「是我的錯」。他承認當他「腦子裡想的是六個零，口裡卻說是六位數」，製造了混亂。托卡契夫解釋說，他確信貝連科拿到六百萬美元，這影響到他的想法，但是他從未要求一個明確的總數。他說，他讓ＣＩＡ依據他提供情報的價值，來決定要付他多少錢。他對高額獎金的期許心仍然很強大。他請ＣＩＡ把他的錢放進代管帳戶，他若需錢，隨時可領取就行。[22]

桂爾瑟在上呈蘭利的報告中，對托卡契夫提到錢的問題，深表同情。桂爾瑟寫說：「我們可以想像『ＣＫ球面』感覺他談判其報酬的無力感。他顯然擔心他已經犯了叛國罪、交給我們無價之寶的資料，可是卻被占了便宜（大政府相對於小個人）。」桂爾瑟註明，托卡契夫談的還是「好幾百萬美元的事」。

那一年春天，美國空軍報告，托卡契夫提供的情資吻合其他有關蘇聯武器系統的情報，而且托卡契夫洩漏的資料大半都會對莫斯科造成相當損害。空軍表示，托卡契夫是提供科技資訊的寶庫，而他最重要的價值，是提供蘇聯新武器系統的詳盡圖片，是其他消息來源許多年都未必能達成的。三月間，桂爾瑟和葛伯向蘭利問起，究竟托卡契夫價值有多大？他們在電文中指出，軍方原先的評估就很大。先前的評估稱讚托卡契夫的資料是對某些武器的「第一資訊」、是「唯一的資訊」、「是確切的資訊」，又說：「美國反制這些系統措施的研發，至少省下十八個月時間，另一項武器則省下高達五年的時間」。另一項評估也說，托卡契夫的情報是「金礦」、「一百八十度改變了一項七千萬美元的計畫」。

桂爾瑟和葛伯問說，情報圈能否用金錢來衡量價值：

> 譬如，我們預計在研發上面能省多少錢？我們有沒有發現我們系統上的罩門，現在就能改正？我們能否發展反制措施、對抗蘇聯武器？我們對蘇聯第一線部署能力有全面了解

嗎？「ＣＫ球面」是否提供我們在此之前根本不知道的系統之資訊？[23]

針對上述問題的答覆，用ＣＩＡ總部的說法，托卡契夫提供的情報「本質上是無價之寶」。蘭利又說：「我們猜想『ＣＫ球面』本人完全理解他資料的特殊價值，也了解即使估算得出來，我們也無法付給他確切價值的金額。」[24]

接下來，蘭利也交給莫斯科站ＣＩＡ內部對托卡契夫材料的評估。這份內部評估認為：「這些報告的及時性，對於可以省去情報界的時間來說，實際上十分重要。以其他系統而言，要在它們部署多年之後才能取得如此詳盡的了解。這些報告的明確資料將給情報界省下許多年的分析和辯論。」[25]

雖然桂爾瑟在一九七九年十二月交給托卡契夫十五萬盧布，紓緩了他的焦慮，ＣＩＡ可從來沒有真正確定長期下來要付他多少錢。托卡契夫還在等待ＣＩＡ的決定。一九八〇年三月，葛伯寫信給已經接任蘇聯組組長的哈達威，表示在下次和托卡契夫見面前，ＣＩＡ必須「對未來做出務實的計畫」，「決定我們將遵守的承諾」。[26] 莫斯科站建議總金額是三百二十萬美元。相對於托卡契夫情報對美國政府的價值，這仍是微薄之數，但比起已經給他的錢，可就多出許多了。

哈達威很清楚這個問題的棘手；他在擔任站長時就和蘭利為此往返討論。四月初，哈達威回覆說：「這個問題基本上不是他的情報值多少錢的問題，而是他能處理多少錢的問題，以及坦白講，我們能合理付他多少錢的問題。我說合理，是因為我們若看他的資訊之價值，坦白講，我們講的將是天文數字。我不是要冷酷無理，但是我們不是企業經營，我們可以不必付到最大額度，但要合理地償付他。」

哈達威也想讓托卡契夫放慢腳步。他寫說：「我們有責任盡力讓他放慢腳步。我認為，合理的金額可以幫助讓他慢下來，而大數目（其實也應該）可能使他又獅子大開口。」固然ＣＩＡ會多給托卡契夫錢，「我們認為你最近提的三百二十萬太高。」

寫了這些內容之後不久，哈達威又告訴葛伯，他會向ＣＩＡ局長報告，爭取同意支付托卡契夫一九七九年以前工作酬勞二十萬美元、一九八〇年三十萬美元，一九八一年四十萬美元，然後每年五十萬美元。他說，這將是「本局有史以來付給任何一個個人最高的薪酬」。[27]

譚納又踩了煞車。一九八〇年五月十日，他核准一個相對縮水的報酬方案：一九七九年以前的酬勞二十萬美元，以後每年三十萬美元。哈達威告訴葛伯和桂爾瑟，他相信他們會感到失望。他說：「我和你們一樣失望。」但這是「極大的一筆錢」。他表示有信心，桂爾瑟會「運用他的說服本事，以及他和『ＣＫ球面』的特殊交情疏通這件事」。[28]

桂爾瑟還有一個亟待解決的是偷渡出境問題。托卡契夫原先說他絕不考慮離開蘇聯。但是他在二月份的行動紀錄中突然表示對這個主意感到興趣。他說：「我從來沒有想過離開蘇聯的可能性，但是如果有讓我和家人偷渡出境的實際可能性存在，不論它隱含多大風險，我希望有這個機會。我家人並不曉得我的活動。」托卡契夫問起細節——他們必須有多長時間準備？[29]

桂爾瑟覺得，托卡契夫現在有心考慮偷渡，是他對本身在莫斯科的前途愈來愈悲觀的跡象。[30]

桂爾瑟認為，如果ＣＩＡ點頭同意偷渡行動，托卡契夫或許就不會堅持數百萬美元的報酬。一九八〇年五月，譚納局長核准可向托卡契夫「承諾情勢需要時，會將他、妻子和兒子偷渡出境，安置在西方國家定居」。[31]

桂爾瑟開始草擬和托卡契夫下次碰面時要交給他的行動紀錄。他曉得托卡契夫上次已被拒絕給他L藥丸搞得垂頭喪氣。現在他又得說服托卡契夫接受一個更不愉快的消息。桂爾瑟「絕對不懷疑」托卡契夫會對報酬方案「高度震撼和不愉快」。[32]桂爾瑟試圖溫和地提起這件事。桂爾瑟寫說：「你的資料得到極高評價，局方已經決定付你本局有史以來最高的報酬。」他講出譚納核定的數字。這裡有好幾個零，但不是好幾百萬美元。桂爾瑟想以承諾安排偷渡「緩和」衝擊。但是這裡頭也有許多問題。只要談論到它，就會引起托卡契夫對脫離蘇聯的期望。除非有緊急事故，CIA並不想把托卡契夫偷渡出境。他們希望有個像托卡契夫這樣富有生產力、深入潛伏的間諜留在原地，愈久愈好。桂爾瑟未承諾會快速安排。他提醒托卡契夫必須告訴家人偷渡計畫，如果家人猶豫，「可能就會出問題」。他向托卡契夫說明了在美國定居的話，CIA所能做的安排。

托卡契夫行動專案現在已經變得十分複雜——偷渡、報酬、照片、安全和自殺藥丸等問題全都交織在一起。莫斯科站和蘭利為每個問題的細節糾纏著，電報往還討論，但是每個行動都有犯錯的可能，會像自殺藥丸一樣讓托卡契夫大為不滿。CIA試圖透過小心、平衡安排的金錢報酬和偷渡行動來經營托卡契夫，但他們心知肚明，托卡契夫並不一定會聽話。他有堅貞不移的決心要盡全力偷竊最多的機密。他並不要放慢腳步。

一九八〇年春天，蘇聯和西方之間的緊張大幅加劇。美國因為不滿蘇聯入侵阿富汗，杯葛莫斯科夏季奧運，惹惱蘇聯領導人。異議人士、物理學家安德瑞・沙卡洛夫（Andrei Sakharov）嗆聲反對入侵，立刻遭到逮捕，流放到高爾基城（Groky）。[33]奧運預定七月開幕，賽前幾個星期，街頭已經到處充斥著民兵，許多民兵是由鄉間調入首都加強保防。這一切使得桂爾瑟要和托卡契夫會面風險更多、也更加錯綜複雜。

五月十二日晚間，桂爾瑟化妝成另一個人。這是他第一次祭出所謂「身份轉換」這一招。ＫＧＢ雖然注意在莫斯科的每個美國人，卻沒有辦法全部納入監視，因此他們跳過許多被認為是一般職員、不涉及情報工作的人。這裡頭就出現漏洞，ＣＩＡ人員可化妝為ＫＧＢ忽視的大使館職員，不驚動人之下溜出大使館。這一招果然奏效。桂爾瑟在ＫＧＢ不察之下溜出大使館。他打算打電話約托卡契夫出來見面。但是桂爾瑟打通電話後聽到的不是托卡契夫的聲音，只好取消行動。[34]

下一個避開ＫＧＢ耳目的行動是更加精心策劃的技倆。桂爾瑟照會蘇聯當局他計畫出境幾天。他按照計畫飛離莫斯科，然後突然提前返回。他希望在ＫＧＢ發覺他回來之前的空檔，能和托卡契夫碰面。但是，桂爾瑟提前回來、要通過護照查驗檯時，發現自己已受到特別關注，他決定放棄會面行動。

兩次試圖會面不成、街上又到處是監視人員，葛伯並沒有因此就退縮。桂爾瑟五月二十一日二度嘗試失敗之後，葛伯致函哈達威表示，雖然「不樂觀」會自然突破監視，他覺得十分必要由桂爾瑟和托卡契夫再見一次面。桂爾瑟預定夏天調離莫斯科。葛伯在電文中說，報酬和偷渡這兩個微妙議題尚未解決，「我們寧可讓『ＣＫ球面』和熟面孔討論這些重大議題，不要在秋天和全然陌生的新人討論」。葛伯雖然相信莫斯科站的專案官員們在行動作業上應該可以交互替換，桂爾瑟卻是他目前可以派出的唯一一位，因為托卡契夫只認識他。[35]

五月間兩次試圖與托卡契夫會面不成後，反而導致間諜行動跨進一個重要新境界。ＣＩＡ

科技力量日益增進，它夢想利用電子儀器躲過ＫＧＢ，順利執行間諜行動。整個一九六〇年代，在敵對地區要和間諜通訊，大半要靠少數已驗證有效的技術，如祕密書寫、微縮照片、無線電廣播和在祕密地點置放交換情報等。但是自從一九七〇年代起，拜微電子革命之賜，科技開始改變專案官員和他們的間諜之間的通訊方式，而ＣＩＡ企圖維持此一科技優勢。其中一個例子，是小型電子設備系列中第一種間諜用於短距離通訊的裝置，名為ＳＲＡＣ這種裝置最早的一種版本稱為「巴斯特」（Buster），交給一九六一年在紐約自動向ＦＢＩ投誠的蘇聯軍事情報機關ＧＲＵ將軍狄米崔．波亞可夫。當時ＦＢＩ給他的代號是「高帽子」。後來他調到仰光和新德里任職，改由ＣＩＡ調度聯繫。現在他調回莫斯科，已升任ＧＲＵ訓練學校校長。ＣＩＡ希望這個新裝置可以方便波亞可夫和ＣＩＡ通訊，並躲過ＫＧＢ。這種裝置是一種手持通訊系統，包含兩個行動基地台（大小相當於一個鞋盒），以及一個可以藏在西裝口袋中的手持機組。間諜使用約一英寸半平方大小的迷你鍵盤，先把文字簡訊轉為密碼，然後將密碼輸入迷你鍵盤——巴斯特可以容納一千五百個字母——資料輸入進去後，間諜走到離基地台一千英尺以內的某個地點，按下發送鈕。基地台可以四處移動，放在公寓窗口或汽車上；間諜必須被告知大約方位。本質上，巴斯特就是原始的簡訊系統。它的好處是安全：間諜可以不必在街上和聯絡窗口的情治人員實際碰面就通訊。可是，真要到街上現場使用這種儀器，還是很麻煩。巴斯特很明顯就是間諜道具，只要被逮到持有它，百口莫辯，穩死無疑。

已經出任蘇聯組組長的哈達威是個科技狂熱者，希望使用新器材突破ＫＧＢ的監視。在理想狀況下，巴斯特可以減輕與間諜在公園或暗街角落碰面的風險。哈達威說：「試想一下，我們可以讓這些可憐的傢伙省下多少危險，不必上街和ＣＩＡ人員親自碰面。」他講的不只是托卡契夫，而是任何一名ＣＩＡ的間諜都可善加利用此一裝置。

長期下來，巴斯特迭經改良，新版本綽號「狄斯卡」（Discus）。它也是手持機器，間諜和情治人員都更方便使用。狄斯卡不再需要使用笨重的基地台，間諜可把訊息傳輸給數百英尺外、持有第二組儀器的ＣＩＡ情治人員。更重要的是，巴斯特要求間諜要先將訊息轉化為密碼，並花費時間輸進鍵盤，狄斯卡卻可自動加密處理。它的鍵盤較大，也可以傳輸更多資訊。甚且，狄斯卡有驗證系統，間諜會知道收訊人已收到訊息。狄斯卡是領先時代的創新發明；當時世界上根本沒有任何消費型手持行動裝置，更無法想像會有類似今天的黑莓機或蘋果手機iPhone。[36]

六月間，哈達威力促莫斯科站考慮發一組狄斯卡給托卡契夫。他說，托卡契夫可利用這個裝置發訊息給ＣＩＡ，告知他何時方便見面，或許「也可選擇文件重要部分，傳輸給我們」。他猜想托卡契夫也可利用狄斯卡告訴莫斯科站，到哪一個祕密地點去取底片和其他資料。哈達威表示他有信心，狄斯卡將「增加這項行動的安全和產能」。狄斯卡被看做是一種無價的魔毯，可以飛越ＫＧＢ的頭頂。傳統的祕密地點存放交換情報方法通常需要一天以上時間去發出訊號、放置東西和撿回包裹，電子通訊儀器幾乎可以立即傳輸緊急情報。[37]

可是，葛伯認為托卡契夫不適合使用狄斯卡。他實際用過此一裝置，曉得操作它絕不是按個鈕那麼簡單。他跟太太羅莎莉到莫斯科一個菜市場去測試狄斯卡。他假裝在挑黃瓜、蕃茄，太太在市場另一端拿著另一具狄斯卡。若是要通訊，狄斯卡要求發訊和受訊雙方都要靜止不動。葛伯試圖發出訊號。他立刻發現，間諜必須低頭看口袋，確定紅色認證燈閃亮，否則他不知道訊息是否已發送出。紅燈只閃一下下。探頭看口袋，檢查紅光一閃，這種身體語言會讓間諜露餡嗎？值得冒險嗎？甚且，葛伯認為，間諜必須向ＣＩＡ發出訊號，預告他要透過狄斯卡傳輸訊息了。這個訊號也是一次行動作為。而且也必須先選好地點，為狄斯卡傳輸品質預做測試；基於無線電波反射特性，並不是所有的地點都合適。更重要的是，測試時，訊號也會散佈至空中，雖然為時甚短，但可能會引起ＫＧＢ的關注，專案官員搞不好就此曝光。值得冒風險嗎？

葛伯懷疑狄斯卡可以緩解托卡契夫的危險，但或許還會引發新的危險。葛伯回覆哈達威：「不認為現在是和他討論議題的好時機。」他又說，「『ＣＫ球面』產出的價值在於大量複製完全詳盡的文件，不是可用狄斯卡傳輸的東西」。葛伯堅持繼續以人員碰面方式讓托卡契夫傳送大量資料。葛伯希望有個穩定、確實的方法。他說，將狄斯卡交給托卡契夫，或許會刺激他加快速度、且勇於冒險。他也指出，托卡契夫本人喜歡碰面，不喜歡利用祕密地點交換情報。托卡契夫「有強烈的心理需求，需要和人直接接觸。」[38]

六月十一日，葛伯又發出第二篇強硬的電文給哈達威，表示他和莫斯科站全體專案官員討論過使用狄斯卡的問題。他寫說：「我們的結論是，這將會是弊大於利。」這個裝置在發送與接收複雜的訊息時，例如華府方面關切的「要求」，或托卡契夫可能收集來的祕密資料時，並不實用。甚至狄斯卡會造成托卡契夫和ＣＩＡ聯絡窗口頻繁接近出現在街頭，會被ＫＧＢ察覺有某種模式存在。為了躲過ＫＧＢ，每次使用狄斯卡傳輸，要選不同地點，太費事了。葛伯私底下有個想法，莫非是譚納局長有心消除人力情報而只仰賴科技？問題在於這是辦不到的。

他們需要面對面看到間諜，而托卡契夫需要和他能信任的專案官員握到手。

第九章

身價十億美元的間諜

一九八〇年六月十七日，桂爾瑟再度化妝成別人上街。KGB監視人員沒看到他；化妝欺敵奏效。經過一番甩開跟監的行動後，他在晚上十點五十五分和托卡契夫第七次會面。天色還是亮的。托卡契夫興沖沖地告訴桂爾瑟，他沒有遇上任何困難。最近太忙了，他感到輕鬆，可以在過暑假之前和桂爾瑟碰面。他有好消息報告：二月間，原本加強的安全措施突然取消了。現在借閱文件，又不需要押通行證了。原因是官僚嫌麻煩：第一處的文書大多是女性，因為收下太多通行證，無法外出午餐，而她們原本大多利用午休時間外出搜尋食物和商品。因此，研究中心主任恢復舊規定，早上借出的文件，下午下班前交回就行。[1]

托卡契夫看到機不可失，從二月至六月，他帶好幾千頁祕密文件回家，用賓得士相機拍照。他告訴桂爾瑟，他的手提箱裡現有一百七十九卷底片。可是桂爾瑟似乎沒帶任何東西裝得下它們。

桂爾瑟說他帶了一個塑膠袋，從口袋裡掏出來。

托卡契夫搖頭。底片太多了，擺不進去。托卡契夫遞出手提箱，堅持要桂爾瑟把一大堆三十五公厘底片匣一起拿走。

桂爾瑟交給托卡契夫CIA改良過的新特洛培相機，表示CIA已把它改良得可在低光源之下拍攝文件，或許就在他辦公室裡可用它拍照。托卡契夫立刻揮手說不行。他告訴桂爾瑟，根本不可能在辦公室使用特洛培迷你相機。不論在上班前、或下班後的時間都不夠，總是會有一些人出入。他把舊的特洛培相機交還桂爾瑟，也不收下新的特洛培相機。[2]他似乎很滿意賓得士三十五公厘相機。桂爾瑟向蘭利報告，賓得士相機「適合大量拍照」，比特洛培更常用到。[3]賓得士相機成為托卡契夫要讓蘇聯付出代價最可怕的武器。

桂爾瑟簡短地敘述ＣＩＡ擬支付托卡契夫的方案。他強調這筆酬勞已超越美國總統的薪水。他提醒托卡契夫，如果要偷渡的話，ＣＩＡ為了他要在美國定居，會有相當多的開銷。托卡契夫板著臉，沒有露出反應跡象。桂爾瑟以前見過他這副表情。

對於桂爾瑟而言，這是酸甜苦辣、百感交集的一刻。他的家族史就在這神奇的俄羅斯夏日之夜上演。他的整個事業都投注在蘇聯，在柏林截聽來自地道的錄音，以及聽取來自投奔自由人士和間諜的簡報。他的天分就是他的語文能力。現在，身為ＣＩＡ第一線專案官員，他經營的托卡契夫是有史以來最深入蘇聯核心的間諜。

分手的時刻總要到來，桂爾瑟明白他可能再也不會見到托卡契夫。他們倆人十八個月前在冰凍的某個莫斯科街角首度見面。現在，只剩幾分鐘了，兩人都是內斂、不善表達情感的人，正努力找適當的話來溝通。[4]

托卡契夫問，桂爾瑟是否還會回到莫斯科？桂爾瑟說，美好的事總會有個限度。他不太可能再回莫斯科了。托卡契夫說，他有機會就拿出桂爾瑟送他的異議人士寫的書慢慢閱讀。他們互相握手、道別。托卡契夫似乎很緊張，急著想要結束會面。桂爾瑟次日向蘭利報告，「主要原因想必是希望儘早回家，以免家人懸念」。

時間已近午夜。

桂爾瑟這次和托卡契夫會面的「收穫」十分豐富；這些底片含有約六千四百頁祕密文件。哈達威呈給CIA譚納局長最新情報摘要，標明「機密／敏感」。報告指出：

一九八〇年六月十七日，托卡契夫在會面時交出一百七十九卷有關蘇聯空中雷達和武器控制系統敏感文件的三十五公厘底片。這些資料包括：

——首度有關蘇聯新空中預警機技術設計特性的文件（「CK球面」最先告知我方有此一系統的存在，我們才從高空拍照找到它的位置）。

——有關蘇聯米格-25戰鬥機新改裝的豐富文件，這是蘇聯第一批裝備俯視／俯射雷達的軍機；這種飛機結合空中預警機使用，將有效延伸蘇聯對付北約飛機和空射巡弋飛彈的防空半徑。

——有關若干新型機用飛彈系統以及其他蘇聯戰鬥機和戰鬥機／轟炸機技術特性的文件，它們即將從現在起至一九九〇年之間部署。

哈達威的報告又說：「這批文件情報的數量是『CK球面』過去十八個月與我們合作所交出成績的雙倍。」[5]

除了文件，托卡契夫交給桂爾瑟一封令人沮喪的信函。他說，他借閱祕密文件的申請表已超越其他同事好多倍。他又說：「只要KGB不會懷疑蘇聯攔截機雷達系統訊息外洩，我在無線電工程科學研究所的工作和申請表就可能安然無事。但是如果從美國方面傳回可疑的訊息，我的申請表毫無疑問將是KGB注意的第一樣東西。」他說：「我猜想在問我為什麼借閱那麼大量的文件之前，KGB會搜查我的公寓。我藏在公寓裡、不讓家人知道的東西，絕對逃不過KGB的檢查。」他指的是他在公寓裡有個祕密空間藏了間諜道具。

接下來他提出要求偷渡出境。「今天，我謹向你明白要求將我家人和我安排偷渡離開蘇聯。」桂爾瑟擔心的事現在變成真實；自從CIA建議偷渡以來，托卡契夫對偷渡的期望心理大幅上升。然而，桂爾瑟也曉得，托卡契夫根本沒提他已向家人透露此一石破天驚的決定，因此或許還有時間發展。

托卡契夫說「他承受的威脅愈來愈大」，鑑於他在借閱申請表上簽字累累，「我的未來可以說是已經注定」。他希望偷渡計畫能「儘早開始準備」。他又說：「我完全明白對你而言，把我家人和我偷渡出境等同於宣判提供優質情報的間諜死亡。不幸的是，這個損失是無可避免的。這只是遲早的問題。因此，你誠懇回答是否將安排偷渡，或是讓命運決定此一問題，對我而言，這十分重要。」

托卡契夫的信隱含哀傷，顯示他感覺末日將到。提到下次約會定在秋天碰面，他說：「如果還能碰面、而且我仍在運作」，以及「屆時如果我還沒被發現的話」等等。[6]

除了行動紀錄之外，托卡契夫附了另一封「致中央領導人」的信，懇請准予發給自殺藥丸。

他指出，「我和你的關係從未單純、平靜地發展」——指的是花了好長一段時間，CIA才和他碰面，對他的酬勞遲遲不決，以及「將近一年半時間」他一再要求CIA提供自殺藥丸，「總是得到負面結果」。

托卡契夫又說，自從他開始替CIA做間諜以來，已經過了好些年。「這段期間，儘管我有很多情緒低潮時刻，我從來沒有偏離我既定的計畫。我提醒你這一切，是要讓你了解我有相當堅強的勇氣。我有足夠的耐性和自制，可把自殺手段延擱到最後一分鐘。我堅持自殺手段要在不久的將來交給我，因為已經危及我的安全。」[7]

托卡契夫也提醒CIA，他之所以借閱那麼多文件也是應CIA的要求。接下來他詳述他的間諜行動還留下的「痕跡」，並且表示自殺是使KGB無法發現這些痕跡的方法。「自殺，毫無疑問可以保護我所開始的行動，換句話說，可對我活動的數量以及我能執行行動的方法保守祕密。」

桂爾瑟在莫斯科站的工作只剩不到幾個星期，他和葛伯合寫了一份冗長電報，總結迄今的行動成果。由於托卡契夫夏天要去度假幾個月，不會跟CIA聯絡，他們稍有喘息空間。他們在六月二十四日送出的電文形容托卡契夫處於「嚴峻」的安全狀況，承受「極大的壓力」。他們列舉行動可能出差錯的一些想定。他們說，「從我方這一頭洩密構成嚴重威脅」，可能引發出內部調查，「他很快就會曝光」。或者說，例行性檢查文件借閱紀錄，也可能使他曝光。「第一處機靈的文書員」或許會注意到他借走大量的文件。或許「意外發現」托卡契夫以大衣掩飾、夾帶文件外出——或是辨認出一個模式：他借了文件就會回家吃午飯——他們警告說，這些都有可能「搞砸」整個行動。除了所有這些影響托卡契夫安全的「嚴重因素」之外，「毫無疑問還有其他因素」。

他們告訴蘭利說：「我們很不願意，但又不能不下結論：我們無能為力。我們來往的對象是個有殺力的男人，一心一意要對蘇聯造成最大傷害。他將繼續產出，不論是從第一處下手、或是從機密資料室下手，也很可能不聽我們放慢速步的勸告。」

從安全層面來看，兩人如此請示問道：「我們能務實地期待行動再持續多年嗎？」他們並不如此認為。他們又說：「看來『ＣＫ球面』已經接近實現他向我們提議、而我們也接受的產出計畫。」因此，現時「極端重要」，我們對托卡契夫到目前為止的工作，以及未來他能執行的間諜活動，「我方立場如何要有個清楚的全貌」。托卡契夫追問偷渡計畫，桂爾瑟請示蘭利，如果托卡契夫不留在莫斯科，影響會有多大？會是巨大損失嗎？桂爾瑟很直率警告蘭利：「這項行動不可能無限期持續下去。」

「悲觀」，桂爾瑟如此形容托卡契夫寫信要求發放自殺藥丸的信函。他警告說，「如果被發現，」「安全機關一定不會讓他好過，他肯定會被槍斃。一旦露餡，死亡即不可避免。應該讓『ＣＫ球面』有機會使用『特殊要求』，免除面對當局的痛苦。」擁有自殺藥丸「以備萬一」，可以給予托卡契夫「迫切需要的心理和道義支持」。桂爾瑟再次提醒蘭利，「繼續拖延、不准許『特殊要求』，將在行動的關鍵階段惹惱『ＣＫ球面』，可能導致嚴重的管理問題或甚至終止合作」。[8]

在蘭利的哈達威對此相當同情。不像上次向譚納局長要求發放自殺藥丸的報告被蘇聯組副組長把語氣給沖淡——這次不一樣。哈達威沒有潤飾文字。他寫了一封措詞強硬的備忘錄，呼應他手下站長和專案官員的意見。哈達威說，提供L藥丸給托卡契夫，「對他將是重大的心理上的鼓舞」，他認為托卡契夫是個「成熟、理智和謹慎的個人」，萬一遭到ＫＧＢ逮捕時，需要有一條脫身之路。[9]

七月間，哈達威針對莫斯科站早先詢問托卡契夫的情報價值究竟為何提出答覆。他說，即使托卡契夫離開蘇聯，「他的情報價值至少在五至十年之內都不會消失」。為什麼？托卡契夫已經提供情資給美國的武器系統，不是剛開始部署、就是還在設計階段，都不是那麼容易可被取代的。另一方面，托卡契夫若繼續在莫斯科當間諜，收穫一定更大，因為新武器系統每年都要經過他的辦公室。

托卡契夫提供驚人數量的文件、藍圖和圖表，它們直接以未經翻譯的原始形態呈給華府數量有限的幾個人閱覽。其中一人是空軍的特別助理，他根據這些情報，「終止或調整」美軍研發計畫。托卡契夫正提供美國路徑圖，可以破壞和擊敗蘇聯兩個重要武器系統：一是保護蘇聯不受攻擊的地面雷達；另一是有助於軍機攻擊力的空中預警雷達。在冷戰競爭下，這是無可比擬的優勢。哈達威請美國空軍估計托卡契夫情報的價值，大約數字即可。空軍能就研發成本省下多少錢估個數字嗎？哈達威告訴葛伯，答案是「二十億美元上下」。這還不算托卡契夫放在手提箱交給桂爾瑟的一百七十九卷底片的價值。

托卡契夫是身價以十億美元計的間諜。

第十章

烏托邦的出逃

一九七九年七月，新進專案官員大衛・羅夫（David Rolp）向莫斯科站報到當天，先搭大使館電梯到九樓，經過陸戰隊衛兵穿過川堂，然後再從後頭的樓梯下到七樓。在樓梯平台，推開右邊的門，通往大使館政治組；左邊那扇門沒有記號，只有一個密碼鎖。羅夫輸入密碼。第一道門一開，又有第二道門，長相就像銀行的金庫。它也有密碼鎖，但白天上班時，這道門維持開放。他走過一條短短走廊，經過左邊的大型碎紙機。向右轉，他抓住另一道門的把手打開它。他進到沒有窗戶的一個長方型盒狀房間，屋頂很低，房間用波紋金屬屏障並且和大使館建築牆壁隔開，以免遭到竊聽或鑿穿。這就是CIA莫斯科站。

大衛・羅夫只有三十一歲，充滿了期待。這是他第一次奉派到國外服務，渴望有自己的專案，能到第一線經營一名間諜。

莫斯科站的一端，站長擠在一間小辦公室裡，有一張辦公桌、一個保險櫃和一張勉強能讓各個CIA人員圍在一起開會的會議桌。其他空間擠滿了辦公桌、塞著打字機和以密碼鎖保護的檔案櫃，牆上掛了莫斯科街道地圖。一張大地圖有許多標了號碼、五顏六色的點，代表會面、設暗號和祕密情報交換點，以及誰負責那一區塊。卡帶音響播放著悅耳的音樂，寫字板有最新的電文內容。羅夫分派到的辦公桌最靠近站長室。大辦公室的另一頭是主管托卡契夫專案的桂爾瑟。桂爾瑟總是看起來氣宇軒昂，穿西裝、打領帶上班。他的一位同事回憶說：「桂爾瑟一向穿著打扮像個總統。」相形之下，羅夫和一些年輕的CIA專案官員不執行白天的掩飾工作時，則經常穿著牛仔褲就來上班。羅夫對於桂爾瑟的第一印象是有點拘謹而刻板，但是一看到他工作，羅夫所有的疑慮全部消失。他全心全力投入托卡契夫案，會面回來後，儘管心煩意亂、緊張和疲倦，他都能鉅細靡遺交代清楚托卡契夫說了什麼。桂爾瑟說話時，羅夫仔細聽。他要學習的東西太多了。

羅夫自願來到莫斯科站，可以追溯到年輕時在冷戰第一線的生活經驗。他十歲時跟著父親亞瑟（Arthur）一道過日子，當時亞瑟是美國陸軍第六裝甲騎兵師中校營長，駐防西德和捷克斯洛伐克邊境。亞瑟帶兒子參觀充滿敵意的邊境：瞭望台、軍犬巡邏、開槍射殺區和機關槍陣地。假如歐洲真的爆發大戰，這就是華沙公約組織戰車和部隊要入侵的地域。邊界在羅夫心目中留下深刻印象：在圍籬另一邊的土地十分神祕，他感到既興奮、又害怕。後來全家搬回美國後，羅夫進入肯塔基大學唸俄文，預備再進研究所攻讀俄國史。但是越戰打了起來，他被抽中要徵召入伍，乾脆就自願服役。在初期訓練時，他選擇唸俄國語文。後來他成為軍官。周圍的同伴一一被調到越南前線，他就偏偏都沒中獎。陸軍把他派到西柏林擔任情報官。

他穿便服，在美國占領軍柏林旅的一個小辦公室上班。他的任務是拿著最近從東德、捷克和匈牙利出來的難民名單，一一登門拜訪，拼湊有關蘇聯和華沙公約部隊情報的蛛絲馬跡。這是很辛苦、通常也很挫折的工作。他後來回憶說：「其實我們蒐集的是灰燼和垃圾。我們試圖拼湊片斷的低階戰術資訊。當我們找到某人，他們也有意願時，當然下一個大問題是：你願不願意回去為我們蒐集情報？你願不願意回布拉格去探望伯叔姨嬸？你願不願意開車經過基地、拍幾張照片？」偶爾他們會挖掘到良好的消息來源，但為時不會太久。有前途的案子很快就移交給ＣＩＡ。ＣＩＡ基地就在柏林旅附近一棟樓房裡。「碰到例行案件，他們對我們說：『幹得好，繼續努力！』一有好案子，他們就接手。」

即使如此，羅夫還是喜歡情報工作。他有一種想要破解柏林圍牆那一頭「拒止地區」機密的競爭本能。然而他的心得是，人力蒐集情報的地下工作在陸軍不會有前途。幾年後他退役回美國，到印第安納大學唸研究所，專攻俄國史，想拿個博士學位當教授。但是再仔細分析，這條路似乎也走不通。就業市場太狹窄。務實地思考後——太太已經懷第二胎——他改唸法學院，認為至少當律師可以多賺點錢。羅夫從印第安納大學法學院畢業，當了一年律師，可是實在志趣不合。這時他回想起童年記憶對他的吸引力。當他聽到ＣＩＡ要在鄰近城市召募人才時，他開車去接受面試，填妥申請書。隔了一年，毫無下文。突然間，ＣＩＡ錄取他了。他在一九七七年報到，接受訓練。

這時候正是美國全球角色普遍受到懷疑的時刻，但是羅夫絲毫不受到影響。他深信美國必須和共產主義作戰，也必須為捍衛自由而抗爭，這個觀點倒不是出自意識型態，而是出自個人經驗。他知道蘇聯在過去幾十年維持著龐大的殖民形態的刑事體系以致於有數十萬人因思想或沒有理由的情況下就被抓去坐牢。他太清楚柏林圍牆的醜陋事實，這道防線上佈滿了衛兵瞭望塔、地雷、鐵絲網、自動武器、通電圍籬、猛犬和探照燈。冷戰必將開打，羅夫希望見證這場戰爭。

羅夫在ＣＩＡ接受初期訓練時，就被問到希望到什麼地區服務。ＣＩＡ是依地理區域分派任務。許多年輕學員不想到莫斯科站服務，因為它是出了名難以經營間諜的地方。有人嫌惡地說：它「全是棍棒和磚牆」，只能在祕密地點放置交換情報和不涉及人的連繫，不能面對面和間諜接觸。但是羅夫打定主意，一心一意要投效蘇聯組。

CIA有時候會把從來沒外派過的菜鳥外放到莫斯科站。這麼做的好處，是KGB比較不易辨認出他是情治人員。但是這時候莫斯科站只有一個缺：武官處有個祕密掩護身份的工作。CIA相當猶豫。兩年前藉這份工作掩護身份的CIA人員遭到伏襲，被俄國人驅逐出境。如果逕自派個人接任，KGB可能立刻認定他是情報人員。不過，儘管有這一層顧慮，羅夫還是拿到這份差事。他先接受CIA基礎訓練，然後再接受「拒止地區」間諜作業訓練，練習如何躲閃KGB的緊迫跟監。

這時候他獲悉莫斯科站正在蘇聯運用最高超科技所執行的間諜作業。美國間諜衛星拍到的高解析度照片，顯示蘇聯工人正沿著連接「紅色帕克拉核武研究中心」（Krasnaya Pakhra Nuclear Weapons Research Institute），位於莫斯科西南方二十二英里的特洛伊茨克市（Troitsk），和首都國防部之間的一條鄉村道路，挖一條要埋設通訊網纜線的壕溝。CIA計畫在通訊纜線上偷裝靜音竊聽器，這種電子儀器可以悄悄蒐集、記錄祕密。竊聽器將安置在埋設通訊纜線的道路上其中一個人孔蓋底下。羅夫還在受訓期間就奉派參與此一新建的計畫。CIA為了進行訓練，要廠商在華府附近蓋了一個一模一樣的人孔蓋。第一步是撬開沉重的金屬人孔蓋。羅夫接受訓練，學習如何利用撬棍和鉤子移開它。一旦進入裡面，情治人員的耐心和技能就會受到重大測試。學員以布巾矇上雙眼練習，測試能否在沒有外人協助下進入人孔蓋，並且僅憑藉感覺執行任務。

羅夫對於自己入選參與任務，十分興奮。有一天受訓時，他運用撬棍和鉤子舉起沉重的人孔蓋。但是突然間他手一滑讓鬆脫的人孔蓋砸到拇指。羅夫感到澈心的痛楚。他轉向督導官，設法故作鎮定狀。

督導官檢查他已經紅腫的拇指，送他到醫務室——拇指斷了。

幾天之後，戴著石膏護套的羅夫回到蘭利報到。他主動表示，護套幾星期後即可拆除，他願意立刻恢復人孔蓋訓練課程。但是督導官揮揮手回拒了他，時間不夠了。他們不想耽誤他到向莫斯科報到的時間。羅夫為自己的事故感到憤怒和羞愧，但是他很快就釋懷。因為他已經被選派到莫斯科站，非常自豪。他覺得就像是太空人入選阿波羅登月計畫一樣。很快地，石膏護套卸掉、訓練結業，他走進莫斯科站。

羅夫抵達時，正是莫斯科站結束畏縮怯懦的時候——在那段時候，每個間諜都動彈不得。原本被譚納局長下令暫停活動的命令束縛、動彈不得的莫斯科站，現在又恢復忙碌的步調。托卡契夫正在產出大量的機密文件，而人孔蓋竊聽作業也即將就位和連線。可是，就在羅夫辦公椅都還沒坐熱時，又出現另一樁大膽的作業，他將在其中粉墨登場。[1]

這個夏天，維克多．謝默夫（Victor Sheymov）利用溫暖的晚間，和太太歐兒佳（Olga）在莫斯科寬闊的大馬路散步。三十三歲的謝默夫是 KGB 最年輕的少校之一。他在主管 KGB 總部與全球工作站（Rezidentura）加密通訊的部門擔任極端敏感工作。謝默夫工作的地點叫「高塔」（the Tower），是 KGB 第八總處所在大樓，它就在盧比楊卡大樓後頭，而盧比楊卡大樓這棟在革命之前即建成的大型建築物，即是蘇聯人民聞之喪膽的 KGB 總部所在地。謝默夫加入 KGB 之前，是飛彈導引系統軍官。他父親是軍方工程師，母親是個博士。他是個著名的青年電子天才，最近才奉派到中國解決一個別人破解不了的竊聽案，他一出手就成功。然而私底下，謝默夫內心卻是憋著一股氣。[2]

我們很難判斷他在什麼時候開始起了異心。他升遷迅速，從來沒有上一代那種事不關己的消極被動。他年輕到還有正義感，不能忍受不正當的事。他加入KGB不久，就被拔擢成為一個祕密小組成員，負責替政治局準備簡報和分析。這些簡報為迎合特定命令被改得面目全非，充滿欺騙和編造。謝默夫大吃一驚。他發現上呈的報告和事實真相之間天差地遠。有一天他到KGB圖書室，向服務台女士索借共產黨史相關書籍。他自認為是個科學家、工程師，尊重事實真相。或許他可以從這種書籍中找出他問題的答案。每個受大學教育的人都修過共產黨黨史這門課。還有什麼是比對共產黨黨史有好奇心、願意更深入了解，更加忠於黨國的行為呢？圖書室管理員竟向他索討識別證，打算向他的上級舉報。他從她臉上看到：為什麼有人要讀這種東西？謝默夫冷靜處理，假裝其實是要找別的書，然後趕緊脫身。

接下來，謝默夫在KGB的一位好友瓦連汀（Valentin）突然神祕暴斃。瓦連汀年輕力壯，是個越野滑雪健將。他父親是俄共中央委員。但瓦連汀不是服服貼貼、唯唯諾諾的黨員，他告訴謝默夫，他瞧不起他父親和黨內高層。他當著父親的面痛斥他們是「令人作嘔的土匪」。瓦連汀死後，謝默夫發現好友可能是被KGB謀殺。他在瓦連汀的葬禮上扶棺立下暗誓：我會為你報仇。

接下來幾個月，謝默夫苦思要如何行動。他愈來愈不再懷抱幻想。當時的年輕人流行嘲諷蘇聯制度，喜愛西方服飾和文化，刻薄地嘲弄布里茲涅夫這一伙年邁、老朽的黨領導人。但是大多數人只是私下議論，沒有人會把思想付諸行動。一九七九年，謝默夫決定要採取行動。他開始計畫逃亡出境。他決定對制度施加重擊、要讓制度遭到嚴重傷害。太太歐兒佳聽了，十分害怕——他們的女兒葉蓮娜（Yelena）才剛滿四歲——但是她決定跟他做同命鴛鴦。

起先，謝默夫的計畫是與美國情治人員接觸。謝默夫從來沒到過美國，也不曾懷有憧憬。從他接觸到的祕密電文裡，他曉得美國就是敵人。他的邏輯很單純：敵人的敵人就是朋友。他要以投奔美國向蘇聯報復。

他曉得風險極大。他擁有接觸絕對機密的安全許可。如果被發現，他會立刻遭到逮捕，甚至處死。謝默夫對莫斯科街道瞭若指掌，他是受過訓練的情報員，曉得如何行動而不會被偵察到。他花了很多時間尋找懸掛美國外交官車牌的汽車，偏偏就是找不到有D-04車牌的汽車。他決定先寫好一張字條，以備一旦遇到美國情治人員時能伺機遞出去。字條一開頭就寫說：「哈囉，我是一個KGB官員，能接觸高度敏感的資訊。」他暗示他對制度不滿，想要有所「行動」，提議可在莫斯科某地鐵車站附近的香菸攤碰頭。但是謝默夫還是找不到可遞出字條的對象。有一天夜裡，他告訴歐兒佳，他想出的四種接觸美國人的方法，統統派不上用場。他甚至製造理由到外交部開會，盼望或許會在那裡看到美國外交官的汽車。他打算用自己的車撞老美的車，製造小擦撞，才好跳下車，遞給老美司機字條。有一天謝默夫看到一輛美國汽車，但是當他試圖撞它時，對方及時躲開。當天謝默夫手掌裡握著字條，卻送不出去。

最後，謝默夫想出一個更大膽的計畫。

一九七九年十月，謝默夫奉命出差到波蘭首都華沙，替蘇聯大使館解決通訊方面的問題。他帶著他父親的厚片眼鏡，先到一家眼鏡店請他們代為修理。其實這是掩護動作，眼鏡另有用途。有一天下午，他和幾個KGB同事去看電影。電影才開演，他就找個藉口溜出來，攔了一計程車直奔美國大使館。他的計畫是戴上眼鏡作為偽裝，直接走到大使館大門，但是他犯了一個錯誤。他父親的眼鏡鏡片實在太厚，讓他什麼也看不清楚。他跌跌撞撞走向陸戰隊衛兵表示：「我要找美國情報代表講話。」衛兵看了他一眼，回答他說：「我就是美國情報代表。」謝默夫趕緊背出他預先準備好的第二句英語：「那我要和值班的外交官談話。」

謝默夫很快就和美國官員面對面坐下來，他摘下那副眼鏡後，告訴他們要求美國的政治庇護。他在紙上寫下「KGB」三個英文字。他們立刻把他帶進一個沒有窗戶的房間。對話很生硬：美國人只會波蘭話、不懂俄語；謝默夫的英語又很爛。他們把他的護照拍了照，問他幾個問題，譬如KGB在華沙的站長是誰？謝默夫的答案令他們滿意，足證他的確是KGB人員。

有個老美問他：「你的工作職掌是什麼？」

謝默夫說：「密碼通訊。」美國人面面相覷，感到很意外。

其中一人又問：「你是密碼員嗎？」

他答說：「不！我負責KGB海外密碼通訊的安全措施。」

美國人這下子大吃一驚。一個掌握王國之鑰，蘇聯通訊極端機密密碼的人，竟然這樣主動自願投誠。他們問他，是否希望立刻離開華沙？不！謝默夫答說——他要帶著太太和女兒一起到美國。他告訴老美，他很快就會回莫斯科去。他們告訴謝默夫，這是瘋狂的行為。但是他堅持。他在一張紙上寫下在一九八〇年前幾個月在莫斯科碰面的計畫，遞給他們。

CIA趕緊和謝默夫約定在莫斯科接觸的計畫。他給他們一個借來的地址。老美告訴謝默夫，請注意會有一封平信寄給他。如果有人打開來看，會認為它讀來像是老朋友的來信，使用很常見的名字如施米諾夫（Smirnov），內容談的是從前參加演訓的往事。他們說，當他收到信後，用水弄濕它，另一面就會出現用隱形墨水寫的指示，告訴他如何發訊息準備和ＣＩＡ碰面。

他們往外走時，有個老美問謝默夫有沒有聽過萬聖節？他回說沒有，萬聖節是什麼東西？老美說，那是個假日，剛好就是今天晚上。

他說：「你簡直就是來玩『不給糖、就搗蛋』嘛！」

謝默夫如丈二金剛摸不著頭腦回答：「對不起，你說什麼？」

「喔，沒關係啦，算了。你以後會知道的。」他們弄了一輛車，在電影結束前十分鐘把他送回電影院。

莫斯科站獲悉謝默夫有意投誠時，離哈達威即將榮調回國沒有多久。他必須做出決定：由誰來負責處理這個新間諜？他不能把它交給桂爾瑟，桂爾瑟處理托卡契夫已經夠忙了。另一位資深官員詹姆斯·歐爾森（James Olson）雖然很合適，可是他已一頭栽進敏感的人孔蓋作業，也無法抽身。另外幾個情治人員也很不錯，可是俄文不夠流利。哈達威把案子派給新人大衛·羅夫，他的俄語流利，而且勇於任事。

蘭利通知莫斯科站，謝默夫的代號是「ＣＫ烏托邦」（CKUTOPIA）。

從這個代號可以看出ＣＩＡ總部的期許可比天高，可是對謝默夫還是一無所知。他真的是ＫＧＢ海外通訊主管嗎？要如何查證？要如何知道他能提供何種情報？他究竟要什麼？九年前形成的葛伯定律至今還是重要參考指標。

謝默夫要求的是全家偷渡出境。莫斯科站有一份代號「ＣＫＧＯ」的檔案，內容就是把間諜偷渡出境的各種想定，但是莫斯科站從來沒有這種經驗；從蘇聯偷渡間諜出境。這麼高保密等級的ＫＧＢ官員不可能逕自走到機場，遠走高飛。蘇聯所有公民要出境旅行，全都要受到嚴密控制。甚至謝默夫在莫斯科也可能受到ＫＧＢ反情報單位的監視。如果稍有可疑，他立刻會被逮捕。

羅夫向哈達威提出一個相當不循常理的建議。他說，ＣＩＡ在和謝默夫初次見面時就應該給他一對新的特洛培相機。他們可以要求謝默夫將他桌上最敏感的文件拍照下來，隨著相機交回。ＣＩＡ把照片沖出來，立刻可以判定他是否如同聲稱般擁有機密情報，以及是否值得將他們全家偷渡出境。蘭利立刻反對把特洛培相機交給完全不認識、且未經測試過的間諜。如果他是圈套，那要怎麼辦？如果他把這一寶貴的技術逕自交給ＫＧＢ，那要怎麼辦？如果他跟著相機一起被逮到呢？但是哈達威喜歡這個點子，全力支持羅夫。他一度口氣嚴峻地上報告給蘭利表示，他、羅夫以及莫斯科站其他全體專案官員都贊成把特洛培相機交給新間諜。**難道他們全都錯了？**蘭利勉強同意。特洛培相機即將送到。

葛伯在一月份接任站長，莫斯科站寄出以隱形墨水寫給謝默夫的信。信中寫說，請在某個星期天於ＣＩＡ賦予代號BULOCHNAYA（即「麵包店」）的某地點留記號。羅夫每個星期天上教堂做禮拜會經過這個地點。他留意某棟公寓大樓角落的一根水泥柱子。二月底某個星期天，他發現用手畫的一個黑色V字。街上行人如織，沒人理睬它。它是謝默夫發出的訊號——他們即將會面。

每次要展開行動，專案官員要計劃和執行閃避ＫＧＢ特務跟監的行動。羅夫要絕對的肯定他沒有被ＫＧＢ跟監。在莫斯科站其他專案官員和技術組人員協助下，他擬訂一個計畫。

這是個頗有野心的計畫，而且是以桂爾瑟曾經想試、卻不成功的計畫為基礎。羅夫與葛伯按照時間順序，一分鐘又一分鐘地做兵棋推演，葛伯考問他每一個可能出錯的環節。如果這樣，你要怎麼辦？如果又怎麼了，你又要怎麼辦？最後，站長滿意他的表現。

羅夫向蘇聯民航公司買了一張從莫斯科到法蘭克福的來回機票，預計星期五出發，下個星期四回來。他按照規定通知蘇聯負責服務外交官的單位，表示將在下個星期四回來；他相信他們會向KGB報告。他打包好行李後，搭上飛機出境。羅夫在星期六從法蘭克福搭火車赴維也納。他十分焦慮，以致夜不成眠。星期一，他趕到機場，以現金買了單程機票，預備搭奧地利航空公司下一班班機，飛回莫斯科。KGB預期他在星期四搭蘇聯民航公司班機回來。星期一下午他在莫斯科一落地，通過護照查驗。他知道，入境管理單位要隔一陣子才會向KGB報告他已經回來了。這就是他想善加利用的「空檔」，這個單純的官僚空隙可以給他幾個小時。他成了沒被跟監的「隱形人」。

他在莫斯科入關時，另一名CIA人員的太太帶了一個小圓型帆布袋給羅夫的太太。羅夫太太是個教員。羅夫太太下課後，帶著帆布袋，開車到市區打轉，展開她的躲避跟監行動。帆布袋裡是羅夫的化妝道具、行動紀錄，以及CIA要交給謝默夫的問題。

羅夫從機場搭計程車進城，半路上在忙碌的地鐵車站狄納莫站（Dinamo）下車。車站位於寬敞的列寧格勒斯基大道的一邊。羅夫故作輕鬆地步行，繞過地鐵車站，然後走向公路另一邊掛著蘇聯民航公司招牌的一棟大樓，當然十分小心確認是否有人跟監。當他走到大樓前，太太的車子也抵達定點接應他。他們又一路施展閃避跟監的本事，最後終於確認他的確完全沒受到跟監後，羅夫再弄妥化妝、下車。他太太把車開走，赴預定好的朋友晚餐之約去盤桓幾小時。

到了晚上八點，羅夫走到亞歷山大．葛里波耶多夫銅像附近；這位俄國劇作家兼外交官於一八二九年擔任駐波斯大使時，在德黑蘭遭到憤怒的暴民殺害。銅像矗立在奇羅夫斯開亞（Kirovskaya）地鐵站附近的奇斯泰普魯迪公園裡。公園本身綠樹成蔭，位於到處是窄街、狹巷的莫斯科舊城區，但是它四周各有一條林蔭大道。

羅夫走近銅像時，看到他要找的人，手持一本雜誌，從地鐵站朝他走過來。

羅夫先開口：「維克多．伊凡諾維奇嗎？」

「是的。」

「晚安。我是米夏。」羅夫伸出手。

謝默夫握握手，但是心裡提醒自己，最重要的是先確認眼前這人的確是美國情報員。他很有可能走進 KGB 圈套。

他們開始走路。兩人年紀都三十出頭。羅夫看到謝默夫的面孔光滑、乾淨、有點娃娃臉。他戴一頂軍人風的帽子。謝默夫認為羅夫說的俄語有個腔調，雖然未必是美國腔。謝默夫也注意到羅夫沒戴手套——俄國人在這種天氣就一定會戴手套。

羅夫身體蜷曲，認為燈光隨時會大亮，KGB 特務會從樹林中跳出來，他和謝默夫會被伏襲。

謝默夫搭地鐵也東繞西繞、躲閃跟監，他也很緊張。他比羅夫更清楚 KGB 的手法，他們派的流動監視小組在全市流竄，隨時可能現身。他注意到附近一個電話亭是空的；至少這是好跡象。

兩人都受過訓練，執行任務時有一個基本原則：一旦開始執行了，就不要胡思亂想。兩人都曉得，他們這一行要花費漫長的時間做準備，但是一執行，行動時間很短、必須毫無瑕疵。羅夫腦子裡閃過一個比喻——演員站上舞台，一旦布幕拉起，你只有全力表演。謝默夫則認為，專業情報員最糟糕的是心生恐懼。這代表要失去控制。

謝默夫對羅夫說：「你說不定是ＫＧＢ。」

羅夫抗議：「我怎麼會是ＫＧＢ；我講俄語還有腔調咧！」

謝默夫駁他：「好吧，不過他們說俄語也可以有腔調呀！」

兩人穿過公園，離開地鐵站和銅像。黑夜已經吞噬他們。他們互相詰問對方，想找出是否有破綻。

謝默夫重申他希望和家人偷渡出境。羅夫答說，這是極高難度的事，可能需要十二至十八個月時間準備。他告訴謝默夫，你必須先提供一些情報才行。羅夫認為他們或許可以在一、兩個月後再度碰面，但是謝默夫說，幹嘛拖拖拉拉等那麼久？他一個星期內就可備妥一些情報。謝默夫堅持一定要當面交件。他不要跟老美透過祕密地點交換情報溝通。他告訴羅夫，ＫＧＢ反情報部門有一長串逮捕名單，這些人因替外國從事間諜活動被捕——因在祕密地點交換情報被捕、因使用無線電被捕。但迄今還未活逮和外國情治人員碰面的任何人。謝默夫要和他的ＣＩＡ聯絡窗口直接碰頭處理工作。羅夫答應了。

兩人分手後，羅夫搭地鐵往莫斯科市區坐了幾站。他太太開車接他一道回家。第二天上午，大家圍在站長葛伯的會議桌四週聆聽事發經過的報告。

羅夫以為他或許有一個月時間準備下次會面，現在卻只有一個星期。他研判KGB已經知道他出國、而又提前回來，其中肯定有詐，因此不能再重施故計。莫斯科站為下次碰面規劃一個很繁複的計畫。羅夫將是負責的專案官員，但是他若被KGB盯上，還會有第二個和第三個專案官員完成他們的躲閃跟監行動，在附近待命，隨時準備補位，完成碰面任務。他們在幾天內完成了需時一個月的準備工作。

結果，羅夫沒受到跟監。會面順利開始。羅夫問了謝默夫一些蘭利準備、有關複雜的數學和加密技術的問題，謝默夫朝著羅夫的迷你錄音機講出答案。他們又討論偷渡事宜。謝默夫要求一到美國，美方要付他一百萬美元、立即給予公民身份，全家要有終身醫療福利。羅夫沒有做任何承諾。他向謝默夫要一些有關家人的瑣碎但基本的細節：穿幾號衣服、鞋子、身高體重、醫療史等等。他也索取謝默夫全家近照，以備辦妥偷渡出境後所需的新身份證明文件。

在第一次會面時，羅夫曾交給謝默夫CIA提供的特洛培迷你相機，並交待他：「把你手邊最高度機密的文件拍下來。有人在旁邊時，千萬別冒險。但你必須向我們證明你所言不虛。」謝默夫完全同意。現在他把相機和底片交給羅夫，又拿到新的器材。

謝默夫建議CIA故布疑雲，弄得像是他全家溺水而亡，這樣KGB才不會懷疑他們已經叛逃。羅夫回答說，CIA和謝默夫的第一要務是確保偷渡行動成功。事實上，羅夫已經仔細推想，一旦謝默夫全家失蹤後情況會是如何？在莫斯科站裡，羅夫商議如何讓謝默夫「消失得無影無蹤」。他們離家時，桌上留著未喝完的茶、床鋪沒整理、報紙攤開、衣服還在衣櫃裡。他們討論失蹤是否可解釋為溺水而亡，但是羅夫和其他專案官員實在無法說服自己相信這可以交代得過去。這不是他們能夠規劃的；它們只能這樣演戲。KGB或許會比較傾向怪罪發生意外或犯罪凶殺，有可能隔了一陣子他們才搞懂謝默夫已經叛逃了。

羅夫和謝默夫走在莫斯科一條窄巷時，同時看到了他們。這是最驚悚的場景：兩名男子站在遊樂園沙地。他們有可能是完全無關的其他人；可是這兩名情報員當下想到的是：跟監！

街道太窄，無從閃躲；如果那兩人真的是KGB，他們就會被街道兩頭湧出來的特務團住。他們愈走愈近，謝默夫意識到他們不是KGB、可能是民兵——他們粗暴、神經過敏，也有權索取證明文件，但威脅性沒那麼大。謝默夫湊上前去，向其中一人借火點菸。然後，他退回到羅夫身邊，兩人要走過那兩名男子身邊時，謝默夫責備羅夫，彷彿是家人爭吵。他這樣發作，那兩名男子也不疑有他。謝默夫注意到他們穿相同的保暖大衣、戴馴鹿毛皮帽子。他和羅夫轉過彎、到了另一條街。

他們倆人面面相覷。

謝默夫說：「民兵刑事調查組。」

羅夫問：「你怎麼知道？」

謝默夫回答：「直覺。」

羅夫說：「媽呀！真險！你還希望下次是面對面碰頭嗎？」

謝默夫說：「當然。好了，我們剛剛講到哪裡？」

謝默夫交還的特洛培相機立刻由專人送回美國。同時，謝默夫以俄語回答有關密碼技術的錄音帶則先留在莫斯科站由桂爾瑟翻譯。照片一沖洗出來，有一百多頁的情報，加上謝默夫回答的翻譯，蘭利急電通報莫斯科站：謝默夫貨真價實。他提供的情報十分敏感——蘇聯絕不會用它來當誘餌——而且極其重要。蘇聯正在全球各地安裝新的加密通訊器材。謝默夫可以解開這些加密過後的電文。羅夫告訴謝默夫需要十二至十八個月時間安排偷渡事宜，現在卻是十萬火急。國家安全局要求將他儘快弄到美國。

謝默夫的資料讓美國人嘗到甜頭，但他另外還掌握更多情報。他也曉得事不宜遲：他在莫斯科逗留愈久，露餡被捕的機會就愈大。另外，他想要交給美國的情報實在太多，無從在莫斯科藉祕密地點交換情報或其他方式傳送。要傷害蘇聯和自救，謝默夫別無選擇，他必須叛逃。

ＣＩＡ和國家安全局也意識到，謝默夫擁有的情報只要蘇聯不曉得已經外泄，價值就無限巨大。蘇聯一旦知道外洩，就會立刻更改密碼。因此他們把謝默夫偷渡出境時，不能讓ＫＧＢ曉得他已經逃到美國——至少是能拖延多久、就拖延多久。

羅夫把莫斯科站的ＣＫＧＯ檔案搬出來研究。他現在不但經手生平第一個行動，還是有史以來最大膽的一個。

第三次會面時，謝默夫交出家人近照、供ＣＩＡ準備他們的身份證件，也交出羅夫所要求的其他情報。偷渡行動最大的障礙是謝默夫的小女兒。兩個大人坐在廂型車偷渡出境的四十五分鐘裡，還可以保持安靜；但是怎麼確保四歲的小女孩不會吵鬧呢？羅夫從ＣＩＡ總部弄到五種適合幼童的安眠藥樣本。他很擔心；他認為謝默夫一定會拒絕讓他女兒吞藥丸。羅夫有個女兒大約同樣年紀，他就絕對不會讓她吞食ＫＧＢ提供的任何藥丸。但是他很意外，謝默夫一口就答應。小女兒試驗性地吞下各式藥丸後，謝默夫都會小心地以手繪出她呼吸與脈搏的變化圖，再交給ＣＩＡ。他們選出一種安眠藥，以便在偷渡時使用。

莫斯科站在大約十個星期當中，和謝默夫碰了五次面。這種緊湊步調史無前例。雖然他偏好面對面碰頭，謝默夫曾經一度發出訊號，他要採用一種特殊的即時祕密情報交換點放置包裹，ＣＩＡ在很短時間內就取走。羅夫看到第一個暗號，再等待第二個就知道包裹已經到位，然後他才在晚間出門散步。他取得謝默夫留下的包裹後原封不動，第二天上午帶到站裡。其中有一份謝默夫寫的行動紀錄，塞在約兩英寸高的一個小玻璃瓶裡，再以軟木塞閉上。羅夫以為謝默夫特別小心，把字條放在瓶裡是為了保持它不受潮、不沾水。其實，謝默夫另有深意。瓶子的標籤說它內含五十顆用纈草製成的鎮靜劑，是一種舒緩神經的草藥。他的意思是告訴羅夫，一切進行順利，不用擔心。當時莫斯科站裡沒有任何人讀出他的含義。

大日子終於到來。謝默夫應該要檢查莫斯科市某根電燈柱，找出ＣＩＡ留給他一切準備妥當、可以行動的訊號。他和歐兒佳坐車到指定地點，小心地四下打量，不讓人覺得他們緊盯著每根電燈柱。他們到站下車後，才發現所有的電燈柱因為一項營建工程施工而統統拆了！

歐兒佳問他：「我們現在該怎麼辦？」

謝默夫當機立斷：「走，到此地步，我們再等下去的危險會大於放手一搏。」

偷渡計畫安排的是要他們搭火車到列寧格勒和芬蘭邊界之間某一僻靜的森林地帶，ＣＩＡ會在這兒把他們藏在一輛汽車中偷渡。這一天是一九八〇年五月十七日。這項作業高度敏感。白宮知道這件事，但是指示葛伯不要告訴當時的美國駐莫斯科大使小湯瑪士・華生（Thomas Watson Jr.）。假如事情搞砸了，ＣＩＡ要擔起全部責任。不過，莫斯科站人人都知道這件事，所有的ＣＩＡ人員全都參與了這一複雜的行動。

羅夫希望那個星期六在站裡留守，等候第一線報回來的消息。但是葛伯認為沒有必要。他也不想打草驚蛇，讓KGB起疑是否有任何不尋常的活動。葛伯告訴值班的通訊官，他在等候某項行動的訊息。如果通訊官獲報行動成功，請在紙上寫個大大的「1」字，貼在通往莫斯科站內門、也就是有密碼鎖、像銀行金庫那道門上。他說，行動如果失敗，就寫個「0」。

星期六傍晚，葛伯進入大使館，表面理由是借一卷錄影帶回家觀賞。他打開莫斯科站的外門，朝內門望了一眼。

門上貼了大大一個「1」字。謝默夫偷渡成功！「CK烏托邦」逃亡成功！甚且，謝默夫留下混淆KGB的跡象。一連好幾個月，KGB以為他和家人遭人謀殺，可是又查不出證據。

羅夫這項作業行動為時甚短，但是十分成功。幾個月後，羅夫回國述職，他和謝默夫在維吉尼亞州北部某間安全屋碰面。兩人相互擁抱。謝默夫告訴羅夫：「我們雖然碰面幾次，我心裡總是不踏實，不敢確定你是否真的是CIA人員。讓我放心，接受你是CIA、而非KGB的一件事，是你拿那些藥要我女兒試服。因為KGB沒心沒肝，他們只會給我一種藥丸，然後要我照著做就是了。當你給我五種藥試服時，我曉得我是和有人性的組織合作。」

現在，羅夫準備接手一個任務——阿多夫．托卡契夫。

第十一章
隱形人

一九八〇年十月十四日下午，羅夫步出莫斯科站，回家去。一小時後，他和太太盛裝出現在大使館大門，一副要去參加晚宴的模樣。一名蘇聯民兵在大使館外崗哨亭站崗，看著他們走進去。羅夫和太太消失在大樓裡，穿過走廊到一戶宿舍去。

門已經半開。羅夫推門進去。

他們默不作聲。這是莫斯科站技術組副組長的宿舍，他是一個精通各種間諜作業器材設備的專家，從複雜的無線電截收器到偽造文件，十八般武藝樣樣精通，還能幫ＣＩＡ人員易容化裝。莫斯科站配置兩名專家，正、副組長各一。他們和專案官員一樣，接受ＣＩＡ嚴格訓練，只是技能不同而已；他們通常不出面上第一線。

技術組組長每四天當中有三天不會被跟監，當受到跟監時，他會試圖建立相同的活動模式，ＣＩＡ情治人員認為ＫＧＢ會習以為常。他堅守非常不顯眼的例行活動，逛商店和小舖尋覓供應品，每天重覆同樣的動作。ＫＧＢ當然對他失去興趣。可是，技術組也是莫斯科站間諜行動不可或缺的單位。

羅夫進入技術組副組長宿舍後，副組長不作聲僅與他比手劃腳。兩人身高、體型相當。在一陣沉默中，羅夫開始被化妝成對方的模樣。副組長一頭蓬鬆的長髮，羅夫戴上蓬鬆的長假髮。副組長有個落腮大鬍子，羅夫也黏上大鬍子。副組長幫羅夫調整，搞定化妝，然後替他裝上SRR-100無線電截收器、天線和耳機，以便監聽KGB在街上的通訊。耳機是由瑞士助聽器公司峰力製造，是最精密的儀器。[1]

羅夫聽到走廊傳來聲響，那是剛到的技術組長，他故意大聲說話，假設KGB的竊聽器會聽到他們的對話。組長問：「嗨，我們是不是到新器材店去瞧瞧啊？」正牌副組長大聲答話：「好哇！我們走吧。」

其實正牌副組長根本沒出門。走出宿舍的，是假扮成他的羅夫。正牌副組長拉把椅子坐下來，可能要等候有好一陣子了。羅夫的太太打扮得漂漂亮亮的，也留下來枯坐六個小時。他們不能出聲，因為KGB可能正在竊聽，而他們正在執行縝密的欺敵行動。身份轉換已經開始，如果羅夫能擺脫跟監的話，他將和托卡契夫首度碰面。[2]

身份轉換的目的是要突破大使館外的監視哨，並且在KGB不知不覺下又回來。羅夫曉得KGB對這兩位技術人員不感興趣，通常他們開著淺白帶綠色的舊福斯廂型車外出買食物、花卉或汽車零件時，都不太會被注意。這一天晚上，天色已黑，廂型車開出大使館。技術組組長開車，羅夫坐旁邊。汽車窗戶髒兮兮，民兵聳聳肩，這兩個採買員又要出門了。

一到了街上，廂型車慢慢走一條不規則的路線。由於比較少受到跟監、也經常出門，所以組長對莫斯科街道都很熟。羅夫四處張望，注意是否有受到跟監的跡象。組長也是受過訓練的行家，不斷對後視鏡注視。他們注意附近車輛是否有KGB洗車場特別會洩底的三角形小塊泥汙，或有卡車沒什麼特別理由而停在路邊。KGB有許多方法混淆他們，譬如把車上的椅背放倒以掩蔽跟監的特務，或是把一輛汽車關掉一個頭燈，讓你在不同地點看到它時誤以為是另一輛車。

羅夫告訴自己，他占有優勢：他是全齣大戲的導演。只有他曉得要到何處。KGB能做的就是隨他起舞，不論他怎麼做、他們只能被動反應。正常的駕駛人不會注意這輛福斯破舊廂型車。碰上紅燈時，他們會把車子開過來並肩等候、或停在廂型車後面。羅夫要注意的是，正常駕駛人不會做的事。如果碰上紅燈，為什麼後面第三輛車要切入、躲到巴士背後？這就是異常跡象，羅夫要留意狀況，篩出異狀並做出處理。

化妝溜出大使館的把戲是欺敵，目的是在不被注意的情況下偷溜出來。但是接下來幾個小時，羅夫要逐漸展開新戰術。他會愈發明顯地玩弄跟監人員。他要試圖誘使KGB人員露出形跡。他的終極目標是「隱形」——完全甩開跟監。但是「隱形人」需要冗長、疲憊的神經考驗，他才會有機會第一次和托卡契夫面對面接觸。

要甩掉跟監人員，CIA必須像芭蕾舞者一樣機靈，像魔術師一樣使人困惑，並且像飛航管制員一樣注意力集中。羅夫曾在CIA訓練班習藝，而且他從早年擔任陸軍情報官時就曉得，吸收這些訓練的教訓、精通時間和距離感，逮到電光石火的一瞬間就立刻動作等等的重要性。羅夫也做了精心的規劃，避開莫斯科街上的熱點和隱藏的相機。有一次他展開長達四小時的躲避跟監行動，以為自己已經「隱形」了。突然間，冒出到處流竄的KGB芝格里和伏爾加汽車。羅夫咒罵自己：「我怎麼闖進了蜜蜂陣！」後來他才發現他竟然碰上了KGB訓練學校的跟監實習作業。莫斯科站在本市地圖上用大頭針貼出已知的熱點，俾能避開它們。

幾小時之前在莫斯科站裡和葛伯進行最後複查時，羅夫一一答覆路線、緊急處置——要怎麼轉彎、要在哪裡祕密停車等等。羅夫多年後還記得，葛伯把每一項行動都視同自己出馬上陣。他走過每一個最微小的細節：包括身體語言、姿態、表情和障眼法。羅夫原以為再也不會碰上另一位像哈達威那樣永不疲倦的站長，葛伯一起工作後，羅夫認為他是間諜界一個要求嚴格和精準的藝術大師。

廂型車先停在一家花店，羅夫留在車上。買花是例行動作，他們的第一個掩護點暫停，試圖誘出跟監汽車或步行巡邏小組會不小心露出痕跡。羅夫還保留著化妝，以防遭到盤問，但是他不進入花店，深怕強烈的白色燈光會暴露化妝不完美的部分，最好還是躲在廂型車那髒髒的車窗背後。

在第一個掩護點暫停有一個重要目的：必要時可以取消行動。如果有人跟監，羅夫可以在這兒叫停，回家睡覺，損失最小；KGB不會知道他要到哪裡、是否會跟間諜見面。按照經驗，羅夫曉得能在閃避跟監的初期階段發現KGB盯梢是最好的，他們也比較容易被識破。如果你看到同一輛紅色汽車三次，那就是線索。隨著時間進展，要識破KGB就更難。如果KGB起疑心，他們可以投入更多汽車、更多小組跟監，莫斯科和別的城市不同就在這兒。羅夫的優勢是只有他知道目的地，但是KGB一旦起疑，他們就會投入無限的資源追查。他們可以投入十多輛汽車跟監，讓他不會兩度看到同一輛汽車。

躲閃KGB跟監行動的第一階段通常都靠行駛中的汽車來進行，因為比較容易控制。羅夫和組長在福斯廂型車裡，有將近三百六十度的視角，可保持充分的警戒。他們可以加快速度，迫使KGB跟監者為了追上而曝露形跡。他們也可以突然來個大迴轉，假如有KGB跟監，雙方就會大眼瞪小眼了，你眼望我眼了。KGB通常派三、四組人馬跟監，因此目標是誘使他們儘早露出形跡。羅夫可以占有時間和距離的優勢。這是哈維蘭·史密斯和同儕於一九六〇年代累積的經驗。

車子開了一個半小時，夜色已經籠罩全市，羅夫心中開始盤算。他的下一步動作，取決於他至今為止所見和他的本能直覺。一般來說，如果他有百分之九十五的把握自己已經「隱形」後，才可以進入第二階段。原因很簡單：他在汽車上可占上風。若是步行、或是落單，他就有很大的罩門。羅斯知道有情治人員跨不過這道門檻。他們會自我「察覺」到被跟監，即使眼睛沒有發現什麼跡象，還是決定作罷。他們絕不會因此受到批評，它有可能是明智的判斷。決定要繼續冒險下去與間諜會面，其實更困難，間諜的性命會有風險。羅夫衡量了他在暗街上見到的一切後，有百分之九十五的把握他並未被跟監。他朝組長看一看，組長也如此認為。廂型車繼續開，羅夫迅速卸下化妝，放進地板上一個小袋子。他抓起為托卡契夫準備的採購袋，穿上羊毛外套。廂型車只停了一下下，羅夫下車、快步走開。技術組長得去找個僻靜地點藏匿這部廂型車，然後到公園去散步、喝西北風。

很快地，羅夫在幾條街之外的另一條大馬路上現身，他直接走向等候無軌電車的一群人，他從後門上了車。在別人眼裡，羅夫像一個要回家休息的疲倦工人，懶洋洋地站著，緊緊抓住把手。實際上，他注意周遭一切動靜。巴士上沒人看到，但是他耳裡有一個迷你無線電耳機，連結到截收器，大小如同一個薄香菸盒，放在裹住胸膛的棉布套裡面。項圈形的電線既是天線，也處理和耳機的連結。過去的專案官員必須相當笨拙地才能監聽到KGB通訊，而且有時候聽到、有時又漏掉。但是羅夫佩戴的是新型號，能自動掃描好幾個KGB頻道，使他能跟上KGB的步伐；他們互相交談時，他可以聽得見。缺點是儀器非常敏感，它可收聽到十來組跟監人員的靜電或刺耳的雜訊，他們可能在四分之三英里以外，可能不在跟監他、或甚至不知道他在附近。這具無線電是隱藏的精品，但它是次要的工具；它可以提供有人跟監的警告，但不能證明羅夫有沒有受到跟監。要證明這點，他即將要做的是最關鍵因素。

羅夫環視無軌電車上的乘客，仔細注意跟他一起上車的人。然後他突然擠到車門，一到站立刻下車，看看是否有人跟著下車。很好，到目前為止，一切都無異樣。

他以步行展開下一階段的閃避跟監動作。羅夫身體強健、頭腦清楚，但是他在莫斯科這一年來已學到要擺脫跟監是很累人的事。秋末的天氣陰澀、潮濕、沉重。在空氣中走了幾個小時之後，他的肺部疼痛。他嘴乾舌燥又無處可以安全落腳。每個門口或公共空間都有可能是陷阱，而羅夫曉得 KGB 經常在樓上架設望遠鏡，從不知道哪一扇窗戶後窺伺人行道和街道。他們派出數千人監視一切。

無線電截收器除了平常的啪答聲，並沒有其他聲音。來到一座小劇場，羅夫轉身，推門進去。這是他的第二個誘敵動作。他悄悄地看看牆上的表演節目單和告示。他幾乎從沒來過這個劇場。他小心注意聽無線電，沒有異樣。他的目的是強迫 KGB 跟監特務做出不尋常的動作而露餡，他才能在他們召喚增援人手、封鎖街道之前有所警覺。羅夫買了票進場，其實根本無意觀賞，不久後又出發了。真正的大戲即將上演。進到劇場短暫停留，並未發現有被跟監的跡象。

如果 KGB 盯住他的話，下一個誘敵動作一定會逼他們有所動作。羅夫避開地鐵車站——大部分車站遍布監視器——走向一家骨董店，完全不符他平常的活動。他曾經跟家人光顧一次，但他絕不會在平日的夜晚單獨一個人到骨董店。他的目的是向 KGB 攤牌，逼他們現身。

沒有任何動靜。

他又走進附近一棟公寓大樓，開始爬樓梯上樓。如果ＫＧＢ跟蹤他的話，這一定會逼他們出手伏襲了。他們不能容許他在一棟樓層很多的公寓大樓從眼皮子底下消失。事實上，羅夫根本不認識任何住在這棟大樓的人，也根本無處可去。他只是要挑釁ＫＧＢ。到了某一層，他乾脆一屁股坐在樓梯間休息。

還是沒有人從後頭追上來。

羅夫掉頭。過去三個半小時，根本不見ＫＧＢ特務蹤影。但是他還是不敢掉以輕心，又走進公寓大樓附近的一座小公園。公園裡有許多長凳，四周全是高聳的公寓大樓，因此長凳籠罩在黑暗之中。羅夫希望他出現在公園，又離住處和大使館那麼遠，會引起ＫＧＢ緊張而跳出來抓他。寧可現在和ＫＧＢ正面碰上，也不能把他們帶到托卡契夫面前。他身上沒有護照、沒有身份證明文件，但是他不怕被抓。他可以解釋為什麼出現在公園，他們拿他沒辦法。但是他絕對不能把ＫＧＢ帶到托卡契夫面前。羅夫看看手錶，離約會地點還有十二分鐘的距離。

該走了，他已經百分之百肯定。他從長凳站起來。

突然間，他耳機裡傳來聲響、再一聲、又一聲。聲音很大聲，明顯來自ＫＧＢ跟監小組。羅夫不知道為何如此。他們看到他站起身嗎？他全身僵硬、緊張、不敢亂動。有時候ＫＧＢ人員不說話，用聲音向另一人發出訊號。但是這個聲響也可能是和半英里之外別的事有關。它也可能是火腿族按錯了鈕。

羅夫經常有句口頭禪：「當你覺得自己隱形後，你就隱形了。」在他腦子裡，這句話的意思是，當你變隱形，你可以為所欲為，因為沒有人盯著你。

沒有任何動靜。沒有跡象顯示公園裡有其他人。羅夫鬆了一口氣、深呼吸。

當你覺得自己隱形後，你就隱形了！

羅夫又步行繞了會面地點一圈，仍然保持警覺是否有人跟監。會面地點代號歐兒佳（OLGA），離西德大使館不遠。他回想到六個月前第一次和謝默夫會面，在遊樂場沙地遇見兩名民兵虛驚一場那一幕。但是他看不到異樣。羅夫覺得這是理想的會面地點，公寓大樓較少，有些低矮的破舊車庫，街上人也不多。

然後，他看到托卡契夫了。羅夫詳細讀過整個檔案，也得到桂爾瑟提示重點。他覺得第一眼看到托卡契夫就會認出他來，也想像會有面對面的溫馨問候。但是現在羅夫走在踽踽獨行的這個人背後。他看起來像是托卡契夫。羅夫幾乎要超過他了。此人有點駝背。原定計畫是互相打招呼，如果回答正確，羅夫就曉得他是托卡契夫。羅夫一下子不曉得該怎麼辦。他有可能認錯人，但是用暗號打招呼應該無妨。如果認錯人，這個俄國人可能會不解地瞪著他、問他說什麼呀？

羅夫從背後大聲說：「卡達亞問好！」

男子回過身，很清晰地回答：「波里斯也問好。」

這就是暗號。羅夫微笑看著托卡契夫，伸出手。托卡契夫伸手相握。他穿黑色夾克、戴頂帽子，似乎比羅夫所預期的要矮，身高不會超過五尺六寸。他的臉飽經風霜、鷹鉤鼻，但是羅夫注意到鼻樑上方有個凹陷。羅夫看看手錶——晚上九點整。這是托卡契夫第八次和ＣＩＡ

人員碰面。

羅夫曉得這一刻他最重要的目標是讓托卡契夫對他有如桂爾瑟般的信賴感。他務求第一次的談話溫和而可靠，交給托卡契夫他在莫斯科站細心擬妥的行動紀錄。[3]他立刻注意到，托卡契夫面無表情，並未有什麼情緒性反應。

接下來，羅夫傳達幾個好消息：托卡契夫六月份書面陳情，要求發給自殺藥丸，這項「特別要求」ＣＩＡ已經核准。葛伯對蘭利強力進言：「我們絕對不能做的是讓這個狀況主導行動作業。不妨說我們擔憂批准給予特別要求的時間拖得愈長，上述的狀況就愈是我們需要去面對的結果。」[4]聽到這個消息，托卡契夫終於像是鬆了一口氣。羅夫說，他將在下次會面時交給他藥丸。ＣＩＡ可以把藥丸藏在鋼筆或托卡契夫口袋裡經常帶的某樣物品裡。莫斯科站曾經苦思如何藏匿藥丸。它必須理想到永遠不會輕易被察覺，可是又方便攜帶、在緊急狀況派上用場。當羅夫問起如何藏匿時，托卡契夫回答無所謂，他沒有什麼偏好。羅夫在行動紀錄中寫說：「我只能希望（自殺藥丸）它能平復你的心情。」[5]羅夫在行動紀錄中也列舉一些問題，請托卡契夫提供答案，以便規劃偷渡行動，譬如衣服、鞋子大小型號，他和家人有何藥物需求，他們若是度假、可被允許到哪些城市等等。

托卡契夫表示抱歉，夏天時不穿大衣，他很難把文件偷帶出研究中心。自從六月份和桂爾瑟會面以來，他只拍了二十五卷底片。他把它們交給羅夫，另外附了一封九頁的信。

托卡契夫仍然很擔心資料室借閱申請單，上面證明他借出許多絕對機密文件。他知道這會使他入罪，因此他有個新點子。原先，他建議ＣＩＡ偽造大樓出入通行證，以便避開安全程序。現在他想，ＣＩＡ是否也能偽造他的資料室借閱申請單，只留下少許他的簽名？他可以設法狸貓換太子掉包。托卡契夫交給羅夫一些圖形、備註和一張照片，協助CIA造假。

時間滴答過，但托卡契夫還有話說。他告訴羅夫，他買了一輛汽車，一輛赭黃色的小型芝格里汽車，仿自義大利飛雅特的蘇聯國民車。托卡契夫說以後會面可在車上密談，或許可以說更久而不會被發現。誰會懷疑兩個朋友坐在一輛汽車上呢？托卡契夫簡要地告訴羅夫，他還是不高興CIA給他的錢，表示他以後寫信再談。然而，他在交給羅夫的信裡提醒CIA，他的耐心十足。他寫說：「我只希望再次提請注意，你們那邊逐步和拖延處理財務問題，並未影響我和你們合作的一般進程。」

會談已過十五分鐘，托卡契夫還有一項要求。他交給羅夫一張紙。羅夫一瞧，英文大寫字母的一份清單：

1. 齊柏林飛船
2. 平克．佛洛伊德
3. 創世紀樂團
4. 亞倫派森實驗樂團
5. 愛默生、雷克與帕瑪
6. 尤拉希普樂團
7. 何許人合唱團
8. 披頭四
9. YES樂團

10. 瑞克威克曼
11. 拿撒勒
12. 艾力斯庫柏

托卡契夫要求CIA替他兒子歐烈格弄到搖滾樂唱片。雖然他明顯地不曉得它們究竟是什麼，但是他手抄下這些名字。托卡契夫寫說：「我兒子和他的許多同學一樣，熱愛西方音樂。儘管我年歲大，我也喜歡聽這種音樂。」他說，這些唱片只能在黑市買得到，但是「我不想到黑市買，因為你總會遇上不可預料的情況」。他又說，這份清單顯示「我兒子的品味」，但是他想要「西方最流行的樂團、包括美國樂團的作品」。[6]

羅夫為了會面之前在公園聽到的聲響相當緊張。他曉得他和托卡契夫會面時間並不長，但還是決定儘早結束。托卡契夫並不反對。他們握手、話別。羅夫快步離開。夜已深，街上人不多。羅夫回到停妥的福斯廂型車，它已在會合點等候他。技術組長也經過一番閃避跟監行動才到達定點，以確保KGB沒有守株待兔。一進到廂型車內，羅夫也不作聲，只舉起大拇指。組長掏出兩瓶啤酒，一人一瓶，略表慶功之意。天氣很冷，啤酒已幾乎冰凍。他們打開酒瓶，而羅夫已在街上遊盪好幾個小時，口渴至極，兩三下就喝完冰冷的啤酒。他立刻裝上假髮、假鬍子，兩人開車回大使館。身份轉換欺敵戰術的最後階段也很重要：他們必須封死一切漏洞，在不被人偵知的情況下回到大使館內。門口的蘇聯民兵瞧都不瞧他們一眼。大門一開，羅夫任務完成。

稍後一會兒，守衛亭的蘇聯民兵註記，大衛．羅夫和太太離開大使館的晚宴回家去。

第十二章
滿足對設備與渴望的要求

托卡契夫終於即將拿到自殺藥丸。它在十月份會面之後幾個星期，透過正常的安全郵包送到莫斯科站，大小有如一個雪茄盒。羅夫打開它，裡頭是一支裝了L藥丸的鋼筆，固定在切成手槍狀的保麗龍填充物裡。[1]

他小心翼翼地檢查了鋼筆，然後放回去，把盒子鎖進檔案櫥裡。不久，蘭利送來俄文說明書，說明如何從鋼筆內取出脆弱的膠囊和「服用」。[2]

在關係緊密的莫斯科站裡，大家都會互通消息、充分交換意見。在站長葛伯的小房間裡，他們會討論閃避跟監的行動計畫，以及上個週末去勘察的新會面地點。有時候他們在黑板上繪圖，或演練如何以俄語與間諜通電話。在重大行動之前，太太群也會進入這個擁擠的莫斯科站，坐在桌邊或地上，協助檢查化妝和裝備，檢視地圖和路線。

羅夫告訴大家，托卡契夫代他兒子索取西方搖滾音樂，他們都點頭了解。他們在莫斯科到處都看到——年輕人渴望來自西方的消費性商品：音樂卡帶、雜誌、指甲油、拍立得相機、Scotch 膠帶、有英文字母的恤衫、平領口毛衣、慢跑鞋，以及無數他們在蘇聯境內找不到的東西。[3]托卡契夫也索取西方音響器材的型錄。為什麼不給他呢？對於交出極大量價值連城情報的一名間諜，這似乎是微不足道的小惠。但是葛伯很小心，沒有立刻答應。假設在絕對機密的蘇聯軍方研究機構擔任主任設計師的托卡契夫，被鄰居看到拿著英國尤拉希普搖滾樂團的唱片，別人會怎麼想？假如在他公寓發現唱片，會有什麼後果？會不會啟人疑竇？

羅夫向蘭利報告，「突然擁有」唱片可能引人側目，引致「很不自然的解釋」。他說：「我們曉得他所要求的這一類唱片在莫斯科（黑市）偶爾也買得到，只是價格一般都不便宜。如果我們知道他兒子已經蒐藏了不少，再加幾張（歐洲樂團）作品，可能不會有害處。然而，我們不能成為他兒子唯一的供應來源。」他又說，音響器材型錄或許比較容易藏，但是「他兒子會如何處理這些天外飛來的禮物，我們根本不清楚。」托卡契夫接下來會不會要求ＣＩＡ送他唱盤和揚聲器？為了L藥丸弄得彼此不愉快，大家都還記憶猶新。莫斯科站不想拒絕托卡契夫如此單純的要求，但是他們關心他的安全。他們決定暫時擱置，等十二月份會面時再告訴托卡契夫他們的顧慮，也問問他打算如何處理和收藏唱片？他們認為，如果托卡契夫能有一台卡帶錄音機，ＣＩＡ可以提供音樂卡帶，會比較難追查來源。[4]

日復一日，托卡契夫把他的賓得士相機夾在椅背拚命拍攝文件。他在十月間交給羅夫的那些三十五公厘底片，共有九百二十張照片，包含八百一十七頁文件。不久，ＣＩＡ在其情報服務對象——主要是空軍、海軍、國家安全局和國防情報局的慫恿下，力促莫斯科站多挖一些情報。一九七九年托卡契夫和桂爾瑟會面時，曾交出ＲＰ-23雷達計畫的五塊電路板，以及附帶的原理圖。這些原理示意圖緊急送到蘭利進行翻譯，電路板則送到別的單位檢查和分析。

現在，時間來到一九八〇年秋天，蘭利要羅夫再向托卡契夫要求電路板或其他電子儀器零組件。羅夫認為，軍方開始得隴望蜀，貪得無厭了。他擔心他們太貪婪，可能危害到托卡契夫的安全。羅夫一向尊敬托卡契夫辦事情方法的邏輯：拿到文件，同一天就歸還。只要文件安全歸檔，沒有人會起疑心。但是硬體就不一樣。假如一塊硬體不見了——它可不能複製——肯定會引起內部調查。美國軍方要求電子及其他零組件，極有可能會壞了大事。

葛伯抗拒蘭利建議要把一份電子零件的需求清單交給托卡契夫。他上報告說，只因為托卡契夫「過去曾經交出一塊實體材料，並不代表我們知道他能否持續接觸、是否有能力安全拿走這些東西，或是其中涉及的風險程度」。葛伯又說，如果他們催促托卡契夫交出更多零組件，「他可能覺得我們在壓榨他，因此變得更加需索無度或更難打交道」。葛伯也懷疑，托卡契夫可能變得不小心，冒險去偷更多電路板而危害到本身安全。「有了一張明確的需求清單，『CK球面』是個會以顯見又危險的不安全手法去取得東西的人。」葛伯建議在下次會面時直接問托卡契夫，他是否能接觸到電子物品。葛伯特別強調：「我們認為最重要的是，確保（托卡契夫）不會傷害到自己的安全。」[5]

一九八〇年十二月八日，星期一，晚上八點二十五分，羅夫前往托卡契夫公寓附近的莫斯科動物園裡一座公園去見托卡契夫。托卡契夫步行上班時，經常會穿越動物園。他們前幾個月就排定這次會面日期，雖然超級大國的敵意近來似乎又告上升，羅夫還是希望按照原定計畫。十一月四日，雷根當選為美國第四十任總統。十二月初，傳出蘇聯可能入侵波蘭而引發一場虛驚。最後，蘇聯部隊沒有跨越國境，但是莫斯科站受到KGB嚴密監視。羅夫堅持照樣會面。葛伯只交代他一句話：「小心，別出差錯。」

當天夜裡，公園看來似乎空蕩蕩沒什麼人。羅夫打算比十月的匆匆會談花更多時間和托卡契夫溝通。羅夫隨身帶了一個購物袋，和街上的任何俄羅斯人一模一樣，裡面的東西包得就像莫斯科市民日常出外搜尋、採買的食物和商品。

托卡契夫似乎很輕鬆。兩人像老朋友般在公園裡散步。羅夫小心地聽他的 SRR-100 無線電，注意是否有人跟監，但聽不出任何異樣；他眼睛掃描公園，看看有沒有人注意他們，但是似乎也相當平靜。公園離托卡契夫住的公寓大樓很近，羅夫可以看到它矗立在樹林後方。

羅夫從購物袋裡掏出包好的鋼筆，交給托卡契夫。裡頭是L藥丸和說明書。他說：「這是你要的東西。」他覺得沒有必要再次強調，他希望托卡契夫不需要用到它。托卡契夫似乎很高興終於得到他要的自殺藥丸。羅夫請他改天檢查一下偽裝，再告訴CIA他是否希望不是鋼筆型的。

CIA技術處花了好幾個月時間，為托卡契夫複製資料室借閱申請單和大樓進出通行證。羅夫交給托卡契夫贗品，這是根據托卡契夫十月份提供的圖樣和照片仿製的。天色太黑，無法細看，羅夫請托卡契夫帶回去細看以後再回報。CIA仿製的資料館室借閱申請單，上面只有托卡契夫少許簽名。大樓進出通行證贗品沒有那麼急迫，但是羅夫還是希望它或許可以派得上用場。他也記得為托卡契夫的賓得士相機帶來電池，在莫斯科很難買到鈕扣型電池。托卡契夫顯得很高興，羅夫覺得他的反應充分反映出這個人的特質。托卡契夫決心盡最大可能多拍文件，這些電池讓他可以持續努力拍照。

為托卡契夫安全著想，羅夫提議若干新作法。他說，在計畫碰面的當天，托卡契夫必須在中午十二點十五分至下午一點之間，打開公寓廚房的燈，表示他已經準備好了。莫斯科站會派人——或許就是某位情治人員的太太——檢查暗號。這個以SVET命名的代號，意即「燈光」，從街上就看得清清楚楚。如果燈光不亮，CIA官員就不會來見面。羅夫也給托卡契夫每月一次「緊急呼救」的新計畫，只用在絕對必要時要求即刻會面。這還是很危險的舉動，但托卡契夫若有緊急發展或面臨實質威脅，或許就值得冒險相會。羅夫也建議在動物園附近一家市場建立訊號點。當托卡契夫的汽車在某個事先約定時間，停在約定的某一位置，就代表他預備要會面。

羅夫第一次向托卡契夫描述CIA特工傳訊器材狄斯卡的能力。他說明這個手持裝置可以使他們在街上相距數百英尺仍可以傳送訊息。人們可以不用說話、也不必親自碰面就可以傳送情報，托卡契夫很高興有機會試用它。羅夫說他會設法在下次會面時，準備好狄斯卡。

他們步行時，羅夫問托卡契夫，他是否能再拿到類似一年前交給桂爾瑟的電路板或電子零組件。是否有可能？是否安全？羅夫以為他會排斥這個要求，不料托卡契夫反而很坦白地說是有這個可能的。他問羅夫，CIA能準備一份清單嗎？其實羅夫口袋裡已經有了——CIA在前幾個星期已經送來莫斯科站——當下就把它交給托卡契夫。羅夫沒有要他當場查看，天色太黑，根本看不清楚。

羅夫接下來跟托卡契夫提起CIA對搖滾樂的顧慮；措詞很小心，不想引發他的怒氣或失望。羅夫說，如果唱片被發現，深怕會給托卡契夫帶來麻煩。他要怎麼解釋呢？它們能在黑市買到嗎？你準備把它們放在哪裡？你會藏起來，以免來到家裡的朋友或訪客看到嗎？你兒子的朋友會東問西問嗎？

托卡契夫變得很有活力，兩眼閃爍著自信。他告訴羅夫，沒問題，他可以解釋公寓裡為什麼會有這些唱片。他說，莫斯科的黑市都買得到，但是他個人不願意到黑市去買。托卡契夫告訴羅夫，必要時是音樂卡帶也行，他已經有一台日本日立牌卡式錄音機，大約三年新，是他在委託行買來的——委託行是人們出售二手貨的商店，通常買賣衣服、但偶爾也買賣電器品。

時間已晚，托卡契夫交給羅夫一封手寫的十頁長信，在信中他提議把報酬問題說清楚、講明白。[6]

最後一分鐘，羅夫想起蘭利有個急迫問題。一九八〇年八月，美國公布已經握有「匿蹤」技術，飛機幾乎可以不被雷達偵測到。托卡契夫知不知道蘇聯對美國的「匿蹤」飛機有什麼反應？蘇聯是否也有匿蹤飛機？托卡契夫說，他曾經聽說「匿蹤飛機」，但不知詳情，他不願意交給羅夫他沒有把握的資訊。

他們已經散步了二十分鐘。羅夫又從袋子裡掏出兩本薄薄的俄文書，是ＣＩＡ送給托卡契夫的新年禮物。一本作者是托卡契夫素來敬佩的核子物理學家、異議人士沙卡洛夫。另一本是著名的蘇聯雷達和電子儀器設計師安納托利・費多士耶夫（Anatoly Fedoseyev）的作品。費多士耶夫研發，用在陸基雷達上的真空管，正團團保護著蘇聯。他得過國家最高勳獎，包括社會主義勞動英雄和列寧獎。他在一九七一年五月以蘇聯代表團高階團員身份出席法國巴黎航空展時，投奔自由到英國。他對蘇維埃制度的幻滅，可以說和托卡契夫不分軒輊——感嘆物資短缺、機能失序、社會主義失敗。費多士耶夫寫了一本名為《陷阱》（Trap）的書，敘述這一切，現在羅夫把它交給托卡契夫。

沙卡洛夫從意識型態上叛離蘇維埃體制。費多士耶夫則身體力行，投奔自由。托卡契夫也以他的方式反叛，從內部重重打擊蘇聯。

托卡契夫感謝羅夫，但聲音已顯疲弱。夜已深，兩人握手道別，他旋即消失。[7]

ＣＩＡ總部在一九八一年初也出現重大轉折。雷根上台後，決心要ＣＩＡ有積極作為，以展現他強硬對抗蘇聯的工具。和卡特時代的疑慮不安大不相同，雷根的世界觀是毋需解釋的實力主義，植根於深信美國例外主義，如同他所經常宣示美國是「地球上人類最後的最佳希望」。雷根對於在全球各地冒性命之險捍衛美國的人——陸、海、空軍子弟和情報人員——具有特別的神祕情感：如同美國航空先驅杜立德將軍在一個世代之前所說，他認為在面對極權暴政時，值得冒一切危險去捍衛自由。雷根挑選紐約律師、共和黨要角威廉·凱西（William J. Casey）出任中央情報局局長。凱西於第二次世界大戰期間在戰略情報處服務，任職於倫敦；他在尼克森政府擔任證券交易委員會主席，又是雷根一九八〇年總統選戰的競選總幹事。凱西略為駝背，有幾縷白髮。他說話經常口齒不清、很難聽懂。但是他對該怎麼做事，有很堅定的信念。他奉派出任ＣＩＡ局長，預示美國政府希望其間諜工作更大膽、更有前瞻性。譚納尋求最小化風險，凱西卻樂於冒險；譚納不相信人力情報，凱西卻要求吸收更多間諜。[8] 凱西也和雷根一樣，對蘇聯共產主義深惡痛絕，這一信念主宰了他的思想、也驅動他的判斷。

一九八一年一月十五日，雷根宣誓就職總統的五天前，華府天寒地凍。這一天上午，即將卸任的ＣＩＡ局長譚納來到白宮對面的布萊爾國賓館，拜會下榻於此的雷根。接見他的三人是雷根、副總統老布希——他也是譚納之前的ＣＩＡ局長——以及凱西。譚納在這個場合進行他最後一次的情報簡報，向新任總統報告美國最保密、最敏感的情報機密。譚納的報告說道，在阿富汗境內有一項祕密行動計畫，支持反抗蘇聯駐軍的鬥士。他也敘述美國海軍潛艦，如何祕密竊聽蘇聯的海底通訊電纜，這些都是非常大膽的行動。但是他向雷根報告，真正的瑰寶是有個間諜潛伏在蘇聯軍事研究機構之內。他不僅提供目前蘇聯雷達和航空電子儀器能力的內部文件，也透露未來十年的研發計畫。他的名字為阿多夫．托卡契夫，他的情報價值高達幾十億美元。[9]

兩個月之後的一九八一年三月十日，那輛破舊的福斯廂型車又隆隆作響開出莫斯科美國大使館，羅夫再度化妝躲過民兵。他這回要和托卡契夫會面的行動極端敏感，因為他帶著CIA電子通訊儀器狄斯卡。羅夫可不想被KGB逮到他身懷狄斯卡；他也絕對不願KGB碰觸它。一連五十分鐘，他在城裡鑽進鑽出，坐在車上很小心注意是否遭到跟監。羅夫從無線電中聽到KGB某些通訊，但它們似乎和他無關。他旋即卸下化妝，下車，在街上逛了一個小時，耳聽四面、眼觀八方。完全沒有遭到跟監的跡象。晚上九點零五分，他來到代號安娜（ANNA）、位於一座公園內的會面地點，看到托卡契夫站在公共電話亭邊。他和托卡契夫邊走邊談，隨機地選擇穿過公園的小徑。有幾個人在溜狗和散步，但沒有人注意他們。[10]

羅夫告訴托卡契夫，CIA已經接受建議的酬勞方案。已經定案，不再有問題了。托卡契夫似乎很滿意，不再提它。

托卡契夫說，CIA偽造的資料室借閱申請單非常棒。他已經以假換真成功調包，但是大樓進出通行證還是不行。顏色不對；派不上用場。套子和有他照片的內部，材質不同，CIA的仿製品沒搞對。他們也沒有妥當地複製內頁有波紋的顏色。

羅夫交給托卡契夫一個包裹。他說，你會看到裡面的一個電子儀器狄斯卡。羅夫強調，要很小心，先讀懂說明書才使用它。羅夫又叮嚀一句：「讀懂說明書喔。」托卡契夫說他知道了。羅夫強調，只有在需要傳送緊急訊息、不能等到下次預定會面的狀況下才能用狄斯卡。羅夫試圖讓語氣顯得樂觀、有信心：他說，或許在夏天我們不常會面時，你可以用到它。[11]

羅夫沒有告訴托卡契夫，其實他和葛伯嚴重懷疑狄斯卡究竟有沒有用。莫斯科站執行間諜任務有一個最基本原則：沒有確切的理由，就不要去執行任務。上層要求狄斯卡被用在任務活動中，但目的是什麼？托卡契夫最大的價值是他複製數千頁的文件，不是發個短促的電子訊號。而且，ＣＩＡ根本沒有時間訓練托卡契夫，或是和他一起練習使用這個裝置。[12]

葛伯和哈達威為了狄斯卡往返爭辯了好幾個月。哈達威對此是個頑固的支持者。ＣＩＡ在華沙的重要間諜雷札德．庫克林斯基（Ryszard Kuklinski）拿到比狄斯卡較早版本的伊斯克拉（Iskra）。儘管出現故障，庫克林斯基利用它在一九八一年一月向ＣＩＡ示警，指出波蘭軍方已為實施戒嚴擬定計畫。哈達威拍了賀電給華沙站：「我希望今後源源不斷還有許多情報由此而來。」後來庫克林斯基第二度傳出訊息，蘭利給華沙站的電文提到，這位間諜「顯然喜歡他的新玩具」。[13]

哈達威認為托卡契夫也會喜歡它才是。使用科技進行祕密通訊是ＣＩＡ總部行動部門人員普遍的夢想。他們一直努力突破ＫＧＢ監視能力的極限。以祕密通訊而言，有時候運用先期版本的科技，以狄斯卡來說，其基礎觀念就是另一方沒料想到會存在的科技，就是最祕密的科技。[14]

但是葛伯認為事情沒有這麼簡單。莫斯科站專案官員受到的監視遠比華沙站同仁來得嚴密。為什麼要讓第一線人員忙了半天，只為了收到「哈囉，一切都很好」的訊息？

儘管有疑問，莫斯科站還是遵守哈達威的要求。現在，狄斯卡已經交到托卡契夫手裡。羅夫也給了他四十二顆二號電池。

托卡契夫交給羅夫從上次會面以來他拍攝的五十五卷三十五公厘底片。他告訴羅夫，等到六月他或許還會有五到十卷的成績。到了夏天，他沒辦法以大衣為掩護在午餐時間夾帶文件外出拍照，生產量不會太多。另外，他也計劃休假一個月。

羅夫曉得，托卡契夫計畫替ＣＩＡ偷竊的文件，大半都已交卷，遠遠超過他本身規劃的七階段、十二年時程進度。[15]但是托卡契夫達到這一階段時，蘭利的胃口卻越來越大。他們似乎希望托卡契夫每次都能交出五十至一百卷底片。羅夫對於這種要求感到氣憤，但卻看著事情正這樣發展著。托卡契夫的材料在蘭利是無價之寶，可都是「定期上繳」——證明ＣＩＡ的作業預算用得合情合理——也協助ＣＩＡ滿足「客戶」的索求。因此蘭利很自然就得寸進尺。他們只知問說，**他還能再搞到一些東西嗎**？羅夫覺得托卡契夫單槍匹馬建造了紐約布魯克林大橋，現在蘭利又希望他再造一座舊金山金門大橋。然而，羅夫身上還是帶了蘭利傳來的一封信，列出有關蘇聯武器系統四十五道問題，範圍極為廣泛。他把它交給托卡契夫，希望下次見面時能有答案。

托卡契夫告訴羅夫，L藥丸藏在鋼筆裡，沒問題，不需要更改。

羅夫注意到托卡契夫和他打招呼時，比以前親切。他們在公園碰面時，會親切地緊握彼此的手臂。托卡契夫滔滔不絕。他說，他家人和工作都很順利。羅夫心想，他大概是開始信任我了。

蘭利指示羅夫避免提到偷渡行動。他們希望托卡契夫留在蘇聯愈久愈好。但是托卡契夫可沒忘了這個構想。他提出一個瘋狂、夢幻主意，徵詢羅夫的意見。羅夫聽了，簡直不敢置信。托卡契夫說：「現在，或許你們可以派一架專機飛來接我，你們可以把它停在靠近樹林的某個地方，我們家人從樹林裡跑出來，登上飛機，就走啦！」羅夫心想，這完全脫離現實。這兒可是武裝戒備森嚴的蘇聯耶！哪有美國間諜飛機能成功溜進來，還載著托卡契夫一家人遠走高飛的可能！但至少托卡契夫跟他提了，顯示他也是個凡人。

羅夫又伸手從袋子掏出給托卡契夫的最後一包東西，那是他所要求的七個西方音樂卡帶。CIA在東歐買了卡帶，它們才不會露餡。托卡契夫興奮極了。他們的談話只有十五分鐘，但是羅夫已經覺得好像已經談了一個小時。他們講好，等托卡契夫過了暑假回來，秋天再見。托卡契夫交給羅夫手寫的七頁信。

托卡契夫再次消失在夜色中，而羅夫又扮成亂髮蓬鬆的技術員坐在福斯廂型車乘客座回到美國大使館。

次日，羅夫把會面經過向蘭利報告。他覺得他非常有必要強調，當托卡契夫談到音樂時兩眼發亮，以及為什麼這件事對整個行動很重要。他寫說，「很有意思、也充分流露真情」，當話題轉到西方音樂時，托卡契夫從他平常不帶感情的舉止完全變了。羅夫報告說：「他對音樂的興趣和他兒子對它們的喜愛息息相關。雖然肯定沒到癡迷的地步，他的要求能夠實現，的確讓他極為振奮。我的印象是，身為父親，他未必能滿足兒子的一切需求，而今透過這個管道，他有機會可以做到以前辦不到的一些特殊事情。」羅夫說，如果CIA能在這方面協助托卡契夫，「提升雙方關係」的機率很大。托卡契夫很興奮，還請CIA提供「卡帶裡每一首歌的英文歌詞」。羅夫承認，「這實在是不尋常的要求，的確不正統」，但是他說，托卡契夫提出要求時「一本正經、十分認真」，執行起來應該也沒太多風險。[16]

托卡契夫在他手寫的信中道歉，他沒辦法取得更多雷達器材的電路板或電子零組件：找不到；而且即使有的話，要拿到它們的風險也太大。

羅夫覺得他有責任為托卡契夫向蘭利解釋，就像桂爾瑟支持托卡契夫那樣。面對蘭利不斷要求更多產出的要求，羅夫向他們反映，托卡契夫不是拿著賓得士相機的機器人。他是個覺得孤獨無依的人，經常需要抒發他的情緒並得到回報。一九八一年四月二日，羅夫寫了一封電文傳回蘭利解釋現況。他寫說，托卡契夫「談論起他的個人要求時，出現明顯的挫折和失望語調」。他說，以托卡契夫的想法，如果現在CIA能把特洛培迷你相機和狄斯卡等精密科技儀器交付給他，「我們應該同樣信任他和他的責任感，譬如尊重他重視的東西、他的個人要求」。這些東西包括音樂卡帶和一副西方製供作聽音樂的耳機，托卡契夫在他的信中已提出要求。耳機和音樂卡帶並不會太顯眼；在莫斯科某些家庭已經很常見。羅夫寫說：「我們愈來愈得出一個結論，除了『整垮（蘇維埃）制度』這個動機，『CK球面』還有某些物質的動機，尤其是希望獎賞他兒子某些興趣。」[17]

他的意思很清楚：別跟價值數十億美元的間諜計較一副耳機。

一九八一年六月，一直認為科技可以在對付KGB時佔上風的蘭利，又送來另一種全新的通訊器材。它應該是比狄斯卡更好，讓CIA有了和間諜訊息來往的隱密、安全的管道。這個通訊系統可以把地面傳輸器直接連線到美國人造衛星上。狄斯卡全然是地面型工具，它只能在幾百公尺內有效，必須由人對人傳輸。但是新系統雖然笨重，卻可以從街邊把訊息直接傳到人造衛星、直接送回美國。它使用的是一九七六年發射、供船隻對岸上聯繫的美國海上通信衛星。蘭利拍發電文到莫斯科站，建議把此一先進新器材交給托卡契夫。

這個建議到達時，正是盛傳蘇聯可能入侵波蘭之時。CIA總部極度擔心在波蘭出現的新危機，可能導致美、蘇關係戲劇化破裂，甚至莫斯科站會突然遭到關閉。他們要如何保持和托卡契夫的接觸？蘭利堅持莫斯科站未雨綢繆，做好準備工作。葛伯認為美、蘇雙方不會斷交，但是他不能不理會來自蘭利堅持的訊息。

葛伯對新器材的懷疑，和他對狄斯卡的不信任一樣深厚。他回給哈達威的電報說，整個托卡契夫行動「是作為長期計畫在推動的」。未來十五個月的會面時程表已經定案，面對局勢緊張和跟監，這已經綽綽有餘。托卡契夫提供的情報「對我政府有長期利益，它不是日常的情報」。葛伯又很堅定地補上一句：「我們雖不能預測本站工作能力是否能再撐一年而不會中斷，但是我們沒有看到任何跡象顯示，入侵波蘭會導致美、蘇斷絕外交關係。」[18]

私底下，葛伯氣得冒煙。他在莫斯科有很好的人脈關係，和某個波蘭外交官經常聯繫。他有信心，蘇聯不會入侵波蘭。但是蘭利堅持他要做好準備工作，因此莫斯科站在六月二十四日擬訂應變計畫，備妥一封信給托卡契夫，在情勢需要時才交付。應變計畫是在必要時給予他此一新的通訊器材。

兩天後，蘭利又提議做個大改變。他們十分熱衷於此一新的通訊器材，建議托卡契夫交還狄斯卡，「不論莫斯科站存廢」，所有有關人員會面的通訊，全部採用此一衛星系統。

事實上，托卡契夫拿到狄斯卡後，一次都沒用過它。他甚至沒有發出訊號說他要使用它。[19]葛伯和羅夫立刻又向蘭利抗議。他們還是認為莫斯科站不會被勒令關閉。他們對於所有通訊都採用此一新的衛星系統持「嚴重保留」態度，因為這種器材在莫斯科連一次測試成功都還沒有。曾做過兩次測試，全都失敗。他們也指出，何況要拿回狄斯卡也不是那麼容易。他們不能打電話到托卡契夫家，吩咐他帶著狄斯卡出來碰面。葛伯和羅夫很不痛快。他們說，托卡契夫默不作聲可能就是因為他遵循原先的指示，只有在緊急事故時才使用狄斯卡。他們寫說：托卡契夫「是個很聰明、足智多謀的人，非常了解頻繁接觸和不必要的行動風險」。他現在就是小心謹慎、不輕舉妄動。後來就跟原先說要送來新系統一樣事出突然，忽然間這套新的衛星通訊系統又說不來了，它幾度測試都失敗。莫斯科站向蘭利報告：我們對於這套新器材是否適合托卡契夫「愈來愈不樂觀」。更不用說，它似乎根本不靈光。[20]

蘭利沖洗托卡契夫在公園裡交給羅夫的五十五卷底片時，發現有六卷空白。它可能是故障；羅夫不想拿這個問題去煩托卡契夫，但是提醒自己下次會面時要給他一台新的賓得士相機。[21] CIA從其他卷底片又發現蘇聯保險庫裡閃閃發亮的新瑰寶。有七卷底片記載絕頂機密的防空飛彈，代號「盲目」（SHTORA）——由於具備「先進、複雜的反電子干擾和安全操作程序」，可以「不被目標飛機偵測到」。其他卷底片則涉及雷達系統的電腦運算邏輯，並為CIA提供一套托卡契夫服務單位在一九七八、一九七九和一九八〇年收到的祕密技術報告日誌。這使得美國人可以準確判斷蘇聯軍事高科技的狀況。[22]

這位億元間諜再度建功。

CIA總部寄給莫斯科站一副德國製耳機、音響型錄，以及埃利斯·庫珀、拿撒勒樂團和尤拉希普樂團的唱片。

第十三章

歷史的糾纏

他的親朋好友稱呼他「阿迪克」（Adik）。他的眼珠是灰色的，前額天庭高大，棕色頭髮濃密，小時候打冰上曲棍球受的傷讓鼻樑隆起彎曲。他身高約五尺六寸。對於認識他的人來說，托卡契夫似乎很沉靜。他喜歡修理電子產品，用雙手製作東西，拿著烙鐵或木板，修理無線電收音機，或敲打框架。托卡契夫相當沉默寡言，從來沒跟兒子說起他的工作，也不曾帶兒子到辦公室參觀。

但是，內心裡頭他一點都不平靜。他掙脫不開蘇聯歷史黑暗的一章，他一心一意要復仇。[1]

一九八一年，托卡契夫五十四歲，有高血壓，因此相當注意健康，春、夏、秋天慢跑，冬天滑雪。他很少喝烈酒，根據他寫給ＣＩＡ的信，通常黎明之前就會起床，尤其在漫漫長冬更是如此。每隔一天，他會早上五點起床，如果不下雨或是沒那麼冷就外出跑步。通常他搭電梯下樓，推開大門，進到樹蔭夾道的起義廣場（Ploshchad Vosstaniya），這是紀念推翻沙皇帝俄、以及後來布爾什維克革命的廣場。日復一日，他循同一條路線跑步：他先越過廣場，跑向通稱「花園圈路」（Garden Ring Road）的林蔭大道，然後右轉往美國大使館跑過守在大使館門前的民兵崗哨，再一個右轉到一條小巷，也就是三年前他藉著一座俄羅斯東正教教堂暗影掩護，把信交給哈達威的地方。[2]托卡契夫對這些街道十分熟悉；他已經花了好幾年功夫在這兒散步、跑步，搜尋掛美國外交官車牌的汽車，盼望透過打開的車窗塞進一封信。

托卡契夫在寫給ＣＩＡ的一封信裡，自稱是上午型的人。他寫說：「你或許也知道，有時候人的個性可分為兩種類型：『雲雀』和『貓頭鷹』。第一種人早晨早早就起，但夜色稍晚就睡意上身。第二種人恰恰相反。我屬於『雲雀』型；內人和兒子屬於『貓頭鷹』型。」

托卡契夫說，通常在慢跑之後，他叫醒太太和兒子，為他們準備早餐。娜妲莎在研究中心的天線部門上班，是個體格魁偉的女人，通常在托卡契夫之前就出門，以便趕上巴士。托卡契夫喜歡穿過小街，步行上班。

他們的兒子長得很快，個頭比父親足足高出五英寸。歐烈格不是叛逆型的青少年，但他的興趣比較傾向母親那一方——藝術、文化、音樂和設計，不像父親熱愛電子和工程。歐烈格唸的是側重英語教學的一家特別學校。他已經唸過吉卜林和艾希莫夫的作品，也沉迷在西方搖滾音樂當中。阿迪克雖然英文程度有限，卻也相當喜歡他兒子的音樂。他個人偏好爵士樂，在蘇聯時期它被視為有那麼一點的顛覆性。

阿迪克努力想縮短跟他青少年兒子的年齡落差。他們冬天一起去滑雪，夏天全家經常到蘇聯各地去露營。有一次他們到波羅的海海濱，還有一年到瓦爾代湖。由於保密等級的限制，托卡契夫不被允許出國旅行。托卡契夫向ＣＩＡ談到他的度假，他說：「我一向和太太、兒子一道度假。我們通常到原始的森林地區或河邊、湖濱搭起帳篷，藉營火燒飯。今年我們也計畫帶著帳篷和背包去露營。」他又說：「我認為我對人類中存在的家庭有著正常的依戀。」

托卡契夫住的公寓是二十二層高的壯觀建築，中央大樓有個尖塔，兩側各有一棟十八層的側翼大樓。住在裡頭的名人有：曾締造飛越北極世界紀錄的米海爾．葛洛莫夫（Mikhail Gromov）；第二次世界大戰和韓戰空戰王牌喬治．洛博夫（Georgi Lobov）；將米格-15俯衝達到超音速的瑟吉．安諾克因（Sergei Anokhin），以英勇的航空先驅為人所知；蘇聯火箭引擎主要設計師瓦連汀．葛魯什科（Valentin Glushko）；以及領導蘇聯興建登月火箭（雖然沒有成功）的瓦希里．米辛（Vasily Mishin）也住在這兒。他們都是蘇聯航空和火箭的菁英人才。[3]但是，托卡契夫是個孤鳥。他告訴CIA，他曾經和實驗室的同事有社交往來，但是現在，「可能是上了年紀，這些友好的對話開始讓我疲倦，我實際上已停止這類活動。」他寫說：「過去十至十五年，我個人朋友的人數大幅減少。他們並非除役退休……但是我和他們很少接觸，偶爾才會聯繫。」

托卡契夫的公寓相當舒適，有兩間臥室和一間衛浴，還有一個小廚房。廚房門的上方有個夾層，約十三英尺長、三英尺高。他利用這個空間存放露營帳篷、睡袋和建築材料，以及CIA交給他的間諜器材。他太太比阿迪克矮個幾英寸，不那麼靈活、身高也不夠去開它，他兒子則沒有理由去動它。托卡契夫把工具放在夾層裡：一個電流表，一個烙鐵和一些電線；用於木工的則收納有他的鑽頭，木板和鋸子。公寓裡還有三個儲藏空間，都是他親手蓋的。

阿迪克三十歲才結婚，以他那個世代的俄羅斯年輕男人而言，算是晚婚。他太太當時只有二十二歲。托卡契夫告訴CIA：「我顯然屬於曾經有過愛情的一代。」[4]

阿迪克和娜妲莎生活及工作於軍事工業園區的封閉區塊之中，這裡有一大面積是政府部會、機構、工廠和測試場。托卡契夫擁有最高等級的許可，可以接觸國家機密。他們的公開行為受到蘇聯黨國體制生存之需所管治，一切都需服從中央一致的要求。白天，他們一定照規矩來。夜晚，他們個人的感覺完全不同。他們的思想受到娜妲莎童年、即史達林一九三七年大清算時期的傷害所影響，這段傷害驅使阿迪克走進間諜世界。

娜妲莎的父親伊凡．庫茲明（Ivan Kuzmin）是《輕工業日報》（Lyogkaya Industriya）的主編。一九三七年元旦，他在報上頭版登出許多美好消息，一張可能來自任何家庭、包括他自己家庭在內的照片：滿臉笑容的母親、懷裡抱著的嬰兒同樣喜洋洋、還緊抓著一具洋娃娃。他們背後是一棵掛滿新年裝飾的樹木。

這張照片投射出對未來的信心，但它是人為的粉飾太平，小孩像列寧那樣張開著雙臂。照片伴著詞藻華麗的評論，宣稱蘇聯「受到社會主義、布爾什維克黨犧牲性命的部隊和史達林的天才所指導」。[5]《輕工業日報》每天鉅細靡遺紀錄紡織業點滴，充滿來自工廠工人、廠長投稿，偶爾也刊登關於共產黨官員的內容。它們大多只是工人——通訊員的來函，寫些有關工廠的花絮短訊、改進效率的構想，以及使用科技和器械的心得。頭版經常刊登一張年輕編織廠工人和她成功故事的照片——她是如何進入工廠服務、學得經驗和技能，有一天建議一種方法，大為提升效率。當蘇聯中央計畫經濟全速推動工業化的階段，報紙混合刊登著工人的真正意見和共產黨的告誡。有一則頭條新聞標題是「執行計畫達成決定性的突破至為重要！」當黨的高級領導人或部長們發表演講時，《輕工業日報》通常在頭版披露講稿全文。第二版刊登每日生產統計表——哪個工廠生產了多少棉花、亞麻、大麻、黃麻、羊毛、絲布、皮革和其他物資。第三版幾乎全部用在刊登工人對如何增產的想法和建議。報紙後來擴大到涵蓋所有的輕工業。

當年三十六歲的庫茲明從未署名發表文章。他似乎更像一名各人之間相互競爭的仲裁者，負責挑選通訊員的報導，或許也撰寫不署名的頭版社論。他是共產黨黨員，擔任主編已經四年。報紙在一九三二年兼併紡織工人的其他刊物而成立，刊登包含紡織工人、工程師和工廠廠長在內各種人物的報導和通訊。但它還是黨國的傳聲筒。

一九三七年一月，讀者都知道要出大事了。報紙的頭版對莫斯科三大公開審判案件的第二件，有極為詳盡的報導。史達林殘酷地逐一消滅他的政敵，預示了即將來臨的大恐怖。一九三六年八月的第一件公審中，十六名被告，包括布爾什維克革命元老列夫．加米涅夫和葛里戈利．齊諾維也夫遭到控訴不忠於國家，和流亡國外的史達林對手李昂．托洛茨基勾結。所有的被告都判處死刑，並槍決處死。第二件公審集中在十七名被認為涉及陰謀的次要領導人身上。其中十三人後來被處死，其餘則打入勞改營。庫茲明的報紙刊載第二件公審所有的內容，包括盤問的全部筆錄紀錄，以及讀者們的反應。有位讀者寫說：「打倒惡棍！」另一人宣稱，「槍斃法西斯的僕人、卑劣的叛徒！這是蘇聯勞動人民一致的要求！」當被告在一月三十日定罪時，《輕工業日報》刊載裁判書全文。二月一日，報紙宣布蘇聯工人「非常滿意，歡迎對托洛茨基派此一判決」。[6]

事實則截然不同。歷史學家羅伯．康奎斯特寫說：「夜裡畏懼，白天則偽裝對此一謊言制度的狂熱，是蘇聯公民永恆的情況。」[7]「一九三六至三八年的恐怖，是唯一由政府對其人民施予幾近於毀滅性的打擊，而針對數百萬受害人的罪名幾乎毫無例外是完全捏造的。史達林個人下令、啟發和策劃此一行動。」[8]

一九三七年五月一日傳統的勞動節慶典，陪著史達林站在紅場閱兵台上的蘇共中央政治局委員們，顯得異常緊張，坐立不安。他們緊張的原因，是他們一位同僚突然失蹤了。政治局委員楊・羅素達克（Yan Radzutak）失蹤了，他是某天在劇院觀賞表演後的晚宴被捕。祕密警察把出席晚宴的每個人也統統扣押。時隔三個月，四名女士仍然穿著晚宴禮服困在牢中。羅素達克被捕後，莫斯科下一層級的黨、政菁英開始消失。康奎斯特寫說：「恐懼氣氛籠罩黨政機關。」「人們在上午上班途中就消失了。「每天都有中央委員或副人民委員（譯按：副部長），或他們的重要部屬失蹤。」[9]

整肅了黨內菁英後，肅清活動又延伸到一九三七年夏天和秋天，一波接一波的猜疑、譴責、逮捕和槍決。其中規模最大者即整肅「富農」，這些人在史達林早先推動的強迫農業集體化中失去土地，有一百八十多萬人被打進勞改營。現在，標準的八年勞改期限即將屆滿，富農很快就要回來；史達林擔心這一些滿懷忿恨和不滿的人回到老家。一九三七年七月，祕密警察下達四四七號令，訂下未來兩年大肆屠殺的模式。這份文件命令依特定族群，如「富農、罪犯及其他反蘇維埃份子」，要按配額抓人——一下子抓了成千上萬。類別的定義相當寬廣，幾乎可以適用於任何人身上。人們只要稍有言行不慎就被逮捕和槍決，因此大家對於公開場合說話特別小心；稍為偏差的評論就會被檢舉，因此而被逮捕，指控完全可以是莫須有的。各行各業，數萬人毫無原因就突然被掃蕩。[10] KGB的前身NKVD把所有的「國家公敵」分為兩類：一類是要槍斃的，另一類是流放十年的。這是最大規模的整肅群眾運動，占所有逮捕人數的一半，以及全部槍決人數的一半以上——兩年之內有三十七萬六千二百零二人喪生。[11] 行政階級遭到免職、逮捕和處決。一九三七年，主管對外貿易、國內貿易、重工業、教育、法務、河海運輸和輕工業的政府部長——正式官銜是人民委員——統統被免職和逮捕。[12] 任何人出國探親或認識海外人士，會被懷疑是人民公敵。當局經常隨隨便便就惡意按上罪名，很快就裁定處死刑。作家艾薩克・巴貝爾說：「今天，一個男人只能在夜裡，用棉被蒙著頭的時候放心跟太太說話。」他在一九三九年春天被捕，罪名是從事反蘇維埃活動和間諜，在一九四〇年槍斃。[13]

一九三七年，《輕工業日報》主編伊凡・庫茲明和太太蘇菲雅・伊芬莫娃娜・班達斯（Sofia Efimovna Bamdas）住在莫斯科市中心一條小巷子，史達羅彼梅諾弗斯基巷（Staropimenovsky Pereulok）十四號。他們的公寓與克里姆林宮步行距離約半個小時。蘇菲雅也是共產黨黨員，在原木工業部規劃司擔任小主管。她一九〇三年出生於烏克蘭聶伯河邊克勒曼楚鎮的一個資產階級猶太家庭，此地原本是猶太人流放區的一部分。[14]這座城鎮以原木和穀類出口著稱。她的父親伊芬（Efim）逃到歐洲，在丹麥經商致富。伊芬有兩個女兒蘇菲雅和伊絲斐（Esfir），兩人都住在莫斯科。

蘇菲雅在一九三七年前往探視父親，這是她終局的開端。他是資本家、又是外國人，有這種海外關係就足以引起懷疑。九月十五日，祕密警察登門拜訪，逮捕了當時三十四歲的蘇菲雅。她被指控是托洛茨基派系在原木產業潛伏的顛覆組織成員。[15]

當她被押走且大門關上時，留下唯一一名兩歲的女兒。

六天之後，祕密警察來找伊凡。他已經拒絕譴責蘇菲雅。他不在家；他們在朋友家找到他。他被帶到莫斯科惡名昭彰的布提爾斯卡亞監獄，罪名是參加反蘇維埃恐怖組織。[16]

蘇菲雅和伊凡從此再也不曾見過。她到丹麥探視親生父親，遭人檢舉。檢舉人是誰？不曉得。檢舉內容是什麼？不曉得。但是她父親是民間企業商人，又住在蘇聯境外，可能已足夠冠上罪名。她立刻遭到處決。通常是在夜裡執行死刑。

在狂熱的恐怖氛圍中，每天都有大批人民遭到判刑，有時候好幾百人被槍決。根據康奎斯特的記載，蘇菲雅被處決的兩天後，即一九三七年十二月十二日，史達林和他的總理莫洛托夫簽署了三千一百六十七人的執行死刑令之後，就去看電影。倒不是所有的死刑犯都需要如此高層領導核准；十月份某一天，祕密警察頭子尼古拉．葉佐夫（Nikolai Yezhov）和另一位官員經過一番考量後，送出五百五十一個人的名字，然後把每個人都判處死刑。[17]

伊凡被捕的憑據是「參加反蘇維埃恐怖組織」，罪名是「破壞」和不肯舉發他人。他堅定地拒絕舉發別人、也不承認有罪。一九三九年三月，他被判處勞動改造十年，已經羈押近兩年時間可以折抵刑期。他是農民之子，被送到沃爾庫塔棉花田的勞改營，此地離莫斯科有一千二百英里，位於北極圈之北一百英里。他在獄期間，不准與任何人有書信往來。

他們蹣跚學步的女兒被送進國營的孤兒院。由於有太多人被宣判為「人民公敵」，當年的孤兒院人滿為患。[18]從某個角度來說，女兒很幸運；父母親為她雇了一位褓母東雅（Dunya）。出於憐憫、也或許是恐懼，東雅在小女孩的母親被處決後，陪著她從一家孤兒院流浪到另一家收容所，一直到長大。[19]

一九四七年，伊凡從勞改營獲釋，但是他沒有立刻回到莫斯科。他深怕又遭到逮捕而到處流浪。直到史達林於一九五三年去世，他才覺得可以安全回鄉與女兒團圓，此時她已經十八歲。他們只相處了幾年。一九五五年三月二十三日，伊凡．庫茲明因「未能證明其罪名」獲得平反。但天不假年，他在一九五六年十二月十日，於莫斯科因腦疾病逝。[20]

蘇菲雅和伊凡的女兒因為史達林的血腥整肅，自幼失去父母，在她父親去世後的翌年，嫁給阿多夫．托卡契夫。娜妲莎．伊凡諾夫娜．庫茲明娜充滿強烈的情緒。她設法不惹是非，但是她的同事曉得她的感受。她閱讀被查禁的作家巴斯特納克和詩人曼傑利斯塔姆的作品。一九六二年，索忍尼辛的小說《伊凡．傑尼索維奇的一天》在文學雜誌《新世界》（*Novy Mir*）發表時，她是家人中第一個把內容給完全給讀通的人。後來，任何擁有索忍尼辛未刊印作品變得相當危險，她也毫不畏懼地在傳遞地下刊物。一九六八年，蘇聯入侵捷克後，蘇聯工作場所湧現風潮，要通過決議支持此一行動。她是小組裡唯一一個投反對票的人。套用她的主管的評語：「她沒辦法不真誠。」[21]

她的創痛，以及對蘇聯黨國體制的深度反感，也深刻引起托卡契夫的呼應。

一九四一年七月二十一日，德國轟炸機攻打莫斯科那天夜裡，阿迪克十四歲。當時的莫斯科市像個引火盒，大多是木造建築，德國飛機就投擲一百零四噸的高爆彈和四萬六千枚燃燒彈，在第一波空襲就炸死一百三十人；空襲行動一直持續到次年四月。蘇聯首都靠六百多具大型探照燈和八百多座高射砲防衛，但是只有相當原始的雷達。[22]德軍空襲顯示蘇聯迫切需要改進雷達，雷達的新興技術成為年輕的托卡契夫事業前程的核心。

阿多夫．喬治耶維奇．托卡契夫一九二七年一月六日出生於當時的蘇維埃社會主義哈薩克共和國，即今天的哈薩克。他兩歲時，全家遷往莫斯科。我們對他的雙親和弟弟所知不多，他弟弟只有十年級的教育程度，擔任鐵路電氣工。阿迪克就讀相當於高中的職業學校，修讀電子科，一九四八年畢業。後來他到烏克蘭卡哈爾科夫工藝大學（Kharkov Polytechnic Institute）升學，一九五四年由無線電技術系畢業，專修雷達。當時的畢業生對於會到甚麼地方工作並無選擇。按照中央計畫經濟的分派制度，他們被分派到各個不同單位。[23]

托卡契夫被派到軍方研究機構「無線電工程科學研究所」（Scientific Research Institute for Radio Engineering），俄文字母縮寫為ＮＩＩＲ。ＮＩＩＲ後來又有個名字叫「法佐龍科學設計社」（Phazotron Scientific Design Association），簡稱法佐龍。研究所有二十多棟建築物，擠在莫斯科市白俄羅斯火車站附近一塊占地十英畝的園區，離克里姆林宮約兩英里。沿著園區東側小巷電子埃斯基巷（Electrichesky Pereulok），有一排老舊磚造樓房，外表是一八八〇年代末期俄羅斯建築的巴洛克風裝飾。研究所一九一七年初創時就設在這排建築物裡，在此製造飛行儀器，包括一種簡單、但可靠的風速測量儀器。後來，這個名為Avia-Pribor的單位生產手錶、熱量儀和留聲機——然後生產雷達。[24] 一九四二年一月，德國軍機仍在投擲炸彈，電子埃斯基巷又有了新的名字——「三三九工廠」，成為生產蘇聯雷達的第一個設施。一九五〇年代，工廠擴大軍用雷達的研發，從簡單的瞄準裝置持續精進成長至複雜的航空和武器導引系統。

托卡契夫一輩子都在這個單位服務。法佐龍負責供應蘇聯軍機的雷達，取名「老鷹」（ORYOL）、「旋風」（SMERCH）和「藍寶石」（SAPFIR）。和其他許多領域的科技一樣，蘇聯拚命想追趕上西方。一九七〇年代初期，蘇聯機用雷達看不到靠近地面的移動物，換句話說，它們無法偵測貼地飛行的轟炸機或巡弋飛彈。這個罩門成為法佐龍設計上的重大挑戰。工程師承受很大的壓力要研發可以從上往下俯視、辨識貼著地表低飛移動物體的雷達。美國打算在爆發戰爭時，使用低飛滲透的轟炸機攻擊蘇聯。[25]

起先，法佐龍生產一種機用雷達，名為ＲＰ－23或藍寶石－23。它為米格戰機提供有限度的俯視能力。後來，研究中心奉命開發更複雜的機型，要部署在已經規劃中的超音速米格-31攔截機上面。但是這項任務顯然太艱鉅，不是托卡契夫任職的單位所能達成。有一個說法是，研究中心誇下海口，可造出新雷達，其實根本不可能兌現。儘管有豐富的經驗，法佐龍並無法應付地表雜波，解決追蹤和摧毀低空飛行物體的問題。它也無法同時追蹤多個目標。法佐龍在一九七一年被迫把計畫移轉給和它競爭激烈的另一個研究機構「儀器工程科學研究中心」（Scientific Research Institute of Instrument Engineering），俄文名稱縮寫簡稱 NIIP。經過多年努力，這家競爭對手機構和其他幾個機構在新雷達「柵欄」（ZASLON）上解決了大部分問題。雷達重量達半噸，是美國最大的機用雷達重量的兩倍，但是它能有效運作——並且裝有蘇聯第一部空用電腦。「柵欄」在一九七六年首次試飛。到了一九七八年，已能同時追蹤十個目標。第一架裝置「柵欄」雷達的米格-31戰機，在一九八一年秋天正式加入蘇聯空防部隊。[26]

這時候，托卡契夫已經交給CIA數百頁的藍寶石-23藍圖和設計規格，以及五片電路板。他也給了他們有關「柵欄」的計畫和繪圖。

庫茲明家族的痛苦歷史在娜妲莎父親的晚年，傳承給了她和阿迪克。伊凡毫不掩飾地告訴女兒真相：逮捕的恐怖、判決的終結，以及家庭一夕之間全毀了。她記住伊凡會受到懲罰的原因，是因為他頑固地不肯譴責自己的太太蘇菲雅。

一九五七年，伊凡去世的第二年，阿迪克和娜妲莎結婚時，史達林集體鎮壓的威脅已經成為過去，但人民記憶猶新，事情全貌也才剛開始冒出來。一九五六年二月二十五日，赫魯雪夫在蘇共第二十屆全國黨代表大會上發表講話，痛批史達林的殘暴不仁，把整肅期間不分青紅皂白逮捕及處決黨內幹部、希特勒突襲蘇聯，以及其他錯誤都怪罪到史達林頭上，但其實鎮壓的範圍，或是強迫集體化和大飢荒等災禍，赫魯雪夫也難辭其咎。縱使如此，赫魯雪夫等於開了第一槍，他抨擊「個人崇拜」使史達林得以聚斂如此毫無遮掩的權力。這場講話揭開了蘇聯所謂「解凍」的自由化時期，這個名字來自一九五四年愛倫堡一本小說的書名。告別強迫遵守社會主義現實指令的年代，有些思想自由的作家和藝術家大膽衝撞界線，各方期望甚深，盼望一個不同的國家能從大恐怖和戰爭的蹂躪中重生。蘇聯在一九五七年十月發射史潑尼克人造衛星，點燃起樂觀主義，特別令年輕人振奮。鼓吹人權運動的歷史學家呂德米拉．亞歷耶瓦（Lyudmila Alexeyeva）回憶說，赫魯雪夫批判史達林之後數年，「年輕男女開始不再害怕分享觀點、知識、信念和問題。每天晚上，我們在擁擠的公寓集會吟詠詩歌、讀『非官方』的散文，交換故事，然後一起拼裝出我們國家真實狀況的情況。那是我們覺醒的時代。」這股覺醒毫無疑問也影響到阿迪克和娜妲莎。[27]

托卡契夫告訴ＣＩＡ，「在我青年」時期，政治扮演「相當重要的角色」，但他旋即失去興趣，變成鄙視他所謂「行不通的、偽善」的蘇聯黨國體系。他沒有詳細敘述他的改變，但是到了一九六〇年代中期，解凍逐漸終止，赫魯雪夫遭到罷黜。托卡契夫似乎已在思考如何表達他的不滿意。

一九六五年五月，兒子歐烈格出生。托卡契夫說，他當時因為不想危害到家人，沒有採取行動。他告訴ＣＩＡ為什麼他決定保持沉默：「我等候兒子長大，」因為他明白「一旦衝動，我家人會面臨痛苦的折磨。」

接下來進入一九七〇年代中期，托卡契夫從沙卡洛夫和索忍尼辛身上得到啟示，這兩位代表良知的聲音針對蘇聯極權主義發動巨大的反抗。沙卡洛夫和托卡契夫一樣，也在重要機關服務，擁有接觸高等機密的許可，可是他具有勇氣，挺身發表異議。托卡契夫並不認識他，但是他知道沙卡洛夫代表著什麼意義。

一九六八年初，沙卡洛夫在莫斯科東方二百三十英里城市沙洛夫（Sarov）阿爾札馬斯-16（Arzamas-16）核武器實驗室園區任職。他經常在那棟位處樹林、兩層樓有著山牆的住宅中，一個人埋頭寫作到深夜。沙卡洛夫是蘇聯熱核彈的主要設計師。未滿四十歲就進入科學院的他是蘇聯科學界巨擘，但是他深刻懷疑本身工作的道德和對生態影響的結果，而且在說服赫魯雪夫一九六三年和美國簽訂一份有限禁止核試條約中，他扮演著相當的角色。現在他的良知又在召喚他，要他走出曾經表現卓越又被譽為傑出物理學家的阿爾札馬斯-16實驗室封閉的世界。

每天晚上從七點鐘到午夜，沙卡洛夫把自己關在森林小屋之中寫一份探討人類未來的論文。它成為他反對蘇維埃制度的第一個重要的行動。論文在四月份完成後，取名〈對於進步、和平共存和知識自由的反省〉（Reflections on Progress, Peaceful Coexistence and Intellectual Freedom）。沙卡洛夫的思考涵蓋範圍極廣，他提出警告說，地球受到熱核戰爭、飢荒、生態禍害和暴政專制的威脅；但是他也提出拯救世界的理想主義和烏托邦構想，建議社會主義和資本主義可以並存——他稱之為「聚合」——而且超級大國不應試圖互相摧毀。他明白地敘述史達林的罪行。他堅持蘇聯應該完全清除史達林化，結束新聞審查，釋放政治犯，實施言論自由和民主化。這份論文令人驚訝、有遠見，也有潛在爆炸性。沙卡洛夫一再修改、潤飾文字，並一度拿給尤里·哈里頓（Yuli Khariton）過目。哈里頓是實驗室的科學主任，也是蘇聯核武器計畫的創辦人。兩人單獨在哈里頓的私人火車廂中交談。沙卡洛夫問哈里頓：「怎麼樣？你覺得怎麼樣？」哈里頓答說：「太糟了。」沙卡洛夫追問：「是文體嗎？」哈里頓扮著鬼臉說：「不，不是文體，是內容太糟了！」但是沙卡洛夫已經開始複寫副本散發給同儕，他告訴哈里頓，他相信他寫下的一切，不會撤回論文。七月份，這篇宣言在國外發表，最先出現在荷蘭的報紙上，後來在七月二十二日也登上《紐約時報》。論文在蘇聯境內也以手抄本試廣泛地私下流傳。沙卡洛夫旋即被免去在核武器實驗室的職務。[28]

隔不到幾個星期，一九六八年八月二十至二十一日，蘇聯戰車和華沙公約部隊開進捷克，粉碎所謂「布拉格之春」的改革運動。沙卡洛夫原本為此一民主實驗感到振奮；蘇聯揮兵鎮壓，粉碎了他的樂觀主義。他說：「布拉格之春啟發的希望崩潰了。」許多人認為，蘇聯境內任何自由化的前景已經消失。解凍成為過去。

索忍尼辛也讀到沙卡洛夫撰寫的〈反省〉，他寫的小說以尖銳、有洞察力的方式描述蘇聯極權主義最黑暗的角落。他的小說《伊凡．傑尼索維奇的一天》寫的是一個男子在古拉格的生活，在解凍期間以俄文發表，但是索忍尼辛的近作《癌症病房》和《第一圈》則遭到查禁，讓他愈來愈成為蘇聯當局背上的芒刺。布拉格之春遭到鎮壓之後一個星期，索忍尼辛和沙卡洛夫首次碰面。沙卡洛夫來自主流社會，索忍尼辛則是普通百姓，科學家穿西裝、打領帶，作家則穿平常的舊衣服。他們坐在一位共同朋友家的客廳，窗簾拉下來，以防KGB耳目。索忍尼辛欣賞沙卡洛夫「身材高大，絕對真誠的臉貌，他溫暖、柔和的笑容，他明亮的目光，愉快低沈洪亮的聲音。」沙卡洛夫也鮮明地記得索忍尼辛「他那活潑的藍眼睛和紅潤的山羊鬍，他以格外高亢音調的快速捲舌演說，他從容精確的手勢，似乎是有意地集中充滿活力的能量。」兩人都是他們那一行的佼佼者，成為啟發托卡契夫的明燈。[29]

一九七〇年代初期，沙卡洛夫更加積極投入捍衛人權的抗爭，重視個人受到迫害的案例，與另兩位年輕的物理學家組成一個人權委員會。他開始擴大自己與西方人士的往來，這個舉動觸怒蘇聯當局，在此之前，他們對他是極力容忍。[30]一九七三年六月，沙卡洛夫接受斯堪的那維亞電台與電視評論員奧理．史登赫姆（Olle Stenholm）的專訪。他的評論出現在七月四日瑞典報紙上。沙卡洛夫尖銳批評蘇聯黨國壟斷權力——政治、經濟和意識型態——甚且「缺乏自由」。這篇專訪成為全球媒體頭條新聞。蘇聯覺得忍夠了，開始出手懲治，發動媒體鋪天蓋地抨擊沙卡洛夫。四十個學者簽署聯名信，指責沙卡洛夫的行為「玷污蘇聯科學的聲譽」。索忍尼辛榮獲諾貝爾文學獎，卻不能出席領獎，他勸沙卡洛夫保持低調；政府全面攻擊他以及人權運動。[31]但是沙卡洛夫不能保持緘默。KGB警告他不得再會見外國新聞記者，但是隔不了幾天，他就邀請外籍記者到他家參加記者會，他重申他對民主化和人權的觀點。[32]同時，索忍尼辛揭露蘇聯勞改營的巨作《古拉格群島》已準備好在西方出版。沙卡洛夫和索忍尼辛點燃火把，KGB開始把他們歸為同一類。KGB首腦尤里．安德洛甫夫（Yuri Andropov）在一九七三年九月建議採取「更激進措施終止索忍尼辛和沙卡洛夫的敵意行為」。[33]一九七四年一月，索忍尼辛遭到逮捕，旋即流放出國。一九七五年，沙卡洛夫得到諾貝爾和平獎，但未能出境領獎。

這些事件在托卡契夫心目中留下深刻又恆久的印象。當他日後向CIA說明他為何對蘇聯死心、決心為CIA效勞時，他說一九七四年和一九七五年是重大轉折點。等了多年之後，他決定要採取行動了。他在寫給CIA的一封信中說：「即使我不認識他們，也只讀過索忍尼辛發表在《新世界》的文章，但我只能說索忍尼辛和沙卡洛夫在這方面扮演著重要的角色。」

他說：「身體裡頭開始有些蟲在嗤咬我。我覺得應該要有所行動。」

托卡契夫起先溫和地表達異議，寫一些抗議短文。他告訴CIA，他一度考慮分發抗議文宣。「但是後來仔細思考後，理解到這樣做沒有效用。基於我的工作性質，與和外國記者有接觸的異議份子圈子建立聯繫，於我並沒有意義。」他具有高等機密保密等級。「只要稍有一絲絲懷疑，我就會因安全因素被完全孤立或遭到剷除。」

托卡契夫決定他必須另闢蹊徑破壞體制。一九七六年九月，他聽到貝連科駕駛米格-25叛逃到日本的新聞。蘇聯當局下令法佐龍重新設計米格-25的雷達時，托卡契夫突然醒悟，他對抗蘇聯最大的武器不是一些異議文宣品，而是他抽屜裡的東西——最高機密藍圖和報告，它們是蘇聯軍事研究的最大祕密。他可以藉由反叛——把這些重要計畫洩漏給蘇聯「主要敵人」美國——嚴重傷害體制。

托卡契夫告訴CIA，他從來沒有過把機密賣給中國人的念頭。他寫說：「而美國又如何呢？或許它已迷惑我，而且我已瘋狂愛上它呢？我從來沒有親眼看過貴國，要閉上眼愛它，我沒有足夠的幻想或羅曼蒂克。可是根據某些事證，我得到印象：我寧願住在美國。基於這個原因，我決定和你們合作」。[34]

托卡契夫通常上午八點就到了法佐龍辦公室，但是他常在研究中心之外思索問題。他經常在家裡，或是晚上單獨坐在列寧圖書館時出現靈感。他做筆記，然後帶進辦公室，抄錄進特別分類的記事本，記事本再交由祕書群繕打為文件。

他的辦公桌位於五樓一間大房間，與其他二十四人一起上班。房裡天花板高高掛著日光燈。在他辦公桌前方，背對著他坐著兩名女同事。他桌上有兩部電話：一是內線電話，分機一五九，一是外線電話；另有筆記紙、一本記事本，上面列出許多有待回答的問題；草圖的粗略筆記，以及有關雷達的參考作品。有一個檔案櫃放了一疊的工作進度表，以及他發給其他研究單位的公文副本。另一個抽屜擺了電子組裝品和零件，以及一些需要做最後檢查的零件，屬於他目前研發中的裝備。

把祕密文件藏在大衣裡，托卡契夫午餐時間輕輕鬆鬆回家。一九八一年，莫斯科的街道寬敞，人車稀落。他通常走出研究中心後，穿過鄰近的公寓大樓，它們大多附有內部庭院和小公園。他轉入小巷諾佛普瑞斯耐斯基巷（Novopresnensky Pereulok），經過一座幼稚園和遊樂場。然後他走莫斯科動物園附近的沃爾克佛巷（Volkov Pereulok），一條安靜的後巷，他住的那棟公寓大樓就在後面。他只需步行二十分鐘就到家。午餐時間，只有他一個人在家。他拿出賓得士相機，把它架在椅背上，旁邊擺好燈架，開始拍攝文件。

一九八一年有一天，托卡契夫粗心大意。拍完照片後，通常他把照相機和燈架放進廚房上頭的儲藏櫃，藏得好好的。但是這一天他匆匆離開，把它們放在桌子抽屜裡，被娜妲莎發現了，立刻猜想到阿迪克在幹什麼。等他回家後，她質問他。

她關心的不是蘇聯國家會受到什麼傷害。她痛恨這個體制還強過阿迪克。她的悲痛更多是基於個人的。她不希望家人再遭逢她父母當年的苦難，她不希望招惹KGB上門。

托卡契夫從實招認。她要求他停止間諜行動，別拖累家人，他承諾住手。其實他沒有。[35]

第十四章
危機四伏

大衛·羅夫有八個月沒見到托卡契夫。托卡契夫沒有使用原先講好的SVET訊號，打開廚房燈光以示他預備在計畫日期見面。他的廚房燈光一直是暗的。一九八一年十一月十日，又一個預定見面日，羅夫前往選定地點，即離托洛契夫公寓大樓不遠的一座公園，看到他等在噴泉旁，鬆了一口氣。羅夫快速走下石階，在寒風中與他握手。托卡契夫神情愉悅，說他買了一輛汽車，向羅夫提議一道去瞧一瞧。

和間諜在一輛移動中的汽車見面，風險很高：羅夫不能控制車子會開到哪裡去。汽車停著不動，也不理想。它可能吸引好奇的人或民兵的注意。另外還得擔心政府組織的街坊委員會，他們未必十分警覺，但是佩掛紅色臂章的街坊委員成員可能會敲車窗，要求查看身份證。不過，他沒理由讓托卡契夫失望。他的聲音透露著孩子氣般的興奮。他們邊走邊談，向汽車行進。[1]

羅夫提到托卡契夫過去幾個月靜悄悄，莫斯科站很注意他家廚房燈光，托卡契夫打斷他的話。九月份，他不想會面。十月份，他打算要碰面，也按照羅夫指示，在特定日期把汽車停在市場附近、發出訊號。CIA給他一份地圖和地點指示，要求他到代號「汽車」（MASHINA）的這個地點，於十二點四十五分至下午一點把車停在市場對面，車頭朝外停，後輪胎要頂到路邊，然後去採買十五分鐘。[2]托卡契夫確實按指示做，但是羅夫沒有出現。托卡契夫以為原因出在他從報上讀到的一樁事件。九月間，KGB當場活逮一名和美國人見面的蘇聯公民，指控這個老美是間諜。羅夫曉得這樁事件——莫斯科站的確折損一名間諜，有個專案官員被驅逐出境——但是他請托卡契夫放心，問題不在哪兒。真正的原因是羅夫以為「汽車」這個地點是十一月才啟用。他完全沒在十月份檢查它。他向托卡契夫道歉。[3]

他們來到托卡契夫的小型芝格里汽車旁，它緊挨著其他車輛停在一起。他們上了車，托卡契夫掌握方向盤。羅夫自忖這實在不是明智之舉。但是他們有太多事要談了。托卡契夫顯得很輕鬆，興致很高，想說話。不久，羅夫留意到車窗起霧。每次見面一開始都會如此，托卡契夫顯得相當焦慮，但是除了聯絡窗口的專案官員外，他沒有別人可以傾吐。他需要發洩。[4]

托卡契夫交給羅夫二十三卷底片，雖比上次會面交出的成績差，但仍有可能包含數百頁的機密文件。托卡契夫的一部賓得士相機有點不靈光，他把它交回。羅夫給了他另一部賓得士相機；他記得帶來，是因為三月份托卡契夫交給CIA的底片有六卷空白。羅夫另外給了托卡契夫一副音響耳機和音樂卡帶送他兒子，並且還遞給他三萬二千四百盧布。

羅夫解釋說，他帶給托卡契夫一套新的、安全的通訊器材，代號IOWL的「臨時單向聯絡器」。這套器材包括一個商業市場買得到的短波收音機，一個名叫解調器的小型電子設備，以及一次性的密碼本。托卡契夫在約定時間打開裝上解調器的收音機，就可以祕密下載訊息。托卡契夫顯得很興奮。他早期寫給CIA的一封信，就曾經提議改裝收音機傳送祕密資訊。[5]

起先，似乎事事順利，但是愈是談下去，羅夫感覺到有問題。

研究中心再度要求調閱機密文件手續從嚴。和以前一樣，新規定又要求托卡契夫要交出大樓進出通行證。托卡契夫沉著臉告訴羅夫，這下子他又不能夾帶文件回家拍照，過去兩年的招數不管用了。CIA試圖仿製大樓進出通行證，迄今一直過不了托卡契夫這一關。顏色和紙質都沒有完全抓對。

托卡契夫說，他在夏天時試用狄斯卡，沒有成功。他把儀器和說明書交還給羅夫。他並沒有沮喪；他有過試驗電子儀器的經驗，了解東西會有故障。羅夫比他更懷疑狄斯卡，他認為狄斯卡迄今還未能貢獻一絲絲的正面情報。

由於訊號失誤，托卡契夫提議以新方法顯示他預備要見面的訊號。不要再看廚房的燈光，改成看他公寓主窗戶上面，有一個俄國人稱為「fortochka」的通風小氣窗。在所有的俄羅斯公寓都很常見到。在會面當天，如果托卡契夫準備好了，中午有一小段時間，他家的通風口小窗戶會打開。羅夫問了兩次：你確定從相距九層樓的街面，可以看清楚通風口小窗戶嗎？托卡契夫向羅夫拍胸脯保證，通風小氣窗一打開，就像主窗戶玻璃上方有個黑色方塊一樣。

托卡契夫提出個人要求。他希望CIA提供給他口袋型錄音機，關於波蘭近況的新聞，以及蘇聯境內禁書：托洛茨基的自傳《我的一生》。二十分鐘之後，羅夫下車、道別。

托卡契夫也開車離去。這是他和CIA第十一次會面。他對羅夫隻字未提太太發現他替老美當間諜，也沒說他答應她停止當間諜。

次日上午進入莫斯科站，羅夫打開托卡契夫交給他的行動紀錄。托卡契夫頻頻道歉，CIA三月份提出的四十五道題目，他只能回答十一題。他說，他能接觸的資訊並不是無極限的，「很抱歉」無法回答CIA提問的「廣泛主題」。托卡契夫說，他無法回答「我沒有直接關聯」的武器系統之技術問題。

羅夫向蘭利建議，他們對提問的問題要更加小心。他表示擔心蘭利會讓托卡契夫「無法負荷」在「他無法提供有意義答覆之領域」之上。羅夫說，經過兩年的「豐碩生產」之後，CIA若用心思考托卡契夫可能熟悉的題目，成績應該比四十五題問卷、只能答十一題更好才對。但是，蘭利的要求一直沒減少。

一九八一年夏天，葛伯飛回蘭利會見新任局長凱西。葛伯大半輩子都花在對付蘇聯的間諜工作上，他是凱西敬佩的第一線人員。凱西出任CIA局長後寫給雷根總統一封信，坦承他有種感覺，「相較於蘭利裡的學究分析員，我從第一線作業人員得到更好的情報判斷」。[6]談話中，葛伯評論說，蘇聯是個擁有核子武器的超級大國，但經濟上卻是很落後。他說：「這個國家連烤麵包機都生產不出來。他們雖然可以製造飛彈，卻餵不飽老百姓。」葛伯以他在莫斯科的經驗發言，但是凱西揮揮手、不以為然。凱西說，蘇聯在拉丁美洲和非洲咄咄逼人，到處都得設法防堵他們。[7]雷根一九八〇年競選時高唱要堅定對抗蘇聯，現在他要化承諾為行動。

一九八一年七月渥太華高峰會議上，法國總統佛密特朗告訴雷根一個驚人消息。法國情報機關吸收了KGB內部一名祕密間諜，四十八歲的上校佛拉迪米爾．維特洛夫（Vladimir Vetrov），非常有生產力，這項行動仍在進行中。維特洛夫已經交給法國四千頁的KGB文件，透露蘇聯如何布局全球，偷竊西方、尤其是美國的高科技。KGB有個專責單位，代號「X線」，主司這項任務。在密特朗同意下，法國方面把這些文件交給CIA。這批文件代號「告別檔案」（Farewell Dossier），非常詳細地顯示蘇聯如何竊取西方電子學及其他科技的進步，以嘉惠俄國的軍事機器。經由雷根核可，凱西發動一項祕密計畫，在美國工業界合作下，在某些硬體做了手腳，把它賣給蘇聯買主，以吻合KGB的採購清單，包括刻意製作的電腦晶片和有瑕疵的渦輪機。在蘇聯需求清單上最優先的是控制通往歐洲的一條巨型新輸氣管的石油和天然氣設施。由於輸氣管技術在美國買不到，KGB向一家加拿大公司購買。經過雷根核准，CIA把它製造成每隔一陣子就發生故障，會重新設定幫浦速度和活塞裝置，產生輸氣管接頭和焊接處承受不了的壓力，整個系統就會因此而爆炸。從外太空人造衛星看下來，這是有史以來最壯觀的非核子爆炸和大火。「告別檔案」行動就在莫斯科進行。它強化了CIA在托卡契夫行動上的結論：美國是有可能在KGB眼皮子底下進行滲透性的間諜行動。[8]

托卡契夫讓莫斯科站嚇了一跳，他在一九八一年十二月七日發出訊號，希望立即見面。羅夫在第二天晚上九點零五分和他見面。托卡契夫很煩惱研究中心新的安全規定，以及他沒有辦法翻拍更多文件。他給了羅夫六卷三十五公厘底片，比過去都少，托卡契夫似乎很沮喪。他再次懇求CIA努力仿製大樓進出通行證。托卡契夫表示可以把他的通行證借給CIA，方便它製作副本，因為一月份放假時反正他也用不到。羅夫硬壓下接受它的誘惑，認為沒有把握在月底前交還給他。羅夫向托卡契夫擔保，CIA願意耐心等待，另外又給了他四本蘇聯異議人士的著作。他們只會面十五分鐘。

這是他們倆人彼此最後一次見面。[9]

托卡契夫這六卷底片沖洗出來後，內容非常精彩，也包括三月間沒拍攝成功的資料。另外，他在十一月份交出的二十三卷底片，裡面有一份清單，列舉一九八〇年下半年送到研究中心機密資料室所有的技術文件。這是很寶貴的情報，顯示蘇聯先進科技的狀況，但是沒有他以前提供的文件那麼豐富，它們包括特定武器系統的藍圖。蘭利有一封電文指出，「最近取得的文件其價值雖然相當重要，一般來講卻不等同消息來源以前詳盡文件的價值；過去文件曾提到梯隊（ESHELON）、地平線（GORIZON）或熊蜂（SHMEL）系統，有些還可預告一直到一九八〇年代中期至一九九〇年代中期的蘇聯研發計畫。」托卡契夫的間諜活動似乎已經沒有新目標。[10]

縱使如此，為了鼓勵他，CIA透過臨時單向短波連結拍發祕密訊息給托卡契夫，告訴他十二月份的底片沖洗成功。

托卡契夫沒有收到訊息。因為他沒有打開此一短波通訊儀器。[11]

羅夫在美國大使館武官處有一份掩飾工作，正式職稱是武官，但是KGB知道他是情報人員。不過，羅夫仍然躲過他們，處理『CK烏托邦』和『CK球面』兩大行動，運用了閃躲跟監行動、出國、身份轉換、SRR-100無線電截收器等手法，再加上規劃、耐心和幸運。他相當受惠於哈達威、葛伯和桂爾瑟的傾囊相授。或許最重要的是，羅夫贏得托卡契夫的信賴。他成為受歡迎的熟面孔，聆聽這位間諜關切的東西及他的恐懼，建立彼此信賴關係。

一九八二年初，莫斯科站啟動新戰術，捨棄羅夫傳統專案官員的功能——全方位的工作範圍、與間諜建立信賴關係——改用新方法。新方法是葛伯接任莫斯科站長後所規劃。它要求莫斯科站增添新能力，加派幾個情治人員做為「深度潛伏」人員，對KGB而言是完全隱形的人員。他們永遠保持「黑」身份，因而比較安全。要這麼做，必須把深度潛伏人員放在不起眼的掩飾工作上，有日常的例行工作，才能使KGB不注意他們。

CIA莫斯科站大部分專案官員都有某種正式工作當掩飾，通常掛大使館外交官或武官的身份，但是他們花不少時間在莫斯科站，從事間諜行動。反之，深度潛伏人員則與莫斯科站保持安全距離。他們在站裡沒有辦公桌、也不到站裡寫報告，而且也不參加在葛伯房間裡舉行的那些重要且熱烈的討論。儘管他們涉及的任務利害重大、風險也不小，他們卻是菜鳥CIA人員，都是第一次外派，KGB不曾在其他地方見過他們。為了保持深度潛伏身份，他們很少進到莫斯科站，即使來了，也是透過隱蔽的入口、逗留時間很短。莫斯科站不透過人員和他們接觸，也只採用祕密地點放置訊息、遇水即溶紙張和中間人。要如此煞費周章，只因為這麼做有一個重大優點：他們可以躲過監視。

經過長期的準備和華府的官僚折衝後，莫斯科站才有辦法展開深度潛伏行動。CIA必須和其他機關，尤其是國務院交涉，騰出從來沒由情報人員擔任過的「乾淨空缺」。國務院和CIA身為不同機關，常有本位主義。外交官一向不喜歡間諜混跡在他們中間，國務院也不願意把寶貴的海外職缺讓給CIA。包括大使和站長在內，只有很少幾個人知道誰是深度潛伏的情報人員。CIA安排深度潛伏人員接受外交官訓練，讓他行為舉止都像國務院官員。第一位深度潛伏人員在一九八一年夏天抵達莫斯科，又經過幾個月準備，葛伯預備讓新安排付諸行動。他派出這個人在一九八二年二月十五日去見托卡契夫。[12]

托卡契夫拿著辨識標記——左手拿一本白色封面的書。他沒有任何猶豫就和新進人員打招呼。時間是晚上九點零五分，兩人坐進托卡契夫的芝格里汽車。新人交給托卡契夫四份

CIA仿製的研究中心通行證，請他檢視是否堪用，另外也把狄斯卡再度交給他，向他保證，它已經由CIA實驗室檢驗過，一定沒有問題。CIA交給托卡契夫的還有短波無線電收音機的充電器，西方俄語廣播的時間表（可以從收音機收到），托洛茨基的自傳，有關波蘭危機的訊息，一具小型錄音機、電池，蘭利交辦更多「主動索取情報」的問題，以及一張激勵性質的謝卡，上面寫著：「你的勇氣足為我輩典範。」[13]

雖然和深度潛伏人員的會面應該愈短愈好，托卡契夫並不知道，他有話要說——他和桂爾瑟和羅夫就是有來有往地交談。他抱怨CIA用錯匯率計算該付給他的盧布，短付給他不少錢。他說他需要供賓得士相機使用的底片；在莫斯科商店裡缺貨，店家一次只肯賣給他五卷以下。他要求CIA提供他一百卷底片。

托卡契夫也承認他沒有打開短波收音機和解調器接收CIA的祕密訊息。他不敢確定能收聽到廣播，因為晚上回到家，他沒有私密空間。他說，他家人還不知道他在幹間諜。

儘管有這些挫折，托卡契夫說他很堅定，絕不輕言放棄。他交給深度潛伏人員一張原理示意圖和另一塊電路板——這是他第二次交給CIA十分寶貴的蘇聯電子器材。然後他又交給這位深度潛伏人員十三卷底片。這位CIA新人很驚訝，問他既然研究中心限制重重，他怎麼有本事辦到？

托卡契夫說，他在第一處有個朋友，此人有時候會應他要求，偷偷拿些文件給他。

CIA人員問：這不是很危險嗎？

托卡契夫笑了：「天底下有哪件事不危險。」[14]

三週之後，即一九八二年三月八日，莫斯科站收到托卡契夫的訊號，請他們準備接收他第一次使用狄斯卡的傳訊。果然如葛伯所預料，莫斯科站被迫手忙腳亂。莫斯科站已經準備了幾個所謂電子投信點。其中一個是設想托卡契夫從莫斯科河對岸傳輸，CIA派人在某一火車站幾百碼外收訊。莫斯科站希望保持足夠距離，以免招惹KGB懷疑。

莫斯科站不曉得托卡契夫為何要聯繫，CIA還是準備了一個訊息回答他，告訴他最近收到的底片非常好，他們會付給他很多盧布。[15]

托卡契夫第一次利用狄斯卡成功傳來的訊息並不是什麼驚天動地的消息。托卡契夫急切回覆他檢視CIA仿製的四份研究中心通行證的結果——「顏色太淺」——他要求三天內安排一次會面。[16] 三月十六日，深度潛伏人員又去見托卡契夫。時間是晚上九點，莫斯科某地點。托卡契夫精神抖擻，但是臉上掩不住擔憂。研究中心的安全限制又更嚴格了。現在他無法從辦公室拿到任何文件，也無法透過他在第一處的朋友拿到文件。他沒有任何底片可交給CIA。

托卡契夫很沮喪，不滿意CIA仿製的通行證，他把自己的通行證封面裁下一小條，也把內頁色紙剪下一小條，交給眼前的CIA人員；他說，請你把它們送回CIA，拜託他們用這個仿製！CIA人員囑咐托卡契夫要小心、不要冒險。托卡契夫似乎焦躁，但也比以往更沉默。這位情治人員後來向蘭利報告，托卡契夫「承認他在和我們關係的初期不夠小心，也同意」在解決問題之前「不再拍攝文件」。托卡契夫「的確似乎想停下來並要考量到小心處事」。[17]

這次會面時間很短，只有十五分鐘。次日，莫斯科站打開托卡契夫的通訊。他很「勉強」

提出一張個人需求清單、請求幫忙：替他兒子歐烈格買一具索尼隨身聽、耳機，以及機械繪圖用的各種不同硬度鉛筆。他也要求代買一些波蘭製刮鬍刀片，他寫說，「用蘇聯製刮鬍刀片刮鬍子是很不愉快的經驗。」他抱歉要請託這種小東西，他說：「不幸的是，我們個人生活會涉及到各式各樣小東西，它們有時候影響到情緒。」[18]

葛伯能了解他的心情。蘇聯可以製造飛彈，但是製造不了烤麵包機——顯然刮鬍刀片也不行。

五月二十四日，兩位專案官員分別上街，準備和托卡契夫會面，希望其中一人能成功擺脫跟監。兩人帶的包裹內容相同。其中一人成功甩開跟監，晚上九點三十五分在托卡契夫住家公寓附近和他會面。這位專案官員交出一大包東西：二十盒刮鬍刀片，CIA用蘇聯盒子重新包裝的四十卷來自西方的底片，一具日本三洋M6600F錄音機、一台索尼隨身聽、一副耳機、備用電池，以及給歐烈格的二十六盒繪圖鉛筆。這個包裹太大，以致莫斯科站在最後一分鐘抽出二十卷底片，才有空間塞進九萬八千八百五十盧布。

包裹裡也有仿製的大樓通行證。[19]

一九八二年夏天，羅夫在莫斯科任期屆滿，調接其他任務。九月底，葛伯也奉調回蘭利。莫斯科站同仁送給他的卸任禮物是一個獎杯大小的阿拉伯數字1，上面掛個小球體。1代表謝默夫全家偷渡成功後，CIA莫斯站辦公室門口掛出、代表任務成功的暗號。小球體則代表潛伏的間諜「CK球面」——托卡契夫。此後莫斯科站蔚為傳統，每當重大任務成功，門口就掛出一個大字1。

這一年夏天，比爾・蒲隆克調到莫斯科站主管托卡契夫行動專案。他在波士頓學院唸書時是一名體育健將，打籃球、踢足球，迄今若有時間又找得到球場的話，他也喜歡打網球。蒲隆克過去在召募人員的工作上表現傑出；莫斯科是他第一次奉派到「拒止地區」服務。但是身為蘇聯事務專家，他自稱「再也沒有比到熊窩和熊角力」更棒的事。蒲隆克打算不接托卡契夫的專案官員，打算由站本部協調這項任務。可是，在他到任後頭幾個月，行動似乎陷入了嚴重危機。

莫斯科站在這段期間派出深度潛伏人員去和托卡契夫會面——有時候一次出動兩、三人。但是五次預先排定的會面日期，都接觸不上托卡契夫。蒲隆克感受到緊張日益上升。錯過一、兩次會面是有可能，但不曾有過五次碰不上面的情形。

到了十二月，莫斯科站已經十分焦急。在過去的會面，莫斯科站萬分努力確保托卡契夫安全無虞，一定要確實有把握未受到ＫＧＢ跟監才跟他會面。專案官員只要稍有懷疑受到跟監，就放棄和他預定的會面。現在，賭注越來越高——蒲隆克開始規劃不惜代價也要和托卡契夫見上一面，即使每個專案官員一上街就被監視，也必須排除萬難。他們志在必成。莫斯科站在任何情況下都是十分緊繃的一個地方，目前這一刻，壓力和緊張逼得大家更加團結。沒有人願意見到在他們督導下折損掉托卡契夫。

蒲隆克一肩扛起和托卡契夫會面的工作。他了解若是和這個間諜失聯，對ＣＩＡ將是極大的挫敗。如果他在街上犯了錯誤，導致托卡契夫被捕及處決，他會終身抱憾。

蒲隆克詳讀檔案，覺得對托卡契夫十分了解——中年男子，腳步快，彷彿他的腳不太碰觸到地面。見過托卡契夫的其他人員告訴蒲隆克不用擔心：這個間諜的確是個行家，他會主導會面，順著他發揮就行。蒲隆克也讀到資料說，托卡契夫有消聲匿跡的特殊本事。他相貌平凡，一點都不招人注目。[20]

十二月七日晚上利用小丑盒，跳下汽車後，蒲隆克看到托卡契夫。這位間諜果真如前人報告所說，戴費多拉帽、穿棕色大衣，配棕色手套、黑色皮鞋，灰色圍巾緊塞在大衣領口，其貌不揚。他們在雪花直飄下會面。他們口頭上交換過暗號後，托卡契夫說：「我們邊走邊談吧！」

蒲隆克當下的印象是，托卡契夫看起來相當疲憊。他的聲音聽起來似乎相當緊張。蒲隆克也注意到，托卡契夫比起照片看來老得多。托卡契夫提到，過去一陣子臥病在床，好幾次鬧高血壓。但是生病並沒阻滯他從研究中心資料室借出最高機密文件，帶回家用賓得士相機拍攝。他們步行時，托卡契夫說話急促，敘述他面臨的全新安全規定。托卡契夫一點都不怕艱難，和往常一樣信心堅定。

蒲隆克用俄語說話，解釋為什麼錯過前幾次會面：因為他們發現有 KGB 跟監。

托卡契夫突然停下腳步，睜大眼睛問蒲隆克：「什麼？你被跟監？」

蒲隆克趕緊說：「不！不！」他指的是前幾次。托卡契夫鬆了一口氣，兩人繼續邊走邊談。

蒲隆克明白，每句話都很重要，問說他能否打開錄音機，托卡契夫說請便。蒲隆克打開他身上藏匿的錄音機，以便莫斯科站和蘭利稍後都能聽到。他們互換包裹：底片、電池和書籍交給托卡契夫，蒲隆克拿到十六卷底片。[21]

他們即將結束交談時，突然聽到長靴踩在雪地上的聲響。托卡契夫和蒲隆克很緊張地看到一名身材高大、穿著軍服的高階軍官往他們這邊走過來。兩人僵住！此人逕自擦身而過，他們鬆了一口氣。

僅交談了二十分鐘後，兩人分手。蒲隆克回頭看，要確信托卡契夫沒事，他已經消失了。

蒲隆克走回莫斯科人所謂的花園圈大馬路，搭上巴士。他坐到最後方，藏在所有乘客的後面。他脫下身上穿的俄國衣服和眼鏡，從袋子裡拿出他的美式服裝穿上。一切進行得很快，巴士一停，他已跳下車。沒有人看到他，但是他還是很憂慮。KGB現在會不會在追查他的下落？兩名蘇聯民兵照常站在大使館門口。蒲隆克看到另一名美國人溜狗完畢要回到大使館，他快步跟上。他走到兩名同事的公寓，默默地把托卡契夫交來的包裹轉給他們，次日早上才好送進莫斯科站。蒲隆克不能開口說話，深怕公寓遭到竊聽。但是他豎起大拇指，接過一杯威士忌一口嚥下。他感到如釋重負。

CIA一再努力試圖仿製托卡契夫的通行證，連紙張的纖細波紋印記都注意到了。終於，托卡契夫說最近在五月份交給他的這張通行證過關了。一九八二年有好幾個月，他用這張偽造通行證偷帶文件外出。但是，八月間研究中心再度更改安全措施。現在借閱文件需要全新的證件。

CIA費了好大的勁、很長一段時間才完成的贗品這下子失去作用。

蒲隆克報告說：「並非不可能，然而現在『CK球面』帶文件回家極端困難。『CK球面』雖然可以使用特准單調借文件，但是頻繁使用這些申請單，一定會招來對他的起疑。」蒲隆克寫說，他「內心的感覺」是托卡契夫「由於工作和健康的關係，擔心日子愈來愈難過，或許他的全盛時期已經過了。」

蒲隆克的觀察使CIA又陷入新一輪的不確定。莫斯科站向蘭利報告，一些因素匯集起來使得托卡契夫壓力大增，譬如新的安全規定、他的精神狀態，以及他在思考以更危險的方法（如採用隱蔽的特洛培相機）拍攝文件。蘭利回電表示，或許應該叫停六個月，讓托卡契夫稍為喘息。莫斯科站也同意這個想法。莫斯科站說，托卡契夫在和蒲隆克談話時，似乎很關切安全問題。

莫斯科站向蘭利表示：「如果他看到危險的跡象——我們認為他是看到了——很有可能比他承認的更為不祥。」[22]

托卡契夫十二月七日交給蒲隆克的底片相當精彩：又提供了四百九十九頁機密文件。

對於一位讓美國省下數十億美元的間諜而言，托卡契夫的私人要求的確很客氣。他兒子歐烈格進入一所建築師訓練機構，可是蘇聯的繪圖器材實在太差勁。CIA能否幫忙在東歐或西方國家找到品質比較好的一套器材？托卡契夫抱怨說，連橡皮擦在莫斯科品質都很差勁。它們會在繪圖上留下油漬。CIA能否幫忙找到四、五塊品質好一點的橡皮擦呢？托卡契夫寫說：「捷克製橡皮擦品質非常好。我兒子從他朋友那裡弄到半塊捷克橡皮擦，我們正在用它，但很快就會用完了。」他也希望拿到兩、三塊中國的墨塊，以及三、四支高級繪圖筆。[23]

托卡契夫通知CIA，他改變主意了，願意接受珍貴有價物品代替現鈔。這個訊息傳到蘭利後，蘇聯組組長湯瑪士．米爾斯（Thomas Mills）接到一項極不尋常的任務。上級要求米爾斯和太太周碧（Joby）前往紐約——用CIA公款，替托卡契夫選購珠寶。周碧以前在紐約市研究藝術，感到相當興奮。他們到第五大道威耶蕾．露榭（Vieille Russie），這是一八五一年開業的一家珠寶和古董店。這位ＣＩＡ主管和夫人在這家高級名店買了一支很小、但很昂貴的費伯杰（Faberge）別針，以及一串黃金項鍊。他們把它們帶回蘭利，透過外交郵包送到莫斯科站。米爾斯聽說，若是有人發問，托卡契夫會說這是母親遺留給他的傳家寶。[24]

蒲隆克見過托卡契夫後感到憂慮，導致莫斯科站重新思索是否可能有必要無預警的將他偷渡出境。一九八三年初，莫斯科站擬訂將托卡契夫一家三口接運出國的詳盡計畫。雖然在其他國家有過成功經驗，ＣＩＡ過去在莫斯科只有一次偷渡成功的行動，即把謝默夫夫婦及女兒偷運出境。ＣＩＡ為了偷渡人員甚至還特別設計專用貨櫃。但是蘭利對於偷渡托卡契夫並不積極。莫斯科站的計畫在蘭利總部並不受歡迎。蘭利認為莫斯科站操之過急。全家偷渡是托卡契夫需要深思的重大問題，他已經有兩年多時間沒再提起過這個話題了。[25]

然而，莫斯科站並未受到任何阻撓。也許是過於謹慎所致。它起草了兩項計畫，一是長期的、一是緊急狀況發生時。莫斯科站編了一份很長的問卷，要在下次會面時交給托卡契夫，要求護照照片和詢問托卡契夫有關衣服大小尺寸、病歷、他家親朋好友地址、度假程序，以及向辦公室打電話請病假的方式等等。ＣＩＡ也問：「你家人曉得和我們的關係嗎？如果不曉得，你打算怎麼樣告訴他們？」

ＣＩＡ不曉得他已經向太太擔保不再擔任間諜。[26]

「深度潛伏」已經成為ＣＩＡ在莫斯科地下作業的基本方式。「深度潛伏」人員的工作與桂爾瑟和羅夫的經驗非常不同。他們過去既是托卡契夫的顧問，也聽取他的告解。反之，「深度潛伏」人員的工作是和莫斯科站及間諜保持距離。這是孤獨、壓力沉重和風險極大的工作。羅伯・莫理斯（Robert Morris）認為工作上壓力高、而且孤立感強大，就像擔任臥底警察一般。

莫理斯拎著公事包就到了莫斯科，根據身份文件，他只不過是美國國務院一名公務員，大使館內不起眼的行政人員。他角色把握得很好、無懈可擊，其實他肩負其他任務。他是派到莫斯科站的第二位「深度潛伏」人員，希望實現他站在冷戰最前線，與蘇聯作戰的雄心。

父親是個高中體育教練的莫理斯，生長在維吉尼亞州仙娜度山谷，進入新英格蘭一所專收男生的大學預校，然後升上喬治城大學。唸了一學期，他就按捺不住而輟學，在越戰打得如火如荼時志願入伍。經過三年嚴格訓練，他晉升為特種部隊上尉，是綠扁帽A小隊的副指揮官，屬於全世界最精銳的軍事單位。他在一九七一年奉命到越南服役，可是因戰火消褪，他並沒到越南履新。在嚴格訓練過程中——空降、潛水和叢林戰，莫理斯結識一名從烏克蘭移民過來的情報士官，聽到許多有關蘇聯生活的精彩故事。莫理斯著了迷，研讀起俄文。一九七二年退役後，他回到喬治城大學正式修讀俄文——同時也打美式足球。

莫理斯時刻想著去冒險。大學畢業後，在商界混了幾年後被CIA吸收。一九八〇年十月他到CIA報到時，剛滿三十歲。一頭最流行的分線頭，又戴一副飛行員墨鏡，看起來挺時髦的。莫理斯在他們那一期新人當中以名列前茅成績結訓，於一九八二年七月初奉派到莫斯科。他花了幾個月時間從事公務員工作，KGB開始接受他的隱蔽身份，對莫理斯失去興趣，他可以開始執行間諜任務了。

桂爾瑟和羅夫在和托卡契夫會面之前，都在莫斯科站裡花了許多時間做規劃。但是莫理斯是「深度潛伏」人員，一切都得靠自己。當他草擬出躲閃KGB跟監行動計畫時，他必須透過等於是辦公室之間祕密傳遞訊息的笨方法——通常利用可以水溶的紙寫下來，悄悄地把它放置在某個地方，譬如用磁鐵片吸住、放在大使館某一滅火器後方，等候另一位專案官員取件。莫斯科站有話要交待他，則反過來執行。他很少有機會得到莫斯科站同仁的指導和關愛。他不曾寫信給間諜。他也不負責準備包裹；他只負責交送。

即將執行任務時，莫理斯走祕密入口進到莫斯科站，進行短促的會議，不超過十至十五分鐘。他背下指示，若是有包裹要偽裝成磚塊或木塊，莫理斯把它放進公事包裡，帶回有許多俄國雇員的行政工作崗位；這時候他正襟危坐，下班前眼珠子不敢離開公事包。

他的角色就是做個完美的送貨員。KGB已經有好幾個月不在意莫理斯的行為舉止，他在莫斯科到處走動，替莫斯科站不同任務在祕密地點放置東西。他必須注意每一句話和每個行動。這好像是在舞台上不斷地演戲，演了好幾個月——不能忘了台詞。一九八三年春天，格外忙碌。有一天夜裡，莫理斯破天荒連續跑兩個相距甚遠的祕密地點擺放包裹，KGB根本沒注意到他。但是莫理斯覺得很孤獨，沒有辦法放輕鬆心情。他必須透過小公務員的身份做掩護，在家也不能談論公事——即使太太也參與大多數夜間躲閃跟監的行動。經歷好幾個月祕密行動都躲過KGB注視之後，莫理斯奉派接受一個非常敏感的任務——與托卡契夫當面會談。[27]

三月十六日，他先後以汽車、巴士和步行方式展開閃躲跟監行動。由於他的掩護身份是國務院小公務員，莫理斯沒有戴羅夫用來聽KGB傳輸用的無線電截收器；如果他被逮，它們會很難解釋。沒有了無線電，他必須靠本能和觀察來判斷是否遭到跟監。兩小時後，已經不受到跟監，他來到計畫見面的現場——巴士站。十來個人在等車。莫理斯非常興奮；腎上腺素高漲。他在夜色中和托卡契夫見面，走向托卡契夫的汽車，它停在附近一棟公寓大樓。進入車內，莫理斯相當緊張，但是托卡契夫冷靜、行為舉止正常，彷彿是多年老手。他們互換包裹：莫理斯給托卡契夫一封信，提到偷渡構想，略述行動方式，也附帶問卷。托卡契夫交給莫理斯十七卷底片，和長達四十二頁的一封信。這些資料裡有一份意想不到的新情報——正在研發中的米格-29戰鬥機「目標辨識系統」。

莫理斯認為托卡契夫一切良好，士氣高昂，莫理斯把歐烈格要的繪圖材料交給他時，托卡契夫笑了。莫理斯表示，CIA希望盡快拿回偷渡行動的問卷——如果可以的話，希望在四月份拿到。托卡契夫雖然有點猶豫，他答應在四月初碰面。他們只談了十二分鐘就分手。

莫理斯晚上十點回到家，把底片留在大衣口袋裡，不敢掏出來，以防KGB在他公寓不曉得哪個角落偷裝攝影機。當天深夜，他躲進衣櫃，蹲在地上，藉著手電筒燈光，用手在水溶紙上寫報告給莫斯科站，敘述會面經過和他的觀察。這就是「深度潛伏」人員的工作——躲在自家衣櫃寫報告。

托卡契夫的長信透露，他經歷三次高血壓「危機」，覺得非常疲倦。他說：「現在我愈來愈難密集工作，很容易疲倦。」過去，他經常在下班後到列寧圖書館坐上幾小時，他說：「我現在不常去了。」他拜託CIA替他買些人參，聽說是很好的提神藥材。

托卡契夫的長信也列出一些私人請託事項，主要是替他自己和兒子買些書。他想要有關西方建築的書籍，不但要有照片附圖，還希望是英文書，以便歐烈格增進英文能力。托卡契夫又請ＣＩＡ替他兒子找些「偵探故事書」，因為歐烈格朋友的家長從國外買回來這些書的平裝本，年輕人熱切傳閱。托卡契夫也要求更多有關蘇聯的書籍，要講的是事實而不是虛偽狡辯。他的好奇心集中在列寧和布爾什維克革命年代，以及史達林時期，尤其是她太太家人遭到殘酷鬥爭的時期。他寫說：「大致上，對十月革命史和一九二〇、三〇年代俄國人生活的客觀詮釋，我都會有興趣。」他告訴ＣＩＡ，他喜歡讀托洛茨基的回憶錄《我的一生》，但是對其他某些人的書，因為是對蘇聯早期生活宣傳，就沒有太大興趣。他又說：「我對世界著名政治家、將領，作家、演員、藝術家、建築師的回憶錄都有興趣。」他要求的書涉及各種不同政治觀點，進步的、反動的都有；他也希望可以找到「西方政治領袖最重要的演講、公開露臉和發表的宣言」的資料，它們在蘇聯通常都找不到。

托卡契夫說，他希望得到下列東西：

一、聖經（俄文）

二、華府印行的小冊子《關於蘇聯軍力》（最好是俄文）

三、雷根提到列寧十項原則的一篇演講稿

四、哥達・梅爾（Golda Meir）的回憶錄（譯按：以色列總理梅爾夫人）

五、希特勒《我的奮鬥》（俄文）

六、索忍尼辛《一九一四年八月》[28]

起先，蘭利很高興聽到莫理斯報告說，托卡契夫身體健康，立刻開始蒐集他所要求的書籍。蘭利在三月二十二日發電報給莫斯科站：「非常高興聽到『ＣＫ球面』恢復舊貌，精神抖擻、健康良好，顯然又能為我們恢復工作」。[29]

但是仔細研讀托卡契夫的長信，卻呈現不同的故事。莫斯科站在幾個小時之內就回報蘭利，認為托卡契夫是個「奮力驅策自己的人」，既與病魔激戰，又「對自己鞭策甚嚴」。莫斯科站對於托卡契夫交給莫理斯的底片，也很不解。如果安全措施十分嚴格——他並沒報告有何變動——他又是如何辦到、拍了十七卷底片呢？[30]

四月一日，蘭利表示，底片沖出來後「效果很好」，包括大約五百二十五頁祕密文件。蘭利的電文說：「我們用大約這個字，是因為有許多是圖表的折頁。總而言之，這是『CK球面』又一傑出表現。」[31]

托卡契夫答應就偷渡事宜答覆CIA，他發出訊號要在四月二十三日見面。莫理斯又出動，在晚上八點五十五分和他碰面。這一次，由於一群孩童在托卡契夫停靠的汽車附近嬉鬧，他把車子開到幾個街廓之外，停在一條小街安靜地點。時間很短，但托卡契夫很堅定：不考慮偷渡出境了。他把偷渡計畫整個信封交還給莫理斯。同時，莫理斯把他在三月份碰面時交付的米格-29目標辨識系統的敏感資料交還給托卡契夫。這是標準程序，CIA看過的任何原始書面材料都會交還給托卡契夫。

儘管托卡契夫抱怨安全措施嚴格，他又交出十四卷底片。他告訴莫理斯，他「繞過」系統，詳情請看他十二頁的行動紀錄。他補充說：「要我呆坐著不做事，實在太難過。」莫理斯在十五分鐘之內就下車閃人。[32]

莫斯科站很快就發現，托卡契夫的作法比以前更危險。托卡契夫在信中解釋，研究中心在上午七點三十分左右開門，但是直到約八點才真正開始工作。他說，大門一開，頭五分鐘不會有人。他說：「我就利用這個空檔。」他三度帶著相機去上班，「直到第三次，才真正沒有別人在場，他才搶到五分鐘。」托卡契夫也說他「略施小計」，騙其他人有份祕密文件是一位長官在閱讀，其實是他偷帶回家拍攝。他承認：「這樣說謊，當然很危險，不可能用上兩、三次。」

托卡契夫在信上解釋為何對偷渡改變主意。他說，他們夫妻有好朋友先移民到以色列、再轉赴美國。他們寫信回來說，非常懷念莫斯科。托卡契夫說，他太太講了：「一個人怎麼會跑到天才曉得的地方去呢？我自己就很清楚，我一定會馬上開始思鄉。我不僅沒辦法住到別的國家去，連住到蘇聯別的城市都不行。」

托卡契夫說，他兒子有一天或許會出國走走，但不會永遠離開蘇聯。

「因此，我和家人離開蘇聯之議，就此作罷。當然，我更不會單獨出國。」[33]

莫斯科站和蘭利為了如何答覆托卡契夫的信，辯論了好幾個星期。蘭利在六月十三日談到他的冒險作法：「我們非常關切，他在四月份信中提到的伎倆，實在很嚇人。托卡契夫提到他也用過、但未加詳述的其他方法失敗了，或許會更令人擔憂。」蘭利承認現在進退兩難了，這是自任務初期就顯現的狀況。「我們要怎麼才能使『CK球面』控制他冒險的傾向，同時又兼可滿足他亟欲生產、而我們又渴望他的情報呢？」蘭利不怎麼願意交給托卡契夫特洛培迷你相機，記得他在一九七九年和一九八〇年利用它們時，因為光線不足和技術差，底片效果不好。蘭利指出，托卡契夫辦公室的燈光只有二十英尺／燭光——勉強夠翻拍文件。不用相機，是否可以要求托卡契夫親筆抄寫最重要的機密呢？

可是CIA又貪婪地想全部都要。他們既希望托卡契夫安全，又希望儘可能榨出所有的機密。蘭利又傳給莫斯科站一張清單，向托卡契夫要求解答。蘭利說：「目前我們感興趣的主要系統是Tu-22M、Tu-160、Yak-41、IFF系統，以及對藍寶石雷達的重要改良。我們首要目標是上述系統，或是在任何新電子或武器系統、包括飛彈的技術規格——研議中的、或是已實體化的。有關能力、功能和運用的其他細節，也很寶貴，雖然也可能會是長篇資料。」這些充分說明托卡契夫接下來四年的作業內容。Tu-22M和Tu-160北約代號稱為逆火式（Backfire）及黑傑克（Blackjack），是超音速戰略轟炸機，兩者都不是托卡契夫直接涉及到的項目。Yak-41是一種垂直起降的飛機，從來沒有實際生產。IFF（敵我識別）和藍寶石雷達則肯定在「法佐龍」的研究範圍，但是托卡契夫已經就藍寶石提供許多資料。托卡契夫被強迫要去攫取通常他不會經手的機密。[34]

CIA猶豫不決是否該給托卡契夫新的迷你間諜相機，讓他在辦公室使用。莫斯科站指出，特洛培迷你間諜相機已有改進，最低可用光線現在是二十五英尺／燭光。蘭利則擔心遲早另一位「法佐龍」員工會因為看到托卡契夫俯身、用手遮著什麼東西，鬼鬼祟祟而起疑。蘭利警告說，托卡契夫「必須在別人面前照相，這當然是極其危險的動作，需要『CK球面』非常非常謹慎小心。這對他的高血壓不會有幫助。」[35]

但是蘭利終究還是屈服了。特洛培相機將會送到莫斯科。[36]

第十五章

不能被活逮

一九八三年四月二十六日上午，研究中心主任設計師尤里・科爾皮契夫（Yuri Kirpichev）請托卡契夫進他辦公室，討論一些日常問題。科爾皮契夫是托卡契夫的頂頭上司。他們正在談話時，電話響了。科爾皮契夫拿起電話，默默聽了幾分鐘，然後問對方：「基於什麼目的，你需要它？」

接下來他答說：「好的，我會照辦。」

電話是主管研究中心整體保防業務的「紀委」主任尼古拉・巴蘭（Nikolai Balan）打來的。紀委隸屬KGB，掌管第一處，負責機密資料室和全體員工的安全審核。每個員工每十年需要填答一份冗長的問卷。填妥的問卷送到KGB複查，並據此決定每個人的保密等級。托卡契夫得到最高級的許可，可以接觸機密文件。

紀委也負責守衛及大樓通行證。蘇聯每個機密機關都設置紀委。

放下電話後，科爾皮契夫找來研究中心的主任工程師，此人負責將裝設在米格-29戰鬥機上的目標辨識系統——第十九號雷達。

托卡契夫一邊聽，一邊嚇得暗自叫苦。科爾皮契夫說，「今天下班前」，貝蘭要求「拿到一份詳列熟悉辨識系統或接觸RLS十九號辨識系統資訊的所有人員名單」。

這正是托卡契夫三月份交給CIA的資訊。

主任工程師問：「為什麼需要它呢？」過去從來沒被要求要填報這樣的名單呀！

科爾皮契夫說，他也向貝蘭問了同樣的問題，貝蘭「沒跟我說清楚」。

托卡契夫回到自己辦公室，腦子拚命轉。他整個人都快癱瘓了。他在腦子裡翻來覆去思索，猜想自己是否露餡了。他首先擔心的是他在給CIA的目標辨識系統上親筆做了註記。筆記已經交還給他，難道CIA那一頭洩漏出去了？有人看到它們了嗎？[1]

托卡契夫試圖釐清他聽到的對話。如果貝蘭要求一份員工名單，那代表目標辨識系統的資訊嚴重外泄。但是他們知道洩密源頭嗎？KGB已經掌握嫌犯、或是正在布網釣魚呢？[2]

他的結論是，KGB有可能不曉得資訊從哪裡外洩出去。實際上，涉及的源頭有數十個之多：位於莫斯科的研究機構，除了他任職單位、還有其他幾個單位，或甚至遠在喀山、梁贊和赫梅利尼茨基等城市，為它們生產雷達及零組件的一些航空和電子工廠。如果是如此，調查還會花一段時間。

另一個可能性更不祥、更可怕，就是他們已經快查到他身上來了。如果是如此，只需一、兩天，KGB就會找上他。今天晚上，安全處會有一份接觸資料的員工名單。明天，名單就會送到KGB。

如果他們攔截到托卡契夫交給CIA的文件——他是親筆寫下資訊——只要比對也是親筆填寫的保密等級問卷筆跡，他就會立即穿幫。只要幾小時，任何人都可以比對出來。他上次填寫保密等級問卷是在一九八〇年。

托卡契夫當下做出決定。他必須毀滅CIA給他的一切東西，他絕對不能落入KGB手中——至少不能被活逮。

他向上司報告，明天要請假一天。他沒有說為什麼要請假。

第二天，四月二十七日，太太和兒子出門上班、上學之後，托卡契夫把他藏在儲藏室裡的所有間諜器材和相關材料統統打包：賓得士相機和固定夾具、祕密地點指示和訊號說明書、異議人士書籍、盧布現金、狄斯卡、短波無線電解調器——連L藥丸和未來會面的時程表統統收拾乾淨。他把它們裝上芝格里汽車後，開往莫斯科城外，連向CIA發訊號、或請求會面的時間也沒有。

他跨過莫斯科外環道路，開往鄉下，朝北駛上羅加契夫斯柯耶高速公路（Rogachevskoye Shosse）。很快地，鋼筋水泥和瀝青路面的大都會，變成濃鬱的森林和開闊的田野。他向東下了高速公路、轉到一條窄路，再折往東北進入另一條鄉間道路，經過五英里，換上一條彎路，出現一座小農村多洛尼諾（Doronino）。路邊只有六戶房子，其中一間是托卡契夫夫婦一九八一年租下來的夏季度假小屋。

年輕時候，他們揹背包登山、露營，走遍蘇聯各地，但是現在他們有了汽車，租個度假小屋比較方便。城市居民常有這種習慣，在半廢棄的村落租或買戶房子，翻修後用來短居。產權絕對有問題；買賣不動產依法是不准的，但是大家另有其他安排。托卡契夫把買賣弄得像是租賃。[3]房子並不貴，但需要花時間整修。托卡契夫到處找稀少的建材，親自動手修理，樂在其中。這棟房子離城市約五十英里。[4]

房子中央有個老式的鐵製火爐。托卡契夫把那些間諜道具抬下車，點燃爐子，除了會面時間表和藏在鋼筆中的自殺藥丸外，包括CIA給他一捆捆的盧布現鈔、指示、書籍、相機等等，一把火統統燒了。

火漸漸熄了以後，托卡契夫發現狄斯卡某些金屬部件並未燒毀。他把它們撿起來。他開車回莫斯科途中，把這些金屬部件從車窗往外丟到路邊溝渠。CIA最精密的間諜通訊儀器的殘骸散落一地。

托卡契夫回家後，把和CIA會面的時間表，以密碼抄進家裡頭一本雜誌《科學與生活》（*Nauka i Zhizn*），然後把原件也燒了。

四月二十八日，上班前，托卡契夫拿出藏有自殺藥丸的鋼筆，放在口袋裡，必要時可以儘快拿到。他告訴自己，最可能被逮捕的地點是科爾皮契夫的辦公室。他推想，他會被找去談話，當他一走進房間，KGB會把他雙手反向壓制，他可能就拿不到鋼筆。

接下來幾天，為防萬一，托卡契夫把脆弱的膠囊從鋼筆取出來，每次科爾皮契夫召他談話，他就把它擺在舌頭底下。

根本沒有人被逮捕。

托卡契夫當時沒向CIA發出訊號，但是他把事件經過詳盡寫下來，在下次秋天會面時交給CIA。他寫說，如果KGB已經掌握他在米格-29目標辨識系統上手寫的註記，「我死定了，誰也救不了我」。但是他說：「如果我及時成功地毀滅材料，KGB就找不到文件證據證明我和你們的關係。」如果KGB展開廣泛搜查、追查洩密源頭，在他家或度假小屋都不會找到證物。

過了一段時候，並未發生逮捕，托卡契夫才相信，KGB的調查不是直接衝著他而來。他的恐慌消退。但是為了安全起見，他決定以後只要是和CIA專案官員會面，以及從辦公室夾帶祕密文件出來時，都要帶著自殺藥丸。

托卡契夫是莫斯科站人力情報蒐集最寶貴的明珠，但是站本部還有另一種不同的間諜作業。它不是人，是一組機器，也是ＣＩＡ自一九六〇年代癱瘓時期以來，在莫斯科情報蒐集轉趨積極明顯的徵象。

這項作業代號「ＣＫ手肘」（CKELBOW），可謂冷戰最巧妙和大膽的一項行動。行動的核心就是針對從特洛伊茨克核武器研究中心拉到莫斯科國防部的一條敏感數據線，從地下竊聽。ＣＩＡ和國安局潛入沿線某一人孔蓋，偷偷安裝竊聽器。莫斯科站所有專案官員在美國都受過潛入仿製人孔蓋的訓練；大衛．羅夫當年為此壓斷大拇指。作業一啟動，一九七九年八月第一個進入人孔蓋的是詹姆斯．奧爾森，他進行了觀察和拍照。後來，一名技術人員潛入，測試應該監聽哪一條鉛封護套線路。然後，再由另一名技術員安裝真正的竊聽器。ＣＩＡ巧妙地藏好竊聽器，以免被蘇聯例行維修人員發現。它開始從電纜線吸收資料，把它們傳送到ＣＩＡ埋在相距十二英尺外兩棵樹中間的紀錄儀。莫斯科站每隔一陣子，就會派一名專案官員去換裝紀錄儀、蒐集資料。作業的小心謹慎程度不下於和真人間諜見面。紀錄儀有本身的電源，便於儲存大量數據資料。為了嚇阻不必要的好奇心，ＣＩＡ在紀錄儀外盒貼上俄文警語：「危險：高壓電。」另外它還配置防破壞的警報系統，如果有人企圖碰它，遠端的某一ＣＩＡ人員就會收到警報。美國政府為這項行動投下約二千萬美元資金。[5]

「ＣＫ手肘」雖是科技精靈，也需要有人照顧。一九八三年六月某個風和日麗的星期六，輪到莫理斯去取回埋在地下的儀器。莫理斯和太太把一箱可樂放上車，裝做出門到鄉下野餐的樣子。可樂箱裡藏了一個素色背包，背包裡是新的紀錄儀、一把可折疊的鏟子和動物糞便。經過一段閃躲跟監行動後，他們搭巴士、電車，然後開始步行登山。莫理斯把沉重的背包揹上身，夫妻倆略為化妝成像是出門踏青的俄羅斯人。他們在下午走著走著，走到兩排防風林附近，防風林背後是寬廣的曠野。暮色逐漸降下。莫理斯的太太也是CIA的雇員，她負責守望。莫理斯開始找埋藏紀錄儀的地點。他以前沒來過，但是研究了人造衛星空照圖，很快找到紀錄儀後開始挖掘，他太太負責把風。莫理斯從地下抬出舊的紀錄儀，正要把新的紀錄儀埋起來時，突然看到他太太顫抖，彷彿要尖叫。

她猛喘氣，莫理斯趕緊回頭。他看到兩隻野貓從樹叢中跳出來，把她嚇了一跳。牠們只有幾星期大，很調皮好玩。莫理斯太太力保沉默，不敢笑出來。

莫理斯把舊的紀錄儀放進背包，清理現場，掩埋蹤跡，然後反向搭巴士、電車，走回停放的座車，他們換掉化妝，恢復外出野餐的穿著。莫理斯把背包和舊的紀錄儀放進可樂箱，關上蓋子，開車回家。他抬著可樂箱經過蘇聯民兵，進入他的公寓。第二天，舊的紀錄儀由別人送到莫斯科站。

莫理斯喘了一口氣、心情放鬆。在莫斯科擔任「深度潛伏」人員實在不輕鬆。

他大體上躲過KGB的注意，但是一九八三年秋天，他開始受到較為嚴密的跟監。和托卡契夫預定的下次會面日期是九月二十日，但是由於受到跟監，莫理斯必須作罷。氣窗打開了，代表要在十月四日見面，但是托卡契夫沒出現。他又發出訊號要在十月二十一日見面，但是KGB的跟監，迫使CIA作罷。托卡契夫發訊，可先通電話以便十月二十七日會面。CIA人員打了三次電話，都是他兒子和太太接電話。十一月三日，氣窗又打開，但是托卡契夫沒出現。對於還處於深度隱蔽狀態的莫理斯來說，這種情形令人感到愈來愈沮喪。每次安排會面，都會有個備案，即一個小時之後再碰頭。但是每一次托卡契夫都沒有出現。莫理斯會先離開，設法隱蔽蹤跡、在一小時之後再回來，但是都見不到托卡契夫蹤影。莫理斯要經歷漫長的躲閃跟監行動，腎上腺素高度分泌，可是一事無成，也沒有任何解釋。錯過一次會面可以理解，但是從一九八三年九月至十一月連續五次試圖和托卡契夫見面都沒有成功。

好不容易，十一月十六日晚間，莫理斯有所突破。他和托卡契夫在他們第一次碰面的巴士站見面。兩個人都大大鬆了一口氣。他們走向托卡契夫汽車時，莫理斯問是怎麼一回事。托卡契夫解釋說，他兩次赴約，但沒看到莫理斯。他說有三次他沒出現，因為是他太太打開通氣窗口的。他說，今後不能用電話了；他那青少年兒子和太太老是占著電話，他完全沒有私人空間。

托卡契夫上了車後表示，他沒有任何底片可交，又說研究中心的安全措施仍很嚴格。他說，一切都在行動紀錄中說明了，他有一陣子不會試圖偷拍文件。

兩人很興奮能夠重新聯繫上。莫理斯交給托卡契夫一個莫斯科站的包裹，裡頭有兩具藏在鑰匙圈的特洛培相機，還有一個新的測光儀。ＣＩＡ在信中告訴托卡契夫，迷你相機已經改善，只需二十五英尺／燭光的照明。莫理斯沒有多談包裹，他想知道托卡契夫的健康情形。會面結束時，莫理斯說：「我沒辦法向你形容今天晚上是多麼高興見到你。」托卡契夫回答說：「是啊！我也是這種感覺。」

這是托卡契夫和ＣＩＡ第十八次會面。[6]

莫斯科站起先很振奮，向蘭利報告說，「會面進行十分順利，『ＣＫ球面』平安無事。

會面時的對話很自然；『CK球面』似乎情緒很好。」

但是托卡契夫的信一被翻譯出來，就發現大事不妙。托卡契夫詳細報告春天那場虛驚——調查、焚毀一切事證，以及舌下含著自殺藥丸。這場虛驚又點燃起過去對托卡契夫所有的焦慮。莫斯科站向蘭利報告：「一個痛苦的明顯事實是，『CK球面』覺得自己處境相當危險，他的安全情勢持續惡化……我們相信你們讀到信後會和我們一樣震驚。」

托卡契夫向CIA報告，秋天之前，他判定KGB執行的是普查，不是直接針對他。可是他覺得KGB有可能是在追查某個人。托卡契夫說，他現在「按兵不動」，不能提供CIA有關米格-29目標辨識系統的更多新資料。他說，第一處人員已開始在實驗室突襲檢查，是否有祕密文件隨便亂放。同時，所有員工都得繳交新照片——以便換發新的通行證。

托卡契夫口氣相當抱歉，他說，「我被迫在這種緊急狀況下採取最大程度的小心戒備」，而他還是不確定是什麼原因觸動這番調查。他說，在明年之前，他無法提供文件。但是托卡契夫表示，他願意手抄祕密文件的內容，但這樣做並不容易。他過去下班後就到列寧圖書館悄悄抄寫文件，但是近來他很疲倦，很難利用晚間到圖書館，也無法向家人解釋為何遲遲不回家。他說，自從第一處人員突襲檢查，他也無法坐在辦公桌上把祕密資訊抄進筆記本裡。

托卡契夫也透露他有新的健康問題。他年輕時候打冰上曲棍球所受到的斷鼻傷害，多年來原本沒事，但是現在他很難以鼻子呼吸，「開始使我非常不舒服」。他因此夜裡睡不好，白天沒精神。他向CIA預告，他或許需要進行鼻部手術，屆時面貌會改變。但是他們還是可以靠慣用的暗號辨識他。他說，去和專案官員見面時，「我左手總會拿一本淺色封面的書，通常是白色的。」[7]

CIA被托卡契夫敘述的虛驚一場所震驚。蘭利稱之為「令人寒慄的經過」，發文給莫斯科站說：「我們和你們一樣非常的驚嚇，只能想像『CK球面』自從一九八三年四月底以來的痛苦。」但是他們實在愛莫能助。下一次預定會面時間是五個月後的一九八四年四月。莫斯科站說，或許應該指示托卡契夫埋藏特洛培相機。但是托卡契夫已經沒有任何通訊器材，因此要傳訊給他並不容易，除非他主動要求、或是同意在四月份之前另行安排一場會面。[8]

究竟是否有那個環節走漏風聲呢？蘭利堅稱不可能。經過檢查，關於目標辨識系統的資料直到六月份才在美國政府內部分發，因此不可能引起四月份的調查。[9]兩年前的一九八一年八月，CIA警覺到在美國政府和國防工業承包公司可獲得許多消息來源的《航空週刊暨太空科技》(*Aviation Week and Space Technology*)雜誌曾刊登一篇文章指出，蘇聯軍方航空電子儀器「技術上有長足進步」。雜誌引述未具名海軍情報官員的話描述蘇聯新戰鬥機的「長程俯視／俯射能力」。但是要說這篇文章在二十個月之後突然引起托卡契夫任職機構的安全調查，好像也說不過去。[10]

托卡契夫的信交給蘭利一名精通俄文的官員，他詳閱所有檔案，被賦予解讀這位億元間諜心理狀態的任務。這名官員對於托卡契夫的使命感印象深刻，他寫下：「毫無疑問，『CK球面』在主任設計師辦公室聽到那段話後，非常震驚，這個嚴重震驚讓他想到KGB找上門來的各種急迫可能性，可是震驚又不是擔憂性命即將結束、而是擔憂一生目標即將終結。事實上，自保似乎不是太重要，在震驚中他產生堅定決心，要『採取一切措施不要活生生落入KGB手中』。」根據蘭利這位官員的分析，托卡契夫關心的不是保住自己性命，而是拯救他的間諜行動，「在非常務實和頑強的決心下挺過風暴，並支撐到底，以便盡全力傷害蘇聯政府」。

這位官員觀察到，托卡契夫「展現傳奇的韌性和力量，無視於他所描述的事件和行動之震撼性，他的口氣十分正面和堅強。他幾乎毫不激動地、以對話方式敘述經過，彷彿在討論他打算如何度假。」這位官員又說：

他處理每件事都很客觀，尤其是他的弱點。雖然他相信他的結論合乎邏輯、有道理，但是他也承認他分析事實「毫無疑問太匆促」，他還特別在他的文字底下劃線，進一步強化他的自我研判。他不偏不倚地剖析他的分析，顯示他如何被真正的恐懼所影響……而陷入幾近驚慌的狀態。然而，儘管經歷恐懼和驚慌，他後續的動作是冷靜思考的結果。

因此，「CK球面」毀滅所有的器材和不利材料，不是害怕性命危險，因為他根本沒有這種畏懼，而是刻意要讓KGB除了掌握到材料而逮捕他之外，休想得逞。

這位官員又說：「『CK球面』顯示完全無懼死亡，但是他毫不猶豫顯示他唯一真正的恐懼：在不知不覺下被KGB逮到……對KGB強烈的仇恨滲透了『CK球面』所有想像中與其『交手』的描述。雖然他現在被迫自我節制、保持低調，『CK球面』似乎決心會繼續下去，而且『不能被活逮』。」[11]

第十六章

埋下背叛的種子

湯瑪士・米爾斯是地下工作老手。童山濯濯、身材瘦削的米爾斯出了名的好脾氣，他是CIA總部主司在蘇聯境內間諜活動的蘇聯組組長。除了份內職掌外，他花時間認識內定要派到莫斯科任職，而正在受訓中的年輕專案官員。他們通常每週有一次會到蘇聯組來，閱讀來往電文。米爾斯也負責開授跟監及間諜技巧課程，教導新一代專案官員。

一九八四年五月底有一天晚間，米爾斯和太太周碧在他們維吉尼亞州維也納市的家中，設宴招待東歐外交官員。米爾斯聽到有人在敲門，向客人致歉後去應門。

門口站著滿臉怒容的愛德華・李・霍華德（Edward Lee Howard）。霍華德是米爾斯一九八二年和一九八三年在蘇聯組帶過的一名學員。霍華德當時受訓要派到莫斯科，擔任托卡契夫下一任專案官員。但是CIA對他失去信心，逼他離開CIA。

米爾斯走到車道，發現霍華德的妻子瑪麗站在丈夫身旁，抱著還在學走的兒子。米爾斯的一個鄰居，曾經和霍華德一道受訓，也站在他旁邊。

霍華德身高五尺十一寸，棕眼珠，黑色鬈髮。他的情緒憂鬱而激動。

米爾斯沒辦法邀請霍華德進屋內談。他告訴霍華德現在不方便談話。

霍華德滿懷怨恨。他懇求米爾斯幫忙，聽他申訴，或許可扭轉CIA的決定。米爾斯再說一遍，現在不方便談話。

霍華德口出髒話——ＣＩＡ把我給搞了！

瑪麗強忍著眼淚，差點哭出來。

米爾斯轉身回屋子裡，事情沒有解決。霍華德是個很糟的學員，米爾斯很高興沒把他派到莫斯科站去。ＣＩＡ不想和霍華德再有任何瓜葛。心理專家說，應該乾淨了斷，別再寵愛、沒有回頭希望。霍華德登門興師問罪不是好兆頭。

霍華德握有ＣＩＡ某些最內部的機密。他被ＣＩＡ掃地出門，嚥不下那口氣，而現在又情緒失控。[1]

愛德華．李．霍華德是空軍子弟。父親是個士官，擔任飛彈電子技士，母親是拉丁裔，世居新墨西哥州西部。霍華德小時候，父親在海外服役，他在外祖父位於阿拉莫哥爾多（Alamogordo）的牧場長大，後來他跟著雙親住，每兩、三年就調往新的軍事基地，見識到世界。德克薩斯大學商學院畢業後，他志願加入和平工作團派到哥倫比亞，不過他在哥倫比亞過得並不快樂。霍華德後來進入國際開發總署，在祕魯管理貸款計畫。他在華府美利堅大學拿到企管碩士學位後，成為某一環保顧問公司芝加哥辦事處主任。一九七六年，霍華德和他在哥倫比亞結識的另一名和平工作團義工瑪麗．希達利夫（Mary Cedarleaf）結婚。當時他在生態及環境公司（Ecology & Environment Inc.）已位居經理人職位，在芝加哥郊區買了房子。[2]

一切看來都很順遂，只是霍華德過不了寧靜的平凡日子。他酗酒，經常為喝酒問題與瑪麗吵架。他渴望搬到海外居住。一九七九年，他填表向ＣＩＡ求職。霍華德二十八歲、走過世界許多地方，有些外語能力，具有拉丁裔血統，又有在企業任職的經驗。CIA已經擴大以前只向常春藤名校求才的作法，廣招不同背景人才，盼望和民間企業爭搶優秀人才。霍華德通過一系列考試和安全檢查。一九八〇年十二月，他被接納參加地下工作。他的志趣在經濟方面，希望能在歐洲謀個好差事──最好是在瑞士蒐集經濟情報。[3]

霍華德於一九八一年一月到CIA報到，通過例行的測謊。他承認貪杯，在拉丁美洲吸食過古柯鹼和大麻，但他並未因此不合格。他受到警告，以後不要吸毒了，否則會被革職。不久，他就接受基本訓練，似乎會被派到歐洲，第一個任務是在東德。

一九八二年二月，霍華德也沒料想到，忽然被徵詢是否願意到莫斯科工作。是什麼原因，我們不清楚，但是作家大衛・懷斯（David Wise）說，另一人選退出，霍華德成為後備人選。[4]依據霍華德自己的說法，「他從來沒有興趣」要到蘇聯工作，但是他接受新派令，認為這將是「在CIA晉升的青雲之路」。[5]他開始在喬治城大學修俄文，並利用星期六到CIA總部閱讀來往電文。

霍華德從一九八二年二月七日至一九八三年四月三十日待在蘇聯組。他接觸到莫斯科站與蘭利日常的作業電文，托卡契夫在電文中的代號是「CK球面」。我們不清楚，霍華德是否知道托卡契夫的真實身份。但是，霍華德已經內定要到莫斯科任職，預備和托卡契夫搭配，他應該有可能讀到更深入的電文，包括托卡契夫一九七八年給CIA提到他的身份和職業的信。[6]

瑪麗也加入CIA，接受訓練。她在莫斯科的工作是支援丈夫執行任務，主要是留意KGB跟監。夫妻倆都接受CIA在「拒止地區」作業的嚴格訓練，學習如何偵查和閃避

KGB的監視。課程涉及到在華府街頭好幾個星期的嚴格演習。FBI探員扮成KGB跟監人員，迫使年輕的專案官員精練技能。米爾斯和他太太幾十年前也經歷這種演習，他有時候也參加訓練課程。有一天他看了霍華德的演練，覺得他動作遲緩。米爾斯也注意到瑪麗羞澀、害怕。有一次演練，FBI探員掏槍模仿伏襲，瑪麗竟然嚇哭了。

霍華德的訓練也包括準備爬進人孔蓋，檢視莫斯科郊外地下電纜監聽作業「CK手肘」。課程要求背著三十五英磅重的背包，步行十英里，來模擬祕密更換資料紀錄儀的經驗。通常在受訓時，學員背包塞的是石塊，但是霍華德耍詐，拿紙板塞進背包。教官發現了，但是當時沒向上級報告。

霍華德和太太也學了使用小丑盒躲避跟監，並在適當時刻跳車的技巧。霍華德跳車訓練是在華府甘迺迪中心附近一塊草皮練習。[7]

一九八三年初，霍華德似乎已經準備好要出發到莫斯科了。為了增強他的美國大使館預算官掩護身份，國務院出資讓他接受外交官訓練課程。一九八三年三月十一日，他接到雷根總統和喬治・舒茲（George Schultz）國務卿簽署的派令，證實他是美國新進外交官。同一個月，他第一個兒子李（Lee）出生。全家人的護照也送到蘇聯，辦理外交官多次進出簽證。他們預定六月底啟程前往莫斯科。就CIA而言，霍華德將是「深度潛伏」的人員，雖是菜鳥卻能入選，是因為他年輕、沒有紀錄，或許能瞞過KGB耳目。[8]

出發前，霍華德必須例行再接受一次測謊。他回憶說，四月份做完測謊後，測試人員和他握手，祝他一切順利。但是測謊結果有些異常現象，引起保防官員注意。霍華德被要求第二次測謊。結果顯示他對過去某一犯罪行為有所隱瞞。霍華德承認，過去有一次喝醉酒，從飛機上鄰座乘客放在位子上的化妝包裡偷了四十美元。他又得做第三次測謊，因為太緊張了，在測試前吞食鎮靜劑，使得測試人員很生氣。四月二十九日，他又需要第四次測謊。測試一再顯示，他在某些犯罪行為、以及對毒品及酗酒問題的回答有所欺瞞。幾天內，ＣＩＡ決定不派霍華德到莫斯科。ＣＩＡ高級官員組成的人事評審會將決定他的命運。ＣＩＡ可以把他改派到不敏感的職位，但是人評會決定立刻開除他。霍華德受訓時，大衛・佛登是蘇聯組組長，也是人評會委員，他回憶說，人評會很快就做出決定。佛登認為霍華德是個「失敗者」，表示：「我說，甩掉這傢伙吧，他是個無賴。」[9]

五月三日，霍華德得到總部通知，取消前令，不派他到莫斯科去了。他拿到最後通牒：提出辭呈，否則就等著被革職。ＣＩＡ也不解釋為什麼。他太太瑪麗具有ＣＩＡ雇員身份，正在休產假，她要求知道原因，ＣＩＡ還是不說。霍華德告訴他太太：「他們認為我說謊。」[10]他猜得一點都不錯。ＣＩＡ不認為他們可以信賴連續四次測謊都不能過關的一位學員，並由他經手他們在蘇聯最敏感的作業。ＣＩＡ局長有權片面取消一名職員的安全等級，實質上終止他或她的雇用關係。霍華德簽了辭職書。但是在他被護送走出總部大門之前，他影印了他的ＣＩＡ入證件，上面有他的照片和號碼，另外也影印了幾張字條帶著走。[11]

ＣＩＡ說，他還可以拿六個星期薪水，並要去見ＣＩＡ資深心理醫師伯納德・馬洛伊（Bernard Malloy），以接受心理評量。[12]ＣＩＡ也替他準備了一份履歷，以便他去外頭求職，履歷說他在國務院擔任了兩年的「外交官」，但隻字不提ＣＩＡ。[13]

霍華德十分「錯愕」。他日後回憶說：「我被他們這樣的對待搞得心神大亂，也對他們如此冷酷開除我、把我踢到街上感到非常憤怒。」[14]他決定回新墨西哥州，設法在州議會財政委員會找到一份工作，擔任經濟分析師，評估石油及天然氣歲入。霍華德對問起來的人說，他被國務院培訓要派到莫斯科，但是兒子剛出生，不想遠渡異國而辭職。[15] 他在聖塔菲市南方的艾爾多拉多（Eldorado）維拉諾環道（Verano Loop）一〇八號買了一戶磚造農場房子，按照瑪麗日後的說法，準備「重新整飭自己，開啟新生活」。[16]

霍華德簽了一份保密協議，預料會永久保守祕密——即使是被CIA逼退。CIA可以終止他的雇用關係，但是無法在美國境內行使強制力。如果霍華德成為安全風險，那是反情報問題，歸FBI管轄。這時候，CIA並沒照會FBI有個接觸過機密文件的學員已被免職。CIA的作法是家醜不必外揚。然而，即使CIA此時提醒FBI，FBI是否會採取任何行動也不一定。[17]

霍華德怒氣難平，心心念念想對CIA報復。被逼退的幾個星期之後，他走進華府卡洛拉瑪區的蘇聯領事館，在接待員桌上留下一張字條，留的名字是「亞歷克斯」（Alex）。字條上有他的CIA通行證影本，提到他本來要派到莫斯科站服務，並且說他有情報要賣，索價六萬美元。霍華德留下指示，可在某天於美國國會大廈和他見面。霍華德告訴太太瑪麗，留字條在蘇聯領事館比起到西北第十六街的蘇聯大使館留字條要安全得多。因為FBI在領事館沒設監視攝影機，在大使館則設了不少攝影機監視。[18]

霍華德訂了一九八三年十月二十日在國會大廈二樓廁所和俄國人見面。他在受訓時學到，FBI依法不能進入國會大廈；他們不會在哪兒看到他。國會大廈還有許多地方開放供觀光客逗留。霍華德在蘇聯領事館外一座公園坐了好幾個鐘頭，左思右想，最後決定不到國會大廈赴約。回到家後，他向瑪麗說，他沒辦法狠下心去做。[19]當時KGB派駐在華府的第二號人物維克多・齊卡辛（Victor Cherkashin）說，KGB收到霍華德留的信，但是也決定不赴會，因為害怕這是FBI設下的圈套。[20]

霍華德開始向莫斯科撥打怪電話。他在半夜，通常是喝得醉醺醺的時候，打到他在CIA所知道的一個美國電話號碼，這條特殊專線連到駐莫斯科美國大使館，是讓美國外交官避開老舊的蘇聯電話線，和美國國內通話的專線。這條專線並不安全，可能受到KGB監聽，是供私人通話、或是協調例行公務之用。有一天晚上，在莫斯科已是次日上午，霍華德打電話到美國大使館去，一名陸戰隊衛兵接電話。霍華德開始唸出一張紙上面的許多號碼，然後掛上電話。[21]還有一次，他報出姓名，要求留話給莫斯科站站長，表示他不能來報到。霍華德沒有理由打這個電話；站長早就曉得他不會來報到。站長把這件事向蘭利報告，蘭利再把霍華德找去，訓斥他不得再打這種電話。

事實上，霍華德企圖利用這條電話線驚動KGB。霍華德後來寫說：「我打電話給CIA站長，表示不會來報到，其實就是想讓蘇聯曉得，我是原本奉派要擔任深度潛伏的CIA人員。」他說：「我是故意打那通電話的，當時我很氣憤。」[22]還有一次，霍華德打電話到莫斯科找蕾雅（Raya）。這位高大的俄羅斯金髮女郎在美國大使館任職，負責替外交官辦簽證、找公寓及聘雇俄羅斯職員。她向大使館官員報告這通電話，而且毫無疑問，也向KGB通風報信。有位CIA官員後來審查紀錄，他說：「重要的是，（霍華德）讓他們知道可以在哪裡可以找到他。他在行動上，非常冷靜。」

一九八三年秋天，霍華德寫一封公開信給蘇聯駐舊金山總領事館。這封信像是公民投書，表示關切美、蘇關係。霍華德簽上他的真實姓名。他告訴瑪麗，他寫這封信是「挑釁」，認為ＣＩＡ或ＦＢＩ會看到它，對他和蘇聯直接接觸會很不痛快。[23]

霍華德的酗酒問題愈來愈嚴重。他在一九八四年二月二十六日喝醉酒，於新墨西哥州聖塔菲市郊一家酒吧和三名陌生人起衝突。霍華德持有槍械，也有執照可以買賣槍枝。他在他的吉普車座椅下放了一把史密斯威爾森點四四麥克儂左輪手槍。他向陌生人挑釁，還掏槍透過他們汽車敞開的車窗向他們瞄準。其中一名陌生人把槍撥開，槍枝走火、射穿車頂，他們撲向霍華德奪下武器。沒有人被槍打傷，但是霍華德挨了一頓揍，也在拘留所關了一夜。後來他承認以致命武器毆打人的三項罪名，裁罰七千五百美元，並奉令要接受心理治療，緩刑五年。[24]

他的精神狀況顯然很不穩定。他回到新墨西哥時還很樂觀想要重新開始，甚至起心動念參選公職，但是瑪麗回憶說，酒吧酗酒鬥毆事件之後，他就自暴自棄。

他「開始說要到蘇聯去。」[25]

波敦．葛伯從一九八〇年至一九八二年擔任莫斯科站站長，也是推動更積極對蘇聯進行間諜工作的新一代情報人員先驅。他在一九八四年五月升任總部蘇聯組組長。不久之後，愛德華．李．霍華德變成他的燙手山芋。葛伯不曾雇用霍華德，也沒有開除他，但是如何處置他，卻變成他的棘手問題。跑到米爾斯家去滋事，是個壞兆頭。從審閱檔案和與一些人談話，葛伯發現ＣＩＡ的心理醫師堅持，霍華德被革職後，就和他切斷一切往來。葛伯認為這樣做不智。如果霍華德握有敏感資訊，就不應該拒他於千里之外。當霍華德申請分攤一半的心理醫師診斷費時，提出的理由是他的問題源自於曾在ＣＩＡ上班，葛伯因此點頭付錢。

一九八四年九月，兩名CIA官員飛往聖塔菲探望霍華德。他們是蘇聯組組長米爾斯，和CIA心理醫師馬洛伊。雙方在一家汽車旅館吃早餐會談時，霍華德似乎又慢慢恢復正常。他服裝整齊，似乎對自己的未來相當樂觀。兩位CIA官員告訴霍華德，他的心理諮商費用，CIA負責買單。

談話中，霍華德投下震撼彈，向CIA官員承認，他曾經坐在蘇聯領事館外的公園裡，左思右想如果他走進去會發生什麼狀況。霍華德說，他覺得俄國人很小氣，不會給他很多錢，因此他沒有踏進蘇聯領事館。[26]

他在扯謊。他已經有了許多行動。早餐會面之前幾天，霍華德才剛和家人從歐洲旅行回來。霍華德被逼退之後，CIA無意中把霍華德一家人的外交護照寄給他；他在這趟旅行中使用它們。霍華德和家人遊歷義大利、瑞士、德國和奧地利。

有一天夜裡在米蘭，霍華德又喝醉酒，大約午夜時分消失，不在家人面前，到清晨四點才回到旅館。他在回程時，被一名警官攔下，警官注意到他酒醉開車；霍華德掏出外交護照，當下釋放。[27]在這幾個鐘頭期間，他可能和KGB接觸。我們不清楚確實狀況，但是霍華德後來向一位朋友吹噓，米蘭是會見蘇聯人「行動的掩飾」，並且他在當地某個祕密地點擺了東西。但是瑪麗沒有注意到這趟旅行有什麼不尋常的地方。[28]

霍華德才正要施展身手。

一九八四年十月，他在家裡接到一通電話，對方說話輕柔、愉悅，有點腔調。這名男子問起霍華德要賣的一份手稿；霍華德一聽就懂，此人講的是他在一九八三年留在蘇聯領事館的那封信。霍華德答說，他沒有要賣任何東西，請你以後別再打電話來了。但是這名男子纏著不放。他說，他可以讓霍華德吃不完、兜著走；也可以讓他步上康莊大道。他說，他或許願意就霍華德提出的六萬美元，再加一倍價錢成交。這名男子請霍華德仔細想一想，他隔幾天會再來電。[29]

KGB駐華府的第二號人物齊卡辛在他的回憶錄透露，這通電話是他打的，而霍華德表示「很熱切有機會為我方工作」。齊卡辛又說：「我告訴他，他必須飛到維也納去見他的專案聯絡人，我們稍後會通知他何時及如何到哪裡去。他同意了。」[30]

這通電話之後，霍華德寄了一張明信片到舊金山蘇聯總領事館，署名「亞歷克斯」。這是要確認一九八五年一月在維也納會面的計畫。他在大約一個月之後接到第二通電話，搞定旅行計畫。[31]

霍華德告訴瑪麗：「我要讓CIA那些王八蛋嘗嘗我的厲害。我要把他們打得哭爹叫娘！」[32]

第十七章
新代號：征服

對托卡契夫而言，在他單位的那一次安全檢查是個震撼。事隔一年，他腦子裡還在思索這究竟是怎麼一回事。一九八四年四月十九日晚間，他在街上和ＣＩＡ專案官員碰面，交遞十三頁的行動紀錄，提到他很抱歉，太驚慌了。他寫說：「今天，我腦海裡把一九八三年四月底發生的事重新整理一遍，我必須承認，我的行動太魯莽了。」他再次道歉「當時毀壞那麼多東西」，「整整一年無法交出任何新資訊」。[1] 托卡契夫交給ＣＩＡ官員二十六頁的筆記和蘇聯雷達的原理圖，這是他憑記憶手寫下來的；他另外又交出兩卷特洛培相機的底片。他告訴專案官員，雖然從去年秋天起就不再有突襲檢查，但是研究中心的安全情勢並沒有改變，仍然限制很多。他不知道這是不祥的跡象，或是危險已經過了。他寫說，有可能是ＫＧＢ曉得機密外洩，但缺乏足夠細節追查下去，也有可能ＫＧＢ只是預備一份知情人士名單——一旦有需要，即可按圖索驥。[2]

這次是前一年秋天會面，托卡契夫告知虛驚一場以來的首次接觸。雙方失聯了好幾個月，ＣＩＡ擔心他的精神狀況，在行動紀錄中安慰他，稱許他做的是對的。ＣＩＡ寫說：「你以極大的勇氣、務實的謹慎和令人佩服的自制，就危險情勢做出反應。我們明白你不希望留給ＫＧＢ任何東西，也完全同意你毀滅與我們有關聯的一切證據。」

然後，為了讓托卡契夫對安全放心，CIA給他來自蘭利的一份備忘錄，說明他的資料在美國是如何處理。備忘錄指出，打從行動一開始，CIA就建立特別程序，包括收到情報的少數機構都必須另設安全處所存放檔案。「除了你的資料，其他任何資料都不能放進這些儲藏處所。資料本身或是它的摘要也都不能攜出這些儲藏處所。」每個閱讀資料的人都必須簽名。「依此規定，我們一直都知道何人、何時讀過哪一份文件。」另外，CIA告訴托卡契夫，只分發翻譯件、不分發原件，甚且對誰可以談論托卡契夫的情報都有嚴格限制。CIA堅稱，托卡契夫在一九八三年三月交付的「目標辨識系統」，一直到研究中心安全出現警訊之後才交給美國政府內的專家過目，因此消息外洩的源頭不是美國。

CIA對托卡契夫的安慰話算是正確，敘述了他的情報分發給外人的安全措施。但是它完全沒有提到從內部出賣的想法。

CIA在行動紀錄中建議托卡契夫，如果出現更多威脅或調查，他應該暫停作業、躲避風頭。CIA表示：「儘管你的資訊極富價值，我國政府最高階人士對你有最高的敬意，你未來安危是我們更重要的關切。」它們又說，如果感受到威脅，「不用猶豫，請自行做主毀滅一切器材及停止活動，時間長短都不妨。」

但是，CIA和作為「顧客」的軍方心裡頭還是希望托卡契夫在能力範圍內取得更多資料。專案官員又交給托卡契夫藏在鑰匙圈的兩卷特洛培相機底片，另外又給他十二萬盧布，彌補他在度假小屋燒毀的部分損失。莫斯科站塞進一些人參，也給托卡契夫提供保健主意，勸他要放寬心情、少吃鹹食。「我們覺得你不只是同事、更是朋友；因此，我們請你務必保重。」[3]

托卡契夫在上次虛驚中已經把賓得士三十五公厘相機給毀了，只剩一個方法拍攝文件，使用莫理斯在去年秋天交給他的兩具特洛培迷你相機。他在行動紀錄中告訴ＣＩＡ，由於限制重重，他再也無法把文件偷帶外出拍照，現在他冒險使用它們在辦公室拍攝文件。可是，他在信裡沒講清楚。他寫說：「從安全角度講，整個過程我站著、要比坐著，來得方便。」我們不清楚，他在哪裡站著、為什麼要站著。托卡契夫說，他發現手持這小型相機站著的時候，很難保持迷你相機和文件確切二十八公分的距離。他說，他把一根織衣針頭弄扁平，使它達到切合的長度，然後再把它用橡皮筋掛到相機上形成一個自製的相機腳架。托卡契夫說，他擔心織衣針會在文件上留下影子，因此有幾頁特別拍照兩次。但是他說：「不幸，我在拍第二次時，太急了，可能忘了打開相機鏡頭的蓋子。」他寫說：以後由於「時間太急迫」，他不會每頁文件都拍兩次。[4]

他對照相沒再多說，而ＣＩＡ也沒辦法問。他又要求再給他一台賓得士三十五公厘相機。

四月二十七日，蘭利說，托卡契夫交給專案官員的兩卷特洛培相機底片，效果「普遍良好」，有一份文件是當中的「全壘打」。他憑記憶手寫的筆記「非常有價值，充滿極不尋常的大量細膩的細節」。

蘭利的結論是：「我們初步閱讀後的反應是，『ＣＫ球面』幾乎已經從去年的驚嚇中完全復原了。他再次冒險（在實驗室拍照），堅決要對其制度造成最大傷害。」

托卡契夫在他的行動紀錄中比起過去談更多他的個人問題。他仍在考慮動手術、整治他的鼻子。他告訴CIA：「哪天會面時，我的鼻樑已經修正，你們可不要驚訝。」

他又透露他另一個健康危機。他說：「大家都曉得，健康會隨著年紀增加而退化。」他提到三月間慢性胃炎的老毛病發作。「我發高燒，病了兩個星期，無法上班。這項危機之後，胃又持續痛了一個多月。我被迫更改飲食習慣。」蘇聯醫生建議玫瑰果油和沙棘油，但是莫斯科藥房的架子幾乎空無一物；「即使有醫師處方籤，實際上也買不到這些油。」這些藥在黑市上可以買得到，但是托卡契夫不想嘗試。他說：「如果你們能幫我找來玫瑰果油和沙棘油，就太棒了。」托卡契夫也有牙周病，吃生冷食物，牙齒就痛。他附上俄文說明書，他想要的法國藥，在莫斯科也買不到。他和太太都需要配新眼鏡；托卡契夫提供醫師開的處方。他兒子需要六到八瓶印度墨水供繪圖之用；另外他需要一瓶清潔液，清洗CIA早先給他的器材。[5]

CIA見到這些要求，反而更放心。蘭利發給莫斯科站的電文提到，托卡契夫「已經恢復他的動力，再度決心根據他自訂的時間表為我們蒐集資訊」。蘭利說，托卡契夫「似乎再度展現強迫性的急切感，要啟動他自己指派的任務」。他們開始收集托卡契夫清單上的物品，另外加上德國製相同等級的藥品如達胃健錠和美樂事。[6]

一九八四年夏天，CIA也更改托卡契夫的代號。蘭利說，這是例行的安全程序，因為「CK球面」已經用了六年。

他新的代號是「CK征服」（CKVANQUISH）。

到了秋天，托卡契夫似乎已經重新振作起來。十月十一日，他和CIA官員碰面二十分鐘，探員發現他比春天時「更健康、更有活力」。專案官員帶了一大包東西給托卡契夫，包括十六萬八千七百五十盧布，以及他採購單上大多數物品。托卡契夫交給專案官員兩具已拍過的特洛培相機，以及二十二頁的手寫材料，包括一份行動紀錄。他立即問起賓得士相機，問眼前CIA官員有沒有帶來？他非常需要它。但是CIA已經決定不給他賓得士相機，深怕他過度涉險。

托卡契夫堅稱，冬天快來了，儘管有風險，他可以恢復把文件藏在大衣裡偷帶回家拍照。他告訴CIA官員，研究中心的安全情勢似乎已經平靜下來，不再有新的調查。當CIA官員表示擔心他太危險時，托卡契夫再度提醒他：「我們幹的事，那一樣不危險。」

接下來托卡契夫解釋為什麼他用特洛培相機拍攝文件時是站著。他把文件帶進獨立隔間的廁所儲藏室關上門後，把文件放在小窗戶前狹窄的架子上，再以迷你相機拍攝。[7]

托卡契夫在行動紀錄中懇請CIA下次會面時要交給他賓得士相機，他才能像過去一樣，更有生產力。他說，當然他可以只寫筆記，這樣做比較安全是沒錯。但是他補充說：

以這種方法做不了太多事，打從一開始我就一直拚命儘可能蒐集和交遞最大量的資訊。現在的環境相較於我活動初期，更加困難，我的動力並未改變。我覺得我已經無法放鬆下來，我的性格已經把它激發到某種程度。從我個人經驗來看，我再度相信古諺說得對：「性格是改不了的」。[8]

托卡契夫在男廁裡拍攝的照片都很清晰，只有幾張因為他沒把快門壓到底，因此有點模糊。蘭利說，他的筆記「極其清楚反映出他完全不顧風險、在無法改變的個性驅使下，要盡可能蒐集大量情資」。但是蘭利仍舊堅持不肯給托卡契夫賓得士相機拍攝文件。他們決定稍做折衷——多給他一些特洛培迷你相機。[9]

托卡契夫十月份的會面——是他和CIA第二十次會面——公事公辦，他不像以前和約翰．桂爾瑟或大衛．羅夫會面時那麼親切和熱心。他沒有向專案官員提到這麼多年來他頻頻向CIA討人情幫忙十九歲的兒子歐烈格，已經在八月一日於莫斯科結婚，現搬出去和岳父母同住。[10]

托卡契夫的信讓蘭利對整個行動又重燃信心。自從一九八二年以來，他首次針對CIA提問的蘇聯武器系統問題作答。蘇聯組處理收進來的情報和發給第一線間諜問題的職員，認為托卡契夫的資料「顯示他已經渡過安全危機」。[11] CIA為托卡契夫準備了一份行動紀錄，強調他的資料價值非凡，表示不希望他冒不必要的風險。行動紀錄說：「你應該很清楚，你提供給我們的情報，被認為是無價之寶」，不僅受到技術專家重視，也深受國安決策高層人士重視。

CIA說：「失去這些情報，對我國政府將是沉重打擊，會大大影響現在及未來許多年我們國家的地位。」[12]

一九八五年一月十八日晚上和CIA情治人員的約會，托卡契夫遲到五分鐘。街上積雪，氣溫降到華氏零下十五度（約攝氏零下二十六度），他找不到停車位。當他出現，兩人客套寒暄幾句，就走回托卡契夫的汽車，比較暖和，也方便談話。

托卡契夫立刻就問：你帶賓得士相機來了嗎？CIA官員說，沒有，它太危險了。托卡契夫說他很失望，但表示順從這個決定，其實他滿心渴望回到以前把文件攤開在家裡大桌上，相機用椅背的夾具固定住，桌燈照亮文件，用大相機拍攝數十卷底片的日子。

那間在研究中心，托卡契夫使用特洛培相機的拍攝文件的廁所儲藏間的窗戶，已經重新粉刷成白色的。天氣晴朗時，光線柔和，外頭灰濛濛的話，光線就不行了。那間廁所位於他辦公室鄰近的大樓，他很容易帶著機密文件走過去。從他辦公室過去、到鄰近大樓之間，並沒有文件檢查點，但是為了小心起見，他總是安排去和一位朋友洽談公事做為掩護。進到廁所，他可以鎖上門。他告訴CIA官員，近來他利用特洛培迷你相機拍攝一份「非常重要的文件」。托卡契夫憑記憶背出文件的名稱：「科學研究、實驗和實際建造工程以便在一九九〇年代創立前線和PVO戰鬥機的整體特別計畫」。PVO代表空防部隊。這份文件肯定又是CIA的情報寶庫——蘇聯紅軍未來十年軍事航空發展計畫。不過，托卡契夫說，文件拍攝當天，外頭灰濛濛，他似乎對於在幽暗光線下使用迷你相機沒有把握。[13]

他把特洛培相機和手寫的筆記都包在包裹裡，交給CIA官員。該名官員也交給托卡契夫大大包小包的東西：另五具特洛培迷你相機、十萬元盧布、未來三年的會面時間表，以及有關新訊號和會面地點的指示，包括下次六月份會面的地點，它的代號TRUBKA，意即水管。CIA的時間表和指示，清楚顯示他們盼望行動還要繼續進行好幾年。包裹裡包括三本俄文書和行動紀錄，告訴托卡契夫，他的資料對美國極為重要，是無價之寶。

托卡契夫交給CIA一張個人需求的長清單。他要為他的汽車添置後窗除霧器。他的牙齒一直很疼痛，他需要更多法國藥劑。他替兒子索討唱片和建築書籍。他想要法國製的軟尖筆，去年夏天在莫斯科開始上市；他還交給CIA官員一支舊筆當做樣本。

托卡契夫也渴望知道西方世界報導的新聞。他希望讀到在美國發行的俄文新聞剪報。他要求有關武器控制、西方領袖重要演講稿，以及蘇聯公民——難民和投奔自由者——在西方召開的記者會新聞。托卡契夫說，他兒子認為他的英文老師「很爛」，他拜託CIA替他找一套密集的英文訓練課程，包括錄音帶、幽默故事和政治演說，要由不同的人錄製。他表示，可以從他的代管戶頭支付這些費用。

莫斯科站向托卡契夫報帳，他的帳戶餘額已有美元一百九十九萬零七百二十九元八角五分。[14]

時間很短。CIA官員的錄音機打開，他問托卡契夫近來一些傳聞：他有沒有聽說蘇聯領導人康士坦汀·契爾年科（Konstantin Chernenko）的健康情形？

托卡契夫說，沒有，他沒聽說。

莫斯科街頭紅色郵筒統統不見了，這代表什麼意義？

托卡契夫說，他不常寫信、寄信，沒有注意到。

二十分鐘後，CIA官員一打開車門溜走了。

這是托卡契夫和CIA第二十一次會面。

第二天莫斯科站打開托卡契夫手寫的信時，發覺有點奇怪。信件頁碼從一到十，之後資料就跳到三十四至三十五頁，接下來又跳到五十二至五十七頁。他們不曉得為什麼會如此。[15]

然而整體來說，托卡契夫似乎已經恢復正常。莫斯科站發電文向蘭利報告會面經過，蘇聯組組長葛伯讀後在電文上端批了一句：「很好。」

一月三十一日，蘭利向莫斯科站表示，「我們仍很樂觀」，托卡契夫一九八三年的安全危機「已經緩和」。蘭利回說：「我們尤其感到高興」在研究中心拍攝照片的條件「比以前改善許多」，他往廁所去，「不必再經過文件管制點，也令人振奮」。[16]

才隔了幾天，蘭利傳來令人擔心的消息。托卡契夫最近利用特洛培相機拍攝的底片，沖洗後竟然無法辨讀。底片「極度低度曝光，這是光線不足的緣故。」特洛培相機在昏暗光線之下根本不管用。托卡契夫費盡苦心躲在廁所裡拍攝的寶貴文件報銷了。另外還有一項無法解釋的迷惑。特洛培相機有一端使用扭轉上去的蓋子。蘭利提說：「兩具相機的蓋子明顯已被調包。」[17]這是匆忙之中犯的錯，或是另有玄機呢？

CIA內部檢討托卡契夫的安全情勢，把過去四年所有的電文和信函統統檢查一遍，於二月份完成，並將結果送到莫斯科站。它檢查大樓通行證系統，以及托卡契夫以前敘述的資料室借閱祕密文件申請單。雖然托卡契夫連續多年一直出奇地成功，從研究中心偷帶文件回家拍照，檢討發現蘇聯當局「已建立一系列環環相扣的限制和檢查點」，以後會愈來愈難偷帶文件外出。檢討又說，「我們很振奮」知道「『CK征服』顯然可在研究中心內部自由移動。」它堅持CIA要提高警覺，設法減輕托卡契夫的危險。這份檢討專門著重於托卡契夫本身在研究中心之內的行動，對他會有什麼風險的分析；對於來自別的地方，對他會有什麼危險就完全沒有著墨。CIA的心態是總部本身的安全滴水不漏，絕對不可能從蘭利總部洩露機密，而依恃托卡契夫的「客戶」——美國軍方也不會洩露天機。[18]

三月四日，莫斯科站放出目視訊號給托卡契夫，希望盡快見面。莫斯科站想要告訴他，最近一批底片沖洗效果極差，並且打算交給他新的測光儀，和附有改良型底片的相機，以利在低光源環境下拍照。蘭利說：「我們相信有很好的機會，『CK征服』能在廁所此一較安全的環境恢復成功拍照。」[19]但是，不知道為什麼，托卡契夫沒有回應。

再下去一週，ＣＩＡ看到「準備見面」的訊號，不過ＣＩＡ官員並不敢斷言，因為它不是以前相同的氣窗，但是它打開的時間是對的。

托卡契夫再度沒亮相。

三月底另一次會面時間，他還是沒有出現。[20]

第十八章

出賣

一九八五年一月，愛德華．李．霍華德飛往維也納，與蘇聯特務接頭。[1]霍華德告訴他太太瑪麗，KGB要檢驗他是否如假包換，也要查證他將交付的資訊。KGB會支付他的旅行費用，但是他們告訴他，要驗證他的資料，才會多付點錢。究竟在維也納發生什麼事我們不清楚，但是後來霍華德告訴太太，KGB特務在一家電影院接他上車，然後繞了約半小時，檢查有沒有人跟監。他對KGB的作業技巧印象深刻。他從後門進入蘇聯大使館，向兩個KGB特務——他稱呼他們波里斯和維克多——做了三、四小時報告。他們讓他覺得自己是了不起的要人，非常尊重他，頻頻為他倒飲料，還招待他吃魚子醬。其中一人從莫斯科專程飛來見他。霍華德說，蘇聯特務「還是不能完全相信他是不是貨真價實的，因為他提供的某些資訊，他們無從查證真假。」承諾以後碰面「會收到相當大一筆錢」。[2]

霍華德從國外寄了一張明信片給一位朋友，上面提到：「我和我的專案官員聯絡上了。」[3]四月間，霍華德再到維也納，這一次瑪麗同行。她後來回憶說，丈夫全程使用旅行支票付款，不用美國運通信用卡。他們在四星級「貝多芬旅館」住了兩天。霍華德向聯合國駐維也納機構填寄一份求職申請書，也寫信告訴他們，可在一九八五年四月二十五日接受面談。到了維也納後，霍華德的太太開車送他到聯合國辦公大樓，[4]但這是虛幌一招，霍華德早已去電聯合國取消面試。[5]他顯然利用這次時間和蘇聯特務再度會面。霍華德後來寫說，他也到瑞士蘇黎世「實現我長期以來的幻想，也花了六百美元買了一隻勞力士手表」。[6]

霍華德有一大堆東西可以賣給ＫＧＢ。他知道有個間諜潛伏在蘇聯軍事工業複合體中替美國效力，他也知道美國人竊聽蘇聯最敏感的一條地下通訊電纜。霍華德在ＣＩＡ受訓，就是預備參與這兩項作業。他也曉得ＣＩＡ的許多作業技巧和技術，譬如使用迷你無線電、化妝、閃躲跟監以及小丑盒等手法。

一九八四年和一九八五年，霍華德向朋友威廉·波許（William Bosch）說出真心話。波許曾經是ＣＩＡ派在拉丁美洲的專案官員，涉嫌出售情報給蘇聯而離開ＣＩＡ。霍華德在這段期間和波許見過好幾次面，誇耀他和ＫＧＢ有聯繫。他向波許提到，他在米蘭度假是「掩護行動」，他在某個祕密地點留東西給蘇聯特務。他把偷來的ＣＩＡ祕密文件埋起來，以後再轉交給ＫＧＢ。霍華德至少有一次試圖吸收波許，要他「跟我一起去見我的專案官員吧」。波許後來表示，他擔心霍華德的精神是否穩定，也不清楚霍華德當真還是在開玩笑。但是波許因為自己和ＣＩＡ有過節，因此都沒向當局舉報。[7]

ＫＧＢ得到霍華德提供的情報後，開始在全國跨十一個時區，由眾多軍事研究機構、設計局和工廠組成的龐大網路中搜查間諜。雖然ＫＧＢ曾經是蘇聯暴政高壓的殘酷工具，經過數十年演變，他們已經比較注重法律規定、也講究程序。他們不會只根據霍華德的消息就行動。他們要蒐集證據，也希望在間諜有動作時逮捕現行犯。霍華德顯然向ＫＧＢ描述了有關托卡契夫的一些細節，但是不曾——或許是不能——提供他的姓名。霍華德後來聲稱他不知道托卡契夫的真實姓名。[8]ＫＧＢ對他們要追捕的間諜只有含糊的訊息。某些參與追捕的人士日後回憶說，他們先廣泛調查，從國防工業的航空部門和電子部門下手，然後縮小到只剩「法佐龍」這個單位。[9]

KGB從霍華德這兒挖掘詳情時，另一名美國情報人員也出現提供新訊息給KGB。一九八五年四月十六日，艾德里奇・艾姆斯（Aldrich Ames）來到華府五月花大飯店的酒吧。艾姆斯身材高大，蓄了鬍鬚，配戴厚重眼鏡，是CIA總部蘇聯組反情報科科長。同僚認為其實艾姆斯是個平庸的小角色情報官員。來到酒吧後，他等候一名蘇聯外交官出現。這個人沒出現，艾姆斯走到兩條街以外、西北區第十六街的蘇聯大使館。他把一個信封交給接待員，向值更官表示，希望它能立刻送到樓上給KGB人員過目。艾姆斯在信封裡表示願意替蘇聯擔任間諜，他提到兩、三件個案說明曾有蘇聯人找上CIA，並表示願意替美國人效勞，但這裡並不包含托卡契夫。艾姆斯也放了一頁CIA內部電話錄，上面有他姓名。他索價五萬美元。艾姆斯於五月十五日又來到蘇聯大使館，這次被KGB請進一間隔音室談話，KGB告訴他，會付錢給他。兩天後，KGB在一家餐廳交付給他一捆百元大鈔。直到這一刻，艾姆斯只讓蘇聯人知道他的潛力，但沒有提供大量機密情報。他沒有透露關於「CK征服」和「CK手肘」行動的消息。但是他確實承諾會替KGB挖掘更多機密。[10]

一九八五年春天和夏天，CIA總部碰上一連串不正常的事，全都跟與蘇聯的間諜戰有關。這裡頭沒有單一、有可信度的解釋，而且其中有些事件可能也沒和霍華德及艾姆斯有關聯。在這個時間點，CIA並不曉得這些人已經叛國。但是一九八五年事件頻頻爆發，震撼CIA總部。他們最傷腦筋的，是他們無法解釋這些不尋常事件的發生。

五月間，長期在雅典替CIA當間諜的蘇聯軍事情報機關GRU官員瑟吉・波克漢

（Sergei Bokhan），突然奉召回莫斯科。波克漢接獲通知，他在軍校唸書的兒子出了些狀況，但是他曉得這件事有鬼。他是遭到出賣了嗎？回到莫斯科，他會被逮捕嗎？波克漢和ＣＩＡ商量，經由蘇聯組組長葛伯批准，ＣＩＡ在幾天之內就把波克漢偷渡到美國。[11]

同年四月，莫斯科站情治人員麥可・謝勒斯（Michael Sellers）和自稱名叫「史塔斯」（Stas）的一個ＫＧＢ特務碰面，ＣＩＡ並不曉得他的真實身份。他是個粗鄙的情報員，說的一口俄語很難理解，但是謝勒斯勉強聽得懂。兩人在莫斯科街上邊走邊談一個半小時，並沒受到跟監。「史塔斯」提供一連串寶貴情報，包括透露莫斯科站在另一項行動中犯了重大錯誤。[12]兩人即將分手時，「史塔斯」拿出一個小罐子和一個塑膠袋，朝袋子裡噴了某種東西。他告訴謝勒斯，這是ＫＧＢ用來追蹤莫斯科站專案官員的神祕化學藥粉樣本。ＫＧＢ把這種眼睛看不見的化學品噴在汽車門把或其他地點。他們利用特殊的光線可以在門把、電話或巴士車窗上看到此一特殊粉末。謝勒斯曾經在自己汽車上看到這玩意兒，甚至在兒童汽車安全座椅上看到——它看起來像黃色的蜜蜂花粉——但美國人現在掌握證據了。可是為什麼「史塔斯」要自動來告知呢？他是何方神聖？ＣＩＡ不知道。[13]

春天時，莫斯科站一名專案官員奉命去取回地下電纜竊聽紀錄儀。他用電子儀器「查看」紀錄儀是否曾遭篡改？紀錄儀發出曾遭篡改的警訊。感應器向來品質不佳，這也有可能是虛報。但是，這位專案官員決定叫停行動。莫斯科站經過一番辯論，決定再試一次，認為價值數千萬美元的間諜儀器，值得冒險查明真相。專案官回到現場，安全無虞地取回紀錄儀將它送回美國。可是如此，多年來從地底電纜竊取寶貴情報的管道，卻完全中斷了。沒有人知道究竟是怎麼一回事。[14]

在這些震撼事件和無法解釋的問題頻頻發生當下，ＣＩＡ決定不去煩托卡契夫，靜候已經預定的六月會面再說。夏天到了，日照會比較多，ＣＩＡ或許可以給他新底片或更好的相機。莫斯科站和蘭利似乎很樂觀，認為他們可以解決拍攝問題，即使是敦促托卡契夫只利用晴天躲在廁所裡拍照。[15]

第十九章

毫無預警就發生了

一九八五年三月十日晚間，老邁病重的蘇聯領袖康士坦汀．契爾年科去世。次日，蘇共政治局最年輕的委員戈巴契夫成為蘇聯三年來的第四位最高領導人。托卡契夫通常不怎麼注意政治新聞，在家裡他只看專業技術書籍，不理廣播和黨國宣傳。他討厭它們，甚至很少看電視。他並不認為蘇聯會改變它的制度，但是當它有所改變時，他還是注意到了。戈巴契夫上台後，托卡契夫天天盯著電視新聞。有一天他在家不敢置信地說：「你們有沒有注意到電視上這場音樂會，完全沒有宣傳歌曲耶？」他不斷閱讀報紙——這是他多年來已經放棄的動作。他對戈巴契夫以及新思維的跡象感到好奇和興奮。解凍時期那一短暫的希望難道終於將要實現了嗎？

六月五日星期三，按照約定要和托卡契夫會面當天，莫斯科站檢查氣窗。這一次開的窗口正確無誤，代表托卡契夫準備好了，但是當天夜裡，專案官員必須放棄會面，因為監視太嚴密、甩不開。[2]

六月八日和九日是週末，托卡契夫和太太娜妲莎開車前往莫斯科北方的度假小屋。他們的兒子歐烈格已經不再陪他們到鄉下。當托卡契夫夫婦出城時，KGB祕密潛入他家公寓搜查。他們發現CIA給他、藏了自殺藥丸的鋼筆。他們可能也發現藏在儲藏室中的CIA東西，包括以後會面的時間表和地圖。[3]

托卡契夫家的一位友人後來回憶說，阿迪克到了度假小屋，通常都在做木工、修修弄弄，娜妲莎喜歡在院子種東西。他們已經計畫好六月九日星期天晚上回莫斯科，和朋友羅贊斯基（Rozhansky）一家人會面。[4] 當他們離開度假小屋時，阿迪克穿一件淺色休閒西裝外套，他太太穿黑白格子洋裝，準備一回到城裡就和朋友見面。娜妲莎剛考到駕照，這一天由她開車。週末的鄉下有點冷，他們開車上路時，下著小雨。芝格里的雨刷打開了。

進城途中有一段狹窄的雙線道，有個穿制服、戴雨帽的交通警察揮舞指揮棒示意他們停車。交通警察檢查哨並不稀奇，不過在鄉下倒是不常見。赭黃色芝格里靠近檢查哨，依指示靠邊、停在路邊一輛藍白色廂型警車後面。交通警察向他們敬個禮，請車主下車。阿迪克和娜妲莎在車裡默默坐了幾秒鐘，然後阿迪克從乘客座下車。當他下車時，似乎把某一東西、或許是證件，放進西裝外套左邊內口袋。

警察指示他走向藍白警車前方，面向其他停在路肩的車輛。托卡契夫往那個方向走了約十步，交通警察走在他前方。托卡契夫舉起左手，搔他右臉頰。

就在這一刻，有個黑頭髮、蓄鬍子的年輕人從他身後追上，左手拿著一塊白布。年輕人把右臂繞過托卡契夫頸子、扼住他，左手把白布塞進他嘴裡。又冒出三個人抓住托卡契夫手臂，將它們扣到背後反制，將他架起來，拉向警車。布塊塞在嘴裡，托卡契夫出不了聲。警車門一開，托卡契夫被塞進去。

他太太也從芝格里裡被帶走，送上另一輛汽車。她要上車時，稍為張望，搞不清楚究竟是怎麼一回事。

攔下他們的人，都不是交通警察。他們全是ＫＧＢ。

上了廂型車，托卡契夫的頸子還被ＫＧＢ扼住，他遭到脫衣檢查、以防身上藏了自殺藥丸。ＫＧＢ還記得多年前歐格洛德尼克耍了他們，以藏在鋼筆中的毒藥自殺。他們讓托卡契夫穿上一件運動服。然後，這輛藍白色廂型車把托卡契夫送到ＫＧＢ在莫斯科惡名昭彰的列佛托沃（Lefortovo）監獄。進到監獄，ＫＧＢ再度檢查托卡契夫是否藏有自殺藥丸後，讓他穿回自己的衣服。[5]

當托卡契夫夫婦星期天沒打電話、也沒赴約見羅贊斯基時，他的友人開始打電話到沃斯坦尼亞廣場的公寓，但沒人接電話。他們在星期一打電話到娜妲莎辦公室，也找不到她。星期一上午，娜妲莎在研究中心的上司佛拉迪米爾．李彬（Vladimir Libin）發現他沒有到班。李彬也是托卡契夫家庭友人，到過他們家作客，私底下和娜妲莎一樣對體制反感。李彬給她方便，在記錄上填「請假」，認為她應該是萬不得已才沒來上班。說不定是有誰生病了、車子故障了等等原因。到了中午，有個女人打電話給李彬，自稱是托卡契夫夫婦度假小屋的鄰居，她說，阿迪克生病，被送到當地一家醫院，要求准他太太請幾天假。往後兩天，李彬繼續准她假。

星期三，羅贊斯基夫婦慌慌張張開車到托卡契夫的度假小屋。大門深鎖。村落很小，左鄰右舍彼此都很熟；鄰居說，沒看到有不尋常的事呀。托卡契夫和太太在星期天離開，還帶了花回城裡去。

難道車子出問題了嗎？羅贊斯基夫婦到當地修車廠查問。沒有呀，星期天沒有汽車拋錨或車禍事故。他們跑到當地醫院查問，還是一樣，沒有任何消息。羅贊斯基夫婦回到莫斯科，跑到托卡契夫的公寓大樓。赭黃色芝格里不在平常的停車位。

六月十二日，星期三，娜妲莎打電話到辦公室找李彬。她說，阿迪克嚴重背疼，她不知道什麼時候能回來上班。李彬表示同情。她的聲音非常疲弱。

羅贊斯基夫婦到處打電話找人，一連多天都沒有結果，他們又回到托卡契夫公寓。這回找來親戚，有公寓的鑰匙，兩道門，他們打開了第一道門，但是在第二道門前，他們停住了。門上貼著封條：KGB三個大字赫然在眼前。[6]

托卡契夫夫婦沒從度假小屋回城，歐烈格也到處在找他爹娘。他也回到公寓，看到KGB貼在門上的封條。[7]

托卡契夫排定下次和CIA會面日期是六月十三日，也就是娜妲莎打電話向研究中心表示阿迪克生病的次日。

莫斯科站預擬了一份行動紀錄，一開頭就是：「親愛的朋友」，它稱讚托卡契夫在一月份交遞的資料，「被我們的國家安全專家評為極具價值」。但是莫斯科站告訴托卡契夫，「由於冬天極端灰濛濛的氣候……日照光線不足」，「非常重要的文件」沒有拍成功。莫斯科站說，蘭利還在改進一種對光線很敏感的新照相機，但是在這段期間，他們要會給他另五具特洛培照相機，就和他已經用過的一模一樣。他們敦促他，只在「光亮的日子才拍照」。

行動紀錄說：「我們對你上次會面所提到要拍攝至為重要的文件，仍然深感興趣。」它說，「請你在確定環境絕對安全時」，重新拍照。[8]給托卡契夫的這個行動紀錄也提到CIA可能再仿製托卡契夫的資料室借閱單，好方便他以假換真，「像我們在一九八〇年那樣」。[9]

這次要交給托卡契夫的東西很多。莫斯科站小心打包：有行動紀錄、相機、他在一月份交給ＣＩＡ的四頁原始文件，現在要交還給他、二十枝法國繪圖筆、二十枝德國繪圖筆、兩本建築書籍、八盒牙疼藥和用藥說明、八瓶氟化水、八枝牙膏、一本兩百五十頁的書，收集了西方報章雜誌文章，以及他的代管帳戶利息十萬盧布。[10] 但是ＣＩＡ告訴托卡契夫，他們很不願依他所求，提供英文教材給他兒子，因為怕他很難解釋從哪裡得到它們。因此教學錄音帶不在包裹裡。[11]

托卡契夫家的氣窗在六月十三日正確的時間打開，顯示他準備好當天晚上見面。但是ＫＧＢ對原定要執行見面任務的專案官員監視十分嚴密，莫斯科站只好另挑一位專案官員上陣代打。ＣＩＡ安排行動作業，有兩個專案官員很正常，有時候甚至會安排第三個。這一次任務落到綽號「跳跳」的保羅・史東巴哈（Paul Stombaugh）身上。史東巴哈加入ＣＩＡ前，在ＦＢＩ任職。史東巴哈人緣很好，是個直率、認真工作的人。他的俄文程度不太好，但是同仁記得他很認真學習。他在莫斯科站成為雙重身份的官員，在大使館政治組有一份掩護工作，可是又不是個完全的「深度潛伏」人員。有位同仁回憶說，他在莫斯科站裡有一張辦公桌，在一九八五年通過ＫＧＢ初期的跟監審查後，有一半時間在莫斯科站裡工作。[12]

六月預定會面的那個星期，莫斯科站站長出城前往南部的高加索山區。ＫＧＢ一定會被照會，站長希望以此讓他們分神，在莫斯科不會盯得太緊。

六月十三日晚間的莫斯科，史東巴哈提著兩大袋俄羅斯人常用的購物袋，展開閃避跟監行動。他穿白襯衫和運動外套。許多專案官員出勤時大多儘量穿著打扮像街上的俄羅斯人，還戴上厚眼鏡，但是史東巴哈沒有。他的穿著打扮就像美國外交官。他先由太太開車，展開第一階段閃躲跟監，然後改為步行。史東巴哈約提前一小時來到代號「水管」（TRUBKA）的會面地點。它位於莫斯科西區的五樓公寓住宅區，離托卡契夫家有四英里半，比以前會面地點都遠。會面地點是兩座公共電話亭。[13]

史東巴哈先走過會面地點，沒發現有異狀。[14]然後他到公園找個板凳坐下來，等到下午九點四十分。

通往會面地點有一條寬敞的人行道，籠罩著綠樹，周圍全是公寓樓房。早先的雷雨仍在人行道上留下一處處的水窪。史東巴哈慢慢走向會面地點，他看到有位年輕的紅髮女郎在其中一座電話亭裡講電話。他覺得有點怪，在這麼安靜的街上幹嘛講話那麼大聲，但是他沒有改變行進方向或離開她遠一點。史東巴哈腋下夾著要給托卡契夫的一個包裹，左手拎著另一個包裹。他剛走過電話亭那位女郎，然後轉身往另一個方向走了幾步，四處張望找托卡契夫。他看到像是托卡契夫那輛赭黃色芝格里汽車停在一、兩百碼之外。

三名便衣男子從樹叢中跳出來，偷襲史東巴哈。有一人猛然把史東巴哈的雙臂反壓，另兩人搶走包裹。另外又有五名 KGB 男子衝到現場。史東巴哈被推進一輛廂型車後，車子急駛向 KGB 總部盧比楊卡大樓。

史東巴哈在車上抗議，表明他是美國外交官。有位 KGB 男子要他閉嘴，不想聽他廢話。

史東巴哈被送進盧比楊卡監獄一間拘留室搜查。KGB 從他口袋裡掏出錄音機、一具不起眼的特洛培塑膠相機、一些零錢、他在會面前擬好的加密筆記、記載未來可能的祕密交換情報地點、會面時間表、給托卡契夫的一些藥品、一枝黑色鋼筆、兩頁的莫斯科地圖，以及他的手錶、皮包和皮帶。在拘留室待了一小時之後，史東巴哈被帶到會議室，要他坐下來。攤在他面前的是從他口袋掏出來的東西，至於給托卡契夫的那兩個包裹，則仍然沒打開。

ＫＧＢ反情報部門首腦里姆．柯拉斯爾尼可夫（Rem Krasilnikov）少將宣布：「你因為從事間諜活動被捕了。你是誰？」

史東巴哈說：「我是美國外交官。我要打電話給大使館。現在就要打。」

柯拉斯爾尼可夫說：「你不是外交官，你是間諜。」

史東巴哈堅持：「我是外交官。」

柯拉斯爾尼可夫吼出來：「你是間諜！」

史東巴哈揮揮肩膀，顯然很痠。他在拘押室第一個鐘頭，雙臂被反扣在背後。ＫＧＢ打開錄影機，然後柯拉斯爾尼可夫開始打開那兩個包裹，仔細檢查每一項內容。當他打開第二個包裹時，房裡每個人眼睛都一亮，赫然發現竟是一大捆盧布。柯拉斯爾尼可夫拿起用塑膠紙包好的這一大塊盧布，他說：「好大一捆五十元盧布！」他問史東巴哈特洛培相機是幹什麼用的？史東巴哈拒絕回答。柯拉斯爾尼可夫又掏出行動紀錄，大聲唸頭兩行——感謝間諜上次會面提供的資訊很寶貴。接下來柯拉斯爾尼可夫默默地讀，直到信上提到ＣＩＡ不願提供英語教學材料，才又唸出來。柯拉斯爾尼可夫也找到托卡契夫手抄的、含有機密情報的筆記，他在一月份交給ＣＩＡ時，編號不連續。ＣＩＡ應托卡契夫之請，要交還給他。柯拉斯爾尼可夫說了一句話：「這玩意兒最有意思了。」[15]

蘇聯外交部通知美國大使館，ＫＧＢ扣押一名美國人。當大使館值更官來到盧比楊卡大樓接史東巴哈時，雙方爆發口角。柯拉斯爾尼可夫一再堅持史東巴哈是間諜，大使館值更官要求放人。柯拉斯爾尼可夫告訴大使館人員，史東巴哈是因為「和一名蘇聯公民會面，意圖從事間諜活動」而被羈押，「涉案的蘇聯公民已經被捕」。

發動突襲之前，KGB派了一個身材、相貌各方面很像托卡契夫的人到街上，左手拿一本白色封面的書作為辨識記號。KGB也打開托卡契夫家的氣窗，把他的汽車停在附近做為誘餌。史東巴哈看到汽車，但沒看到冒牌托卡契夫。他以為他已經擺脫跟監，其實KGB已經守株待兔。

莫斯科站十萬火急向CIA總部報告，有人被KGB逮捕了。史東巴哈獲釋後，有一封較長的電文送回蘭利，報告遭到伏襲的經過。史東巴哈在莫斯科時間午夜之後獲釋，被宣告為不受歡迎人物驅逐出境。[16]

這個事件對於那些知道莫斯科站有著這麼一個高價值間諜的人們來說，是一個最不祥的象徵。KGB已經掌握史東巴哈要和間諜會面的確切時間和地點。這表示托卡契夫行動案完蛋了。

他已經被KGB抓了。

同一天下午，艾德里克・艾姆斯（Aldrich Ames）來到華府喬治城濱海區的小餐廳查德威克斯（Chadwicks）。艾姆斯把他在CIA總部辦公室裡一堆機密訊息整理好，毫無阻礙就帶出總部。他把一些電文和文件放在塑膠袋、帶到餐廳，和蘇聯大使館官員瑟吉・丘瓦金（Sergei Chuvakhin）見面。艾姆斯把資料交給他，就此跨越叛國紅線的不歸路。KGB已經逮到托卡契夫，但是如果他們還有任何懷疑，艾姆斯給了他們進一步的資料。[17]

當天夜裡，葛伯在華府康乃迪克大道的家裡。太太羅莎莉正在下廚燒飯，準備接待詹姆斯．奧爾森（James Olson）過來吃晚飯。奧爾森是他們在莫斯科站的老同事，他是為了「CK手肘」行動第一個走進人孔蓋的專案官員，也在莫斯科見過謝默夫，和大衛．羅夫合作將「CK烏托邦」偷渡出境。晚餐之後，葛伯和奧爾森預備參加在華府街上的一項演練，培訓新世代專案官員偵察、躲閃跟監的本事。葛伯將扮演間諜，年輕的學員則一面躲閃FBI人員的跟監，一面要找到他。在溫暖的夏天夜晚，演練可能需時好幾個鐘頭來教導菜鳥葛伯浸淫數十年發展出來的一身本事。奧爾森到達葛伯家時，臉上表情沉重。他一開口就說：「大事不妙！」CIA剛接到莫斯科站的電報，史東巴哈被捕了。

葛伯立刻明白這件事非同小可：托卡契夫露餡了。葛伯非常關心國家安危，也非常關心為國家冒險犯難的間諜。葛伯是個羅馬天主教徒，經常在做彌撒時為殉職的間諜點一根蠟燭。但是一輩子從事間諜鬥爭的他，也堅決不會因為挫折就放慢腳步。他經常拿他的職業與外科醫生或癌症醫生做比擬。他盡全力搶救病患，但是如果病患不幸死了，他要設法搶救下一個病患。他不會因事情有別的方法可以達成卻沒有去做而責難自己。葛伯一直認為必須堅決奮鬥，即使有了損傷，也必須奮鬥到底。他曉得明天上午各方對於托卡契夫案一定有許多質疑。但是，現在他和奧爾森的任務是上街演練，培訓新世代CIA專案官員。[18]

接下來幾個星期，莫斯科站和蘭利企圖拼湊起來究竟是什麼原因使得托卡契夫露餡。各方往返電文和訊息都力求自保，沒有定論。蘇聯組負責與「顧客」分享情報的幕僚，強調「與『CK征服』有關資料，都以極端管控的方式分發」，並且「所有的顧客也很努力地控制能接觸到它們的人數。」[19]

七月八日，蘭利致函莫斯科站說：「我們沒有辦法明確講是什麼原因造成他露餡。」當中提到有一個可能是，托卡契夫因為「從事情報蒐集活動，在工作單位遭人發現而露出破綻」。另一個可能是，KGB在「法佐龍」進行「安全調查的結果」。或許一九八三年初，讓托卡契夫嚇壞了的調查，在一九八五年初還未放鬆而破獲了他。

還有一個會更令人難堪的可能性。一九八四年七月，托卡契夫最高機密文件送去CIA印刷及照相室拷貝時，有三頁失蹤。蘭利指出：這三頁文件的內容「明白到足以危害到『CK征服』」。沒有人曉得那三頁文件的下落。

會不會是托卡契夫有了太多CIA給他的錢而露出破綻？蘭利並不認為如此。總部對莫斯科站說：「以『CK征服』的個性和保守的生活方式，或是他一再說過的，他把我們給他的錢視為養老金或對付逆境的保險來看，亂花錢不合他的個性。」

一九八五年一月，托卡契夫是否已經遭到KGB掌控了？當時他交出的相機蓋被調換、底片也不清楚。總部認為這也不太可能，因為這些潛在情報對美國有極大價值。KGB夙來不喜歡以掌握機密情報的間諜當誘餌。

蘭利在這時的許多訊息都是猜測性質，大半也不正確。它們沒有一項集中在托卡契夫是因CIA內部消息洩漏而受害的可能性。不過，有一項觀察很正確。由於KGB知道六月十三日和托卡契夫會面的日期、時間和地點，他們一定已經發現CIA在一月份給托卡契夫的資料，包括會面地點、行動紀錄和時間表。這一切都會使他百口莫辯。

「因此，這項逮捕毫無預警就發生了。」[20]

第二十章
逃亡

一九八五年八月一日，維大利・尤欽科（Vitaly Yurchenko）走出羅馬蘇聯大使館散步，自此一去不回。他最近才奉派出任KGB主管派駐美國、加拿大特務人員單位的副主管。他從街上打電話到美國大使館，表示他要投誠到美國。尤欽科是個安靜、端莊的官員，經過CIA問話後，被送到義大利那不勒斯，急速以專機運到華府市郊的安德魯空軍基地。

葛伯獲悉尤欽科投誠消息，留在CIA總部等候進一步報告。大約晚間八點，電訊室以電話通知新訊息進來了。葛伯走樓梯下樓去拿，他爬樓梯回辦公室途中，已經打開信封，開始讀起最新電文。

他感覺整個喉嚨束緊。電文報告說，尤欽科告訴CIA人員，KGB有個非常好的消息來源，代號「羅伯」（ROBERT）。尤欽科不知道這個消息來源真實姓名，但是指出他是心懷不滿的CIA前學員，預定派到莫斯科，卻遭免職。

葛伯突然感覺情緒激動。他立刻將事件拼湊起來：KGB這個消息來源是愛德華・李・霍華德，是他出賣了托卡契夫。他們花盡偌大心血保護托卡契夫——各種隱匿、身份轉換、閃避跟監、電子通訊器材、特洛培相機，以及頻頻提醒托卡契夫要小心——億元間諜竟然栽在自己人手上，而且還是一個不及格退訓的學員。[1]

尤欽科提到神祕間諜「羅伯」，CIA為此緊急召開內部會議。CIA獨立於體制外的安全辦公室還不完全能夠被這個說法所說服，他們認為還有好幾個可能的嫌犯。但是葛伯很堅定。他堅持：「毫無疑問，就是霍華德。」線索一點都不含糊；尤欽科講的是預定派到莫斯科、卻遭免職的一名學員。這個說法完全符合霍華德。[2]

霍華德被逐出CIA門戶已經有兩年多，長久以來，CIA的態度是家醜不外揚。現在CIA照會FBI，我們這邊出現問題了。「羅伯」就是愛德華．李．霍華德。但是，恐怕大害已經鑄成。[3]

霍華德預定和KGB下次會面地點是墨西哥市，但是他發訊號出去，要求改在維也納會面。他在一九八五年八月六日飛到維也納。霍華德利用他受訓期間學來的技巧，以水溶性的紙張親筆寫下他所知道的CIA事項，隨身帶著。根據他太太瑪麗的說法，他這趟旅行收到十萬美元。八月十二日，他在蘇黎世一家瑞士銀行開戶存入大筆錢。蘇聯人向霍華德提出警告：他們有個人叛逃到美國去了。他們告訴霍華德，他若覺得陷入危險，可以到任何蘇聯領事館求救。[4]霍華德回到新墨西哥州後，買了一個金屬彈藥箱，放進三千一百美元的百元鈔、九百美元的五十元鈔，十二枚一盎司的加拿大楓葉金幣，一百盎司的純銀塊，以及兩枚南非金幣。然後霍華德開車到離他家約三英里的某一樹林，挖個洞把箱子埋起來。[5]

FBI展開調查，開了一個檔案，取名「人物不詳，化名羅伯」。根據直接參與其事的FBI官員說，檔案在八月五日或六日開立。幾天內，檔案名稱就改為「霍華德」。但是FBI沒有立刻接觸霍華德。它反而請示司法部，是否有理由可以逮捕霍華德。答案回來了：

不行。同時，司法部向法院申請准予竊聽霍華德的電話，這也需要一些時間走完程序。FBI決定不立刻約談霍華德，因為這可能打草驚蛇，使進一步調查更加困難。[6]

八月初，FBI總局指示阿布奎基（Albuquerque）站長，對霍華德的行蹤和活動「進行慎重調查」。跟監始於八月二十九日，「以慎重蒐集情報的方式進行，旨在確定他的日常作息」。[7]跟監小組包含一組FBI的特別監控小組，他們是被訓練可偽裝成一般老百姓，同時還有其他的普通探員。法院批准後，霍華德的電話遭到監聽，也派出定翼機注意他的行動。所謂對霍華德的「慎重」監視是從上午七點起、直到他晚上就寢。

九月三日，霍華德購買一萬美元的國庫券。他在新墨西哥州議會財政委員會的年薪是三萬美元。[8]

九月十日，霍華德開車進入沙漠約三英里，停下車，再倒回走同樣的路線。FBI統統看在眼裡。他一度把車停到路邊、熄掉車燈，試圖找出是否有人跟監。FBI決定該找他談一談了。FBI已經取得霍華德的心理評估報告和其他證據，「顯示霍華德可能會在約談中崩潰，坦承他的間諜行為」。華府下令：可以繼續行動。霍華德在九月十八日起受到FBI更密集的二十四小時監視。

次日下午兩點，霍華德在辦公室接到電話，請他到聖塔菲市希爾頓飯店大堂會面，FBI要和他談話。電話中，霍華德似乎很擔心究竟哪裡犯錯了。十五分鐘之後，他來到飯店大堂。FBI探員把他帶到三二七號房。FBI明白告訴他，「倫敦」有個投誠者咬出他，涉及替KGB工作，因此對他進行調查。霍華德堅決否認和蘇聯人有接觸，並且痛斥CIA在惡整他。被問到赴維也納旅行一事，霍華德立刻建議FBI檢查「文件痕跡」、他的美國運通信用卡收據，就知道他沒去過維也納，不過他提到一九八四年出差到過奧地利其他城市。霍華德沒講的是，他這次旅行很小心、避免使用美國運通信用卡。約談進行了約二十分鐘，霍華德表示，FBI侵犯他的權利，他要找律師來。FBI探員同意；他可以走了。霍華德起身、開始往外走；此時，FBI告訴他，如果他不合作，他們將展開全面調查，約他太太、親友、雇主和同事問話。霍華德想了一想，又坐下來。

接下來FBI探員說，霍華德應該安排個日期去接受測謊，認為他若是無辜，測謊可以證明他的清白，聯邦調查局就可以去追查「真正的」嫌犯。霍華德堅決拒絕，表示他過去就是被測謊整慘了，並且重申他是無辜的，要求有時間和律師商量。FBI換個方法，表示霍華德見律師之前必須先接受測謊。霍華德對此相當不耐，表示FBI可以做它該做的事，包括搜索他的住家。FBI探員問他願意簽字同意被搜索嗎？霍華德又不肯。FBI探員說，如果他回心轉意，明天上午還可以再談，他們給了他一個電話號碼。[9]

第二天是星期五，到了下午，霍華德打電話到飯店找到FBI探員，表示他和律師商量了，雖然他害怕測謊，他或許會同意接受測謊，讓FBI別再騷擾他，以證明他的清白。他的口氣似乎很合作，和前一天截然不同。他告訴FBI，星期天他要到德州奧斯汀出差，星期一下午回來後會再聯繫。[10] 霍華德打了這個電話後，FBI決定回復到「慎重監視」，「以免惹惱」他。[11]

霍華德在維拉諾環道一〇八號的家，位於地勢開闊的沙漠地區，聯邦調查局很難維持監視。他們找不到有鄰舍可以布下監視哨，因此他們找來一輛空廂型車，配上攝影機，停在霍華德不太高的一樓平房對街。錄影畫面以微波傳送到稍遠的一輛拖車上，再派了一位探員守著。

ＦＢＩ監視人員也守在附近，以備霍華德外出，可以跟蹤他，但是他們看不到房子的出口。整個監視行動依賴廂型車向拖車傳送畫面，以及唯一一名探員提醒其他人馬。探員值勤時間從星期六下午三點至星期天上午九點，長達十八小時。負責在拖車盯梢的探員認為從廂型車傳回來的影象品質很差。

星期六晚間，霍華德夫婦雇了保母，兩人外出到阿方索餐廳（Alfonso's）用餐。他們開一輛紅色的奧斯摩比汽車，把後面一輛吉普車留在車道上。守在拖車裡唯一的一位探員沒有看到奧斯摩比汽車開走，因此跟監小組沒出動跟蹤霍華德。保母從霍華德家打電話出來，ＦＢＩ監聽到，但是跟監小組還是沒出動。瑪麗甚至從餐廳打回家，和保母談話，但是這也沒有驚動跟監小組。大約下午七點半，由於屋子裡幾乎沒什麼動靜，跟監小組決定開車經過檢查，也沒看出有何異樣。[12]

ＦＢＩ完全錯失掉霍華德和瑪麗。瑪麗從餐廳彎來繞去地開車回家，把前幾年在ＣＩＡ學來的閃躲跟監本事拿出來運用。車子在市區某地暫停，霍華德跳下車，她把拼裝的小丑盒撐起來，假裝是他。愛德華用保麗龍板製作一個頭形，配上棕色假髮，橘白色籃球帽前還有「納瓦霍」字樣，一枝兩英尺的棍子，再加一件及腰的夾克。霍華德離去前，囑咐太太留著假人在乘客座一路開回家，以遙控器打開車庫後開進去、關上門。

這套詭計是ＣＩＡ傳授的。其實卻沒有必要。因為根本沒有人跟蹤他們。唯一守在拖車內的ＦＢＩ探員，職責是盯住廂型車傳來的畫面，他根本沒看到瑪麗．霍華德開著奧斯摩比汽車回家，當然也不曉得假人坐在乘客座這一回事。跟監小組也根本沒有看到奧斯摩比汽車。瑪麗回到家後，撥通他丈夫心理醫師的電話，播放霍華德的錄音，要求排定約會。[13]

霍華德跳車後，走進他在聖塔菲的辦公室，寫好辭呈，以假名「普里斯東」（J. Preston）搭機場接駁車前往阿布奎基再飛到亞歷桑納州土桑市。他在汽車旅館內染髮，但是不喜歡，又洗掉。[14] 星期天一大早，他前往機場，買了從土桑飛聖路易、紐約、倫敦到哥本哈根的機票，於星期一上午抵達丹麥。他以 TWA 信用卡花一千零五十三美元購買機票。然後他又飛往赫爾辛基。[15]

霍華德一路逃命時，FBI上門到他聖塔菲家敲門。時間是星期天下午三點五分。站長接到FBI德州同仁約談霍華德朋友波許的報告。FBI覺得波許的供詞可以證明霍華德提供資訊給蘇聯人。[16]

FBI探員問瑪麗，霍華德在哪裡。瑪麗說他出去慢跑，應該會在半小時後回來。[17] 他早已逃之夭夭，再也不回來了。

星期一，聯邦發出通緝令，追捕犯了間諜罪的愛德華．李．霍華德。[18] 但是他已經躲過FBI，他們再也抓不到他了。來到赫爾辛基，霍華德在星期一接觸蘇聯人，星期二藏身汽車行李廂偷渡出境。蘇聯在一九八六年給予他政治庇護，他是有史以來第一個叛逃的CIA官員。

在後續調查中，瑪麗一再被FBI約談。她逐漸透露知道霍華德前往維也納與蘇聯人接觸的事情。FBI的紀錄顯示，瑪麗「承認她知情、並參與愛德華的間諜活動」，也通過兩次測謊。在她協助下，FBI挖出霍華德埋在沙漠裡的彈藥箱，找出拼裝的小丑盒頭像和各種偽裝工具，也獲悉他在蘇黎世瑞士銀行開戶。後來她全盤托出，「透露有助於（FBI）調查的一切消息」。瑪麗繼續接到霍華德打來的電話，也到莫斯科去見他。她從來沒被起訴。兩人後來在一九九六年辦了離婚。[19]

霍華德在一九九五年出版回憶錄《安全屋》（*Safe House*），裡面盡是謊話，包括否認他出賣托卡契夫。[20]

二〇〇二年七月十二日，他在莫斯科家裡因意外摔倒而死亡，得年五十。[21]

第二十一章

為了自由

阿多夫・托卡契夫落入他最害怕的黑暗深淵——KGB的手中。他在獄中遭到刑求，承認擔任間諜，但是一口咬定他家人並不知情。KGB找到許多坐實他罪名的證據，包括一堆盧布，特洛培間諜相機，以及CIA的地圖、草圖和會面時間表。KGB也發現CIA偽造、以掩飾托卡契夫行跡的資料室借閱單，以及藏了L藥丸的鋼筆。[1]

托卡契夫經三人軍事法庭判決，間諜罪定讞，處以死刑。法官宣布判決時，托卡契夫筆直站立，穿的是休閒西裝和開領襯衫，眼鏡放在前胸口袋。他身旁各一名衛兵則是坐著。

法官要求：「請交代你的全名。」

他堅定地回答：「姓托—卡—契—夫，名阿多夫・喬治維奇。」他又交代年齡、出生地和教育。

你被捕前在哪裡工作？職位是什麼？

「我被捕前在無線電工程科學研究所任職，職位是主任設計師。」

法官宣讀判決：從事間諜活動叛國罪成立，處以死刑。

托卡契夫面無表情，雙眼向前直視。兩名衛兵起立，抓住他的手肘。

後來，他的上訴遭駁回。[2]

宣判之後，法院准他兒子歐烈格到監獄擁擠的會客室，有十五分鐘的告別探視。托卡契夫多年來從事間諜工作，但是心心念念都是兒子的前途。在這樣的環境下父子見面，格外感傷。歐烈格和雙親一樣厭惡蘇聯體制。他記得母親和父親閱讀索忍尼辛的禁書。但是他從來沒問，西方搖滾樂唱片和繪圖筆是怎麼來的。他從來不知道父親從事間諜工作。

托卡契夫向兒子說抱歉。歐烈格答說：「不！不！不！」——他不應該說抱歉。[3]

雷根總統在他就職前夕，曾由即將卸任的中情局局長譚納的簡報獲悉美國在莫斯科有位間諜；現在聽到托卡契夫如何遭到出賣的完整過程。總統外國情報顧問委員會（President's Foreign Intelligence Advisory Board）在一份機密報告中敘述詳情，雷根在一九八六年九月二十六日帶到大衛營細讀。報告把CIA和FBI都痛批一番；CIA之過在於沒有盡快照會FBI，霍華德可能是安全風險。[4]顧問委員會在十月二日來到橢圓形辦公室，向雷根報告。白宮幕僚長唐納·黎根（Donald T. Regan）對這次會議做了親筆記錄，他提到，霍華德在CIA的「一年」受訓期，「偷走了不少的東西」。[5]現在一切都報銷了！

一九八六年十月二十二日，蘇聯塔斯通訊社宣布，托卡契夫已因「間諜叛國罪」遭到處決。[6]

娜妲莎也因知情不報罪名遭到起訴。她的老上司、家庭友人李彬日後寫說，她沒有認罪，但是在獄中遭特務線民出賣。她被判有期徒刑三年。她第一年在莫斯科東南方兩百四十二英里的重刑犯勞改營波特馬（Potma）服刑。第二年移到比較不艱苦的烏法（Ufa）勞改營去製造磚塊，此地在莫斯科東方七百三十英里，歐烈格設法去探望她。服刑兩年後，她因大赦在一九八七年回到莫斯科。她無法恢復工程師的老工作，在一家鍋爐房找到作業員的差事。她挺直腰桿、閱讀書報，關心戈巴契夫時期的政治變遷。她參加「悼念」（Memorial）組織，這是「改革開放」時期成立的團體，是要對在史達林集中營喪生的人士之追思。她也寫下她的雙親如何遭到整肅的詳情，特別提到他們在史達林過世後都得到平反。[7]

一九九〇年，娜妲莎得了卵巢癌。她寫信到美國大使館，表示她病情嚴重，希望能得到醫治協助。李彬幫她寫信，她在信中表明她是托卡契夫未亡人身份，「先夫為美國利益及我國之自由努力多年」。李彬回憶說，美國大使館回信表示，太多人來求助，他們無法一一協助。大使館顯然不知道她是誰。CIA隔了好幾年才知道她曾經求助。[8]

娜妲莎只氣一件事：阿迪克騙她，在向她保證罷手之後繼續從事間諜活動。她反對的不是間諜活動，而是它對家人造成危險。她在一九九一年三月三十一日因癌症病逝，此時她和阿迪克痛恨的蘇維埃黨國體制也即將崩潰。她安眠於莫斯科唐斯科耶（Donskoye）公墓，與她父親伊凡·庫斯明長相左右。[9]

二〇一四年八月十一日，CIA在總部掛出托卡契夫肖像，與描繪CIA重大行動的畫像並列。肖像由紐約藝術家凱西·克朗茲·費拉莫斯卡（Kathy Krantz Fieramosca）所繪，托卡契夫坐在公寓裡，手持賓得士三十五公厘相機，以兩盞桌燈打光拍攝機密文件。畫中時鐘顯示在中午十二點二十五分，正是午休時間快要結束時。CIA一位高階官員在畫像揭幕儀式致詞，稱許畫像中的托卡契夫顯現「堅定的決心」、「強烈的注意力集中」，也明知一旦被捕，命運堪憂，因而「略顯擔憂」。

尾聲

一九九一年一月十九日，「沙漠風暴行動」第三天，拉瑞・皮提斯（Larry Pitts）清晨四點就在沙烏地阿拉伯西北部塔布克（Tabuk）的費沙國王空軍基地起床。他吃過早餐後，聽取情報簡報，套上全副裝備，套上求生背衣，拿起頭盔袋，走向停機坪。在黎明前的黑暗中，一架F-15C戰鬥機矗立在哪兒，這是美國最先進的軍機，也是有史以來最致命的戰鬥機。機身長六十四英尺，翼展四十八英尺，以鋁、鈦、鋼和玻璃纖維打造，這架戰鬥機有兩具普惠公司製造的渦輪扇發動機，能把它像火箭一樣送上天空。關於F-15的一切都是美國技術的巔峰極致，從強大的脈衝都卜勒俯視雷達，到可以承受嚴重戰損的機翼，以及塞在飛行員背後黑盒子裡精密的電子干擾器，都是最先進的。

皮提斯準備飛的這種戰鬥機，設計上的每個最小細節，都是要擊敗蘇聯的米格機。海珊的空軍擁有蘇聯境外最多的俄製米格機隊。開戰頭兩天，伊拉克上空的空戰，遵循著冷戰時期歐洲發生衝突時相同的想定進行著。美國和蘇聯設計、建造與部署空優戰鬥機，假設會在德國和捷克上空開打。但是，伊拉克空戰顯示雙方根本不是勢均力敵。由於密集訓練和外洩的情報，尤其是托卡契夫間諜活動的成果，美國飛行員和軍機占了上風。

這一天上午，皮提斯上尉慢慢繞著飛機做「飛行前三百六十度」目視檢查，翻閱飛行紀錄本，然後爬進駕駛艙。一旦升空，他享有著不管從何方向來說都是令人最驚嘆的超讚視野。機身從飛行員肩膀的高度向下傾斜，那種感覺就好像坐在鉛筆的前端一樣。[1]

皮提斯在清晨五點升空，擔任四架F－15C編隊的右翼僚機。沙漠風暴是逼迫伊拉克退出科威特的軍事行動。美國空軍三十三戰術戰鬥機聯隊第四十八戰術戰鬥機中隊（綽號大猩猩，Gorillas），已經三度進入伊拉克執行任務。皮提斯三十四歲，在阿拉斯加安克拉治長大，自幼就渴望遨遊蒼穹。

他在美國空軍受訓飛F－15C已有數百個小時，但這是他首次參戰，而且還是初上戰場。皮提斯和他駕駛的飛機體現美國空軍和海軍從越戰失敗所學到的教訓。當時，F－4幽靈式戰機飛行員經常打不過北越的蘇製米格戰鬥機。幽靈機飛行員需要扭轉十二個開關才能發射飛彈，他們面對更敏捷的米格機，輸掉寶貴的幾秒鐘。相較之下，在F－15座艙裡的飛行員，可以手不離節流閥和操控桿，或者視線離開抬頭顯示器往下看，就可搜尋、偵測、鎖定和射擊逼近的米格機。他只需要動用左、右手指頭切換按鈕，飛行員通稱這是在玩奏「短笛」。在F－15C機上誘餌灑佈器內裝填有經計算後以精確長度切割而成，能讓米格機雷達形同「失明」的熱焰彈。F－15C的戰術電戰套件能完全壓制蘇聯的航電系統。F－15C可以正確鎖定和發射飛彈對付目視範圍外，即皮提斯根本看不到的敵方米格機。

美軍飛行員在越南採用死板的戰術，以密集的隊形飛行，很容易被北越戰鬥機擊落。戰後，美國改變對飛行員的訓練，鼓勵新世代飛行員要更靈活，可以自行做出接戰決定。蘇聯飛行員傳統上由地面指示他怎麼做；美國飛行員則被訓練要熟悉敵人的能力，在天空中對付他們。為了協助他們更快反應，建立數據鏈結讓飛行員能在高速中取得需要的一切資訊。皮提斯就是這種轉型訓練的成果。他曾經參與過三次「紅旗」演習，以模擬遇上蘇聯敵機機群進行空中躲閃、追擊作戰的情形。他研讀米格-25和米格-29會有怎麼樣威脅的手冊，而且他這一代的飛行員得益於代號「永恆佩格」（CONSTANT PEG）的資訊。這是一項絕對機密的作業，空軍飛行員在內華達沙漠與蘇聯製舊型米格機纏鬥空戰的訓練。

皮提斯和另三位F-15C飛行員在空中加油後，守候待命。他們原本預定的轟炸護航任務已經取消。他們留在天空是因為有情報傳來，海珊可能逃出伊拉克。到了中午時分，研判海珊不會逃走後，四架飛機回到位於沙烏地阿拉伯的基地。皮提斯只想好好補眠睡一覺。

才剛降落不到幾分鐘，「大猩猩」中隊又奉命加油、升空。任務是飛越伊拉克上空，看看是否能刺激不肯出戰的伊拉克空軍升空。在戰爭開打前幾天，贏取全面空優是重要目標。海珊擁有二十五架快速的米格-25攔截機，和三十架最新式、裝備俯視／俯射雷達的米格-29戰鬥機，以及數百架俄製舊飛機。伊拉克才剛結束和伊朗打了八年的戰爭，因此可以合理推定伊拉克飛行員作戰經驗豐富。但是伊拉克人避免空戰，沒有太多軍機升空。

皮提斯和夥伴在沙烏地阿拉伯進行空中加油時，獲悉兩個編隊的不明機被美國強大的E-3哨兵式（Sentry）空中預警機偵測到。簡稱AWACS的空中預警及管制系統，又是一種科技上的勝利，它可以掃描數百英里範圍內的空域。四機編隊以略超過音速的速度往北飛向伊拉克，皮提斯在編隊右側。

不久，「不明機」變成「敵機」，確認是伊拉克戰鬥機——兩架米格-29和兩架米格-25。比較先進的兩架米格-29掉頭飛走。但是高速的米格-25快速向皮提斯接近。

西方國家一度很忌憚米格-25，有人認為它是全世界速度最快的戰鬥機。但是貝連科一九七六年駕駛米格-25叛逃到日本後，西方盟國發現它是攔截機、不是刁鑽機靈的戰鬥機。

皮提斯在受訓時知道，米格-25由強大的發動機推進，但是他也知道它的侷限。飛機在低高度時動作遲緩，座艙的位置太低，因此飛行員不容易看到他的背面。回轉半徑大，雷達掃描角度不夠寬廣。米格-25不再像過去那樣神祕難解：美國人把它給摸透了。[2]

兩架F-15C脫離四機編隊，讓皮提斯和長機李克．托利寧（Rick Tollini）對付米格-25。伊拉克軍機繞了一圈又回來，筆直對著飛行高度約一萬五千英尺的美機。

突然間，米格-25轉為「正側方」，亦即轉九十度離開逼近的美機，並且急降到極為貼近地面的低雲層尋求掩護。急降尋求掩護是蘇聯空軍典型的戰術；而轉向九十度角，則會出現一個「缺口」，此時都卜勒雷達效果最弱，地面雜波可能會讓雷達看無法看到貼地飛行的目標。皮提斯的雷達失去米格-25的蹤跡。他深怕米格機會突然出現，在他來不及出手前就朝他開火。

米格-25並不是空中芭蕾舞者，它是快速飛行的子彈，其中一架幾乎立刻就回頭。皮提斯從雷達看到米格-25離他機鼻只有五英里。他現在飛行高度約一萬三千英尺，但是這架米格-25離地面勉強只有五百英尺，在他前方從左向右飛去。米格-25的時速七百節（即八百零五英里），比音速還要快。伊拉克飛行員或許看不到皮提斯在他上方，可能也不在乎；他想要加速躲過危險。米格-25驚人的速度「劃過」F-15的雷達，敵機訊號從雷達螢幕的左邊向右擴大，然後就跳出螢幕。

皮提斯沒有放棄。他又失去雷達鎖定，但是可以目視看到米格-25，他的訓練和本能反應全都到位。

他向托利寧呼叫：「接敵！」

托利寧回答：「接戰！」——這代表身為僚機的皮提斯現在轉為主攻角色，長機托利寧轉為支援他的角色。

皮提斯實施稱為破-S機動的內翻滾。F-15C急降去追趕米格-25。翻滾的力道使得皮提斯被深深地陷入他的座椅上，在那好幾秒鐘所承受的是十二倍的G力。F-15C被公認為可承受約九倍G力的戰機，皮提斯從頭盔聽到機上電腦發出警告：「超過G力極限！超過G力極限！」但是已經太遲了，他的腎上腺素上升，他已經做了決定。他必須校正機鼻對準竄逃的米格-25，才能開火。皮提斯急降一萬兩千英尺，接近到米格-25後方約一英里略高一點位置展開追擊。從前，美國飛行員可能試圖飛在獵物下方，以求有更好的雷達鎖定，但是皮提斯的F-15C雷達涵蓋範圍極佳，可以維持在比敵機稍為高的後方。他已經進入米格-25正後方六點鐘位置，伊拉克飛行員命在旦夕。

如果米格-25全速往前衝，它或許速度夠快，能甩開皮提斯。但是飛行員轉向右方，這是躲閃動作，代表他知道皮提斯準備開火。俄製飛機轉入靠近地面密度較高空氣時速度會慢下來。皮提斯也轉彎，但是他的回轉半徑較小，他的飛機更加敏捷。很快地，他進入到米格-25的回轉圈內側，拉近距離，略為在敵機機翼線後方，這是米格機最脆弱的位置。

皮提斯機腹和機翼底下掛了八枚飛彈。他看到米格-25後方因為啟動後燃器而拖著一股大濃煙，因此他以左手選了一枚一百五十磅重的AIM-9響尾蛇追熱飛彈。他以右手按下操縱桿上的按鈕來發射飛彈。但是，米格-25迅速放出一團熱焰彈干擾美機的飛彈，使它打不中。

皮提斯再選擇一枚雷達導引的五百磅AIM-7麻雀飛彈，當它鎖定敵機時，抬頭顯示器出現提示：「射擊！」字樣，皮提斯發射了。這型飛彈是設計成要在目標旁引爆，但是引信故障，它逕自飛過米格機的座艙，沒有炸開。

皮提斯趕緊又選擇一枚追熱的響尾蛇飛彈。他在米格機後方六千英尺發射，可是米格機的熱焰彈再度使它失去準頭。

皮提斯從來沒在戰鬥中發射飛彈，現在，三枚全部失敗。這兩架冷戰時期的宿敵，在伊拉克沙漠上空呼嘯飛行，生死交關，米格-25飛行高度只有三百英尺，F-15C稍為高一點，緊追在後，兩者速度都慢了下來，但時速仍在五百七十五英里以上。

皮提斯第四次再選一枚雷達導引的麻雀飛彈，這次它飛到米格機尾管上方爆炸。米格機飛行員彈射逃生，皮提斯看到座椅從他窗邊飛落。米格-25爆炸時，另一枚飛彈穿過雲層——托利寧發射的。飛行員命運如何不詳，但是以這樣的高速度和低高度，如此條件下彈射的存活機率不大。

隔了幾分鐘，托利寧擊落另一架米格-25。

飛回沙烏地阿拉伯途中，皮提斯試著放鬆自己。他的燃油不足，經過一番緊張的交戰，他的雙手正顫抖著。空中加油時，他必須飛離加油航線冷靜一下，才能再試一次接上空中加油管。

皮提斯和托利寧早先看到的那兩架米格-29，在同一天稍後也遭擊落。一月十七日，美軍又擊落三架米格-29和兩架米格-21。伊拉克的損失日復一日擴大。到了戰爭結束時，美國空軍飛機締造空戰擊落敵機三十九架、本身零損失的紀錄。[3]有十六架敵機是美軍在視距外發射飛彈擊落的，美軍飛行員根本沒有目視到這些戰鬥機。這是不得了的空戰新紀錄，拜空中預警系統導引所致，美國飛行員得以在不誤擊友機的情況下放手攻擊。[4]

在伊拉克上空的面對面空戰中，美軍每遇蘇製戰鬥機定百戰百勝，統統把它們給擊落。這當中的原因很多，包括：優異的科技，精心磨練的戰術，精進的飛行員訓練。但是所有這些優勢也都有其他眼睛看不見的因素在支撐。美國費盡心思、用盡一切手段，鉅細靡遺的去蒐集有關蘇聯飛機、飛行員和雷達的情報，照片、繪圖和電路板，無一不收。

因此，美國需要借重間諜。

托卡契夫的間諜活動是一則冷戰故事，但是在今天仍能喚起共鳴。人力情報仍然是國家安全所不可缺的一環。只要有了解對手的必要——即使要偷取機密、揭露意圖和打開保險箱——都有需要召募能克服畏懼、願意跨越邊界過來的間諜。我們要正視他們的眼眸、贏取他們的信賴、鎮定他們的焦慮，和分擔他們的苦難。

托卡契夫這位工程師和設計師，與背叛蘇聯成為美國間諜的其他人不同。他不是共產黨員，沒在軍隊或安全機關服務。其他間諜，如潘可夫斯基、波帕夫、謝默夫、波亞可夫和庫拉克，他們大多在ＫＧＢ或蘇聯軍事情報機關ＧＲＵ任職。庫克林斯基從波蘭交出有關華沙公約組織的作戰計畫，他是波蘭陸軍上校，歐格洛德尼克是蘇聯外交官。

托卡契夫的間諜行動更為了不起的是，他就在ＫＧＢ眼皮子底下交出情報給ＣＩＡ。二十一次的會面當中，大多數都是在距ＫＧＢ總部大門三英里路範圍內進行的。可是ＫＧＢ完全沒有察覺這個間諜以及和他的接觸對象。莫斯科站細心的技巧——身份轉換、街上化妝、躲閃跟監、SRR-100無線電截收器——成效斐然。

托卡契夫交出的資料非同凡響——複雜的圖表、諸元、藍圖和來自機用雷達的電路板，以及他揭露蘇聯未來十年軍事研發計畫的方向。有兩位美國情報與軍事專家花了好幾年時間查閱數千頁托卡契夫的文件，他們盡最大努力與其他來源做比對，他們說不曾見過有那一頁內容含有假情報。[5]

托卡契夫打開透視蘇聯意圖和能力的窗口，這正是中情局使命的核心。對於美國高層而言，知曉蘇聯軍事研發和發展的優先順序，以及他們的能力——能做什麼、不能做什麼——極端重要。數十年來，美國情報界對蘇聯的意圖和能力，有許多漏洞和誤判。[6]但是就空防、戰鬥機、攔截機、雷達、航空電子儀器和導引系統等在熱戰中將對上美國的武器裝備，都經由托卡契夫一併和盤托出它們的機密。

他交出情報的時機正是美國海、空軍在訓練新世代飛行員課程進行革命的時刻。美國海軍設在加州米拉馬（Miramar）的戰機武器學校（Fighter Weapons School）——綽號「捍衛戰士」（Top Gun）——和空軍設在內華達州奈里斯空軍基地（Nellis Air Force Base）的美國空軍武器學校（U.S. Air Force Weapons School），都在積極培訓人才。對於準備即將打下一場空戰的美軍而言，任何一個小細節都很重要而需被關注。來自托卡契夫的情報，都傳授給「捍衛戰士」的教官和飛行員。

因此之故，二十多年來，面對蘇製戰鬥機，美國享有近乎一面倒的空優。一九九一年波斯灣戰爭時，皮提斯在伊拉克上空擊落米格-25；一九九五年，美國和盟國迫使前南斯拉夫的塞爾維亞人，承認波士尼亞-赫塞哥維納的獨立；一九九九年，在科索沃，制止了種族屠殺。伊拉克和南斯拉夫都採用蘇製米格機。美軍在地面作戰有過失利紀錄，但是空軍卻主宰著天空。紀錄非常驚人：在韓戰，每擊落六架敵機，美軍要損失一架；在越戰，敵軍折損兩架飛機，美軍才損失一架。換句話說，擊殺率從韓戰的六比一、越戰的二比一，到了伊拉克和巴爾幹半島，已飛躍進步到四十八比零。美國科技和飛行員訓練的長足進步，是這項成就的根本因素。[7]但是，托卡契夫的貢獻也功不可沒：美國擁有一九八〇年代蘇聯每一款戰鬥機雷達的藍圖。

托卡契夫也讓美國對武器系統重振信心，他們花了數十億美元與許多年時間去研發，特別是設計來在低飛行高度打擊蘇聯的武器。貼近地面飛行的巡弋飛彈經過飛行測試，在托卡契夫從事間諜工作期間服役。蘇聯領導人曉得它是強大的威脅。一九八四年六月在莫斯科，日後成為戈巴契夫國家安全顧問的安納托利・車尼亞耶夫（Anatoly Chernyaev），到中央委員會聽取軍方簡報。簡報題目是「現代戰爭的特性」，車尼亞耶夫後來在日記寫下他看了有關美國武器系統影片的感想。

他寫說：「非常驚人，飛彈從數百公里、數千公里以外向目標飛來；航空母艦、潛艦統統無所不能；裝翼飛彈像卡通片一樣，能夠從兩千五百公里以外，經導引穿過峽谷，擊中直徑十公尺的目標。這是現代科技令人不敢置信的大突破。當然，它也是無法想像的昂貴。」[8]

「裝翼飛彈」並不是卡通影片，美國巡弋飛彈是活生生的實體。蘇聯雷達無法看見它們飛來，而CIA知道原因為何。

關於托卡契夫提供的情報

阿多夫．托卡契夫的間諜行動產出極大量的情報，美國軍方和情報圈直到一九九〇年代都還能從中汲取寶貴的細節。其中的資訊被納入當時的情報報告，送呈白宮及決策人士參考，而許多文件今天已經解密。最高階的報告「國家情報評估」（National Intelligence Estimates）綜合報導與分析，包含來自許多不同來源的細節。它們沒有提到托卡契夫的名字。但是它們反映他間諜工作的影響。

一九七六年三月，托卡契夫自願效勞的前一年，美國有一份情報備忘錄描述蘇聯的防空缺陷，包括缺乏俯視／俯射雷達和武器能力。[1]這是CIA內部分析員的觀點，但是同年夏天和初秋，CIA就蘇聯的能力徵求外方的意見。CIA進行一項不尋常的實驗，允許圈外一組強硬派專家和分析人員批評它對蘇聯兵力的年度評估。批評的項目之一就是檢驗蘇聯的空防力量。[2]被稱為B隊的圈外專家沒有定論。它發現，純就器材設施而論，證據顯示蘇聯的防空變得「相當強大」；但是以部隊演練所看到的運作問題來看，它又像在「及格邊緣」，而實情不明是因為缺少「實質情報」。[3]因此，CIA變成要從眾多答案中找出正解：蘇聯防空究竟是很弱，或是很強而且愈來愈強。

美國需要有更好的解答。蘇聯擁有全世界最長的國境，約三萬七千英里長。要阻擋入侵者，它需要陸上及空中的武器和雷達。如果防空有破綻，很容易遭敵人利用。幾年後，托卡契夫提供了答案：蘇聯防空系統很弱，可以善加利用它的罩門。

一九七九年，「國家情報評估」重新確認蘇聯「在低空攔截滲透者的能力，有重大技術缺陷。」[4]一九八一年，CIA內部備忘錄指出，蘇聯只有少許對付低飛目標的能力，蘇聯的防空技術粗糙，並且「他們疏於演練低空的防空作戰」。甚且，蘇聯防空的指揮與管制系統也很差，它的部隊「不是最精銳，演訓時的表現經常差強人意」。備忘錄的結語寫道，「一般來說，蘇聯在這方面實在相當拙劣。」[5]

一九八三年，美國一份情報報告宣稱，美國低飛的巡弋飛彈和先進轟炸機「有潛力使蘇聯投資（在空防上）的數十億盧布盡付流水——美國可以在它們眼皮底下飛行。」[6]一九八四年三月，CIA對蘇聯兵力的年度情報評估，描述莫斯科如何拚命努力改進防空，包括要在蘇聯新的噴射戰鬥機、雷達、防空飛彈和空中預警機之間建立改良的「數據資料鏈」。[7]

所有這些報告的結論，部分來自托卡契夫交給CIA的數千頁蘇聯機密文件。

到了一九八五年，CIA已經精準掌握蘇聯機用雷達的能力。一九八五年一份報告提到，蘇聯在五大領域採取行動，「以強化他們的空防能力」。每一個領域，包括空中預警機和俯視／俯射雷達，都已經被托卡契夫透過無數卷底片和筆記洩露玄機。[8]

除了已完成的情報，托卡契夫的資料也直接運用在美國軍方的研發計畫。通常，托卡契夫提供的資訊最有助於技術專家，去建造反制系統及其他高端科技，以擊敗蘇聯的雷達和航電設備。其中一個項目就是雷達干擾器。一九七〇年代末期，美國海軍和空軍聯手研發供最新型戰鬥機使用的干擾器。這個項目還在初期階段時，托卡契夫報告蘇聯正在研究被動式相位陣列雷達。被動式相位陣列可使雷達在非常高速度下有效地執行俯視，分辨出貼近地表移動的目標。

多年來，蘇聯在被動式相位陣列的研發上一直落後於西方國家。美國雷達干擾器初步設計時，沒有辦法反制被動式相位陣列雷達。經過美國國防科學委員會（U.S. Defense Science Board）一九八〇年的研究，干擾器的設計改良，納入一道波束，可以混淆例如「柵欄」（ZASLON）這類的被動式相位陣列雷達。出現這一改變的時機正是托卡契夫提供有關蘇聯雷達消息那段期間。機用自衛干擾器是一個企圖心很大的計畫，設計來欺騙敵人雷達認為飛機是在另一地點。如果冷戰真的演變成熱戰，它很可能會是一個重要利器。[9]

托卡契夫交給美國一整個資料室的機密文件，舉凡裝備在米格-23戰鬥機、米格-25高度攔截機、米格-31攔截機和米格-29、蘇愷-27多功能戰鬥機等蘇聯軍機雷達的設計和能力，應有盡有。特別是，托卡契夫洩漏了好幾個版本的藍寶石雷達和「柵欄」雷達的機密。托卡契夫也偷走蘇聯防空飛彈和敏感機密的蘇聯窗簾（SHTORA）計畫，後者設計來隱匿防空飛彈、不讓目標飛機的雷達偵測到。

托卡契夫送給美國的另一項大禮，是他最先提醒美國，蘇聯開始研發一種先進的空中預警和管制系統，也就是天上飛行的雷達站。托卡契夫點明之後，美國間諜衛星才證實它的存在。二十噸重的雷達，取名大黃蜂（SHMEL），以裝有雷達的碟型圓盤，搭載在改裝的伊留申Il-76軍用運輸機上，和美國先進的E-3哨兵式系統大同小異，後者改裝在波音707飛機上，當時已經在服役。蘇聯此一新型空中預警管制系統攸關到它如何應對低空的破綻和缺乏俯視雷達能力的弱點。飛行雷達站將可大大增強偵測威脅的能力，並將數據和指令傳達給在空的飛行員。[10]托卡契夫提供的文件顯示，大黃蜂具有俯視能力。這個雷達能夠同時追蹤地表上五十個以上的目標。[11]

蘇聯全國防空體系由數千個單位組合起來。它有一千二百五十個陸基雷達站，其中四分之一支援地面控制中心指示飛行員對付目標；有約一千個防空設施，一萬二千八百個防空飛彈發射架；三千二百五十架戰鬥機，分布在約九十個機場，可以執行空中攔截任務。[12]這個系統要能有效運作，他們全都必須緊密結合——而且不能出差錯。基於強大的中央集權精神，蘇聯過去依賴地面控制攔截作業，也就是由地面雷達站的管制人員下指令給戰鬥機和攔截機往哪裡飛、何時開火。蘇聯飛行員自主權很小，這是遲緩而笨拙的機制。大多數地面雷達站作業人員看不到本身單位涵蓋範圍外的狀況。現代化的蘇聯空中預警及管制系統將情況徹底改變。拜托卡契夫之賜，美國清楚瞭解蘇聯的空中預警及管制系統的技術。CIA在一九八一年的一份備忘錄指出，蘇聯的空中預警及管制系統「仍在實測的初期階段」，但是它也說，這個雷達「已偵測到陸地以上三百公尺的目標」——即九百八十四英尺。雖然不能完全堵住低空的雷達破綻，這已是相當的進步。美國轟炸機計畫飛得更低，貼近地面不到八百英尺，而巡弋飛彈更可以由地面以上五十英尺潛入。甚且，蘇聯曉得、也最害怕的是，巡弋飛彈成本相對低廉，因此美國可以發射大量巡弋飛彈而不被偵測到，可以全力猛撲目標。[13]一九八一年九月，美國就蘇聯的空中預警及管制系統提出二十三頁的機密情報評估。評估的目的是協助建立對蘇聯飛機的反制措施，它指出，蘇聯的空中預警及管制系統涵蓋範圍仍有漏洞——西方國家飛機可以從漏洞鑽入，另外莫斯科仍然很難偵測到巡弋飛彈及後來美國的匿蹤轟炸機。[14]

托卡契夫的文件也揭露，米格-31戰鬥機配備「柵欄雷達」和機用數據資料鏈，使它本身有如一座迷你的空中預警及管制系統，能和其他戰鬥機分享雷達資訊。過去美國試圖破解這一資料鏈和「解讀」它，幾乎都不成功。但是現在有了托卡契夫的文件指出每一項資訊的意義，就可以破解資料鏈，這是無法想像的重大突破。美國可以攔截蘇聯的空中預警及管制系統訊號，偵測——及欺騙——依賴它們的蘇聯飛行員。[15]

美國同步在第一時間取得敵人傳輸的訊息。

謝誌

兩位CIA退休官員，每位都有數十年的祕密工作經驗，大方地貢獻時間與精力於本書的寫作計畫。波敦・葛伯（Burton Gerber）曾任莫斯科站站長和總部蘇聯組組長，花費時間研究原始電文，經過CIA批准之後將材料提供給我參考。他提供托卡契夫全案寶貴的指導和內容。巴瑞・羅易登（Barry Royden）撰寫CIA內部一份報告討論一九九〇年代的作業，對於本書的發想非常熱心，提供許多卓見。兩位幫助我走過文件解密過程，對我指點許多間諜世界的迷津。

我要特別感謝本書開始寫作之時擔任中情局東歐組組長的隆（Ron），他在作業檔案解密過程提供極為重要的協助。因為他還是現職的祕密工作人員，我無法透露他真實姓名。我也受惠於以下諸位人士的回憶：大衛・佛登（David Forden），羅伯・傅爾登（Robert Fulton），珊德拉・葛理姆斯（Sandra Grimes），賈德納・哈達威（Gardner "Gus" Hathaway），湯瑪士・米爾斯（Thomas Mills），羅伯・莫理斯（Robert Morris），詹姆斯・奧爾森（James Olson），馬蒂・彼德生（Marti Peterson），威廉・蒲隆克（William Plunkert），大衛・羅夫（David Rolph），麥可・謝勒斯（Michael Sellers），哈維蘭・史密斯（Haviland Smith），以及羅伯・華萊士（Robert Wallace）。凱莎琳・桂爾瑟（Catherine Guilsher）大方地提供她先夫約翰生平事跡的回顧。卡琳・哈達威（Karin Hathaway）也熱心提供她丈夫賈德納的事跡。約翰・艾爾曼（John Ehrman）提供與中情局重要的聯繫。我也要感謝許多位退休情報人員，他們同意分享知識和回憶，但要求身份保密。

莫斯科方面，我得到安娜・馬斯特洛娃（Anna Masterova）的協助，她很技巧地爬梳檔案，並進行採訪和翻譯。我也很感謝「悼念國際組織」（Memorial International）的艾瑞娜・歐斯特洛芙斯卡亞（Irina Ostrovskaya）幫助我找出庫茲明家人遭到迫害的檔案紀錄。沃羅狄亞・亞歷山德洛夫（Volodya Alexandrov）和瑟吉・貝爾亞可夫（Sergei Belyakov）一直都無私地時時刻刻提供協助。瑪夏・李普曼（Masha Lipman）二十年來一直是有關俄羅斯事務無可匹敵的智慧和卓見的源頭，對於本書初稿提出有見解、詳盡的評論。

瑪麗安妮・華瑞克（Maryanne Warrick）把訪問錄音謄寫為文字稿，並執行研究工作，我感謝她的精準和不倦的努力。查莉莎・福特（Charissa Ford）和茱莉・泰德（Julie Tate）也對研究做出貢獻。

我在《華盛頓郵報》任職期間，有幸在唐・葛萊姆（Don Graham）和凱薩琳・葛萊姆（Katharine Graham）所打造的新聞事業黃金年代參與工作，我要感謝班哲明・布萊德理（Benjamin C. Bradlee）和李歐納德・唐尼（Leonard Downie）兩位總編輯讓我有機會參與做出貢獻。我特別感謝菲力浦・班奈特（Philip Bennett）多年來的指導與支持，他是好同事、好朋友，我們在編輯部共享許多年的美好時光，他閱讀原稿，提供中肯的批評。羅伯・凱瑟（Robert Kaiser）是典範、也是業師。周碧・華瑞克（Joby Warrick）是益友、顧問。彼得・芬恩（Peter Finn）和麥可・伯恩邦（Michael Birnbaum）這兩位有才華的莫斯科分社主任提供許多協助。

感謝基斯・梅爾頓（H. Keith Melton）慷慨借出他蒐集的照片，也感謝凱西・克朗茲・費拉莫斯卡（Kathy Krantz Fieramosca）允許複製她畫的托卡契夫畫像。我也要感謝傑克・麥特洛克（Jack F. Matlock）、狄克・康布斯（Dick Combs）和詹姆斯・舒馬克（James Schumaker）回憶一九七七年駐莫斯科美國大使館起火事件的經過。關於雷達和空防方面的知識，感謝大衛・肯尼士・伊利斯（David Kenneth Ellis），威廉・安德魯斯（William Andrews），羅彬・李（Robin Lee）和拉瑞・皮提斯（Larry Pitts）。我也得到羅伯・貝爾斯（Robert Berls），班哲明・魏瑟（Benjamin Weiser），福立茲・厄瑪士（Fritz Ermarth），查爾斯・巴塔戈里亞（Charles Battaglia），傑洛德・謝克特（Jerrold Schecter），羅伯・門羅（Robert Monroe），彼得・厄尼斯特（Peter Earnest），喬治・雷特（George Little），路易・鄧尼士（Louis Denes），馬修・艾德（Matthew Aid），約書亞・波拉克（Joshua Pollack）和傑生・薩爾冬—伊彬（Jason Saltoun-Ebin）寶貴的意見和協助。麥斯威爾空軍基地（Maxwell Air Force Base）空軍歷史研究局（The Air Force Historical Research Agency）的凱西・柯克斯（Cathy Cox），每當我有要求，都能專業又迅速滿足地我。我很感謝能借用下列機構的蒐藏：華府的國家安全檔案館（National Security Archive）；馬里蘭州大學公園市（College Park）的國家檔案館（National Archives）；馬里蘭州安那波利斯市（Annapolis）美國海軍學院口述歷史計畫（U.S. Naval Institute Oral History Program）；加州西米谷（Simi Valley）雷根總統紀念圖書館（Ronald Reagan Presidential Library）；以及莫斯科俄羅斯國家經濟檔案館（Russian State Archive of the Economy）。

葛林・佛朗珂（Glenn Frankel）多年來是我著書寫作的業師，再次就本書原稿提供有見識的寶貴評論。我要感謝史薇特拉娜・沙夫蘭斯卡亞（Svetlana Savranskaya）對原稿的評論，也告訴我如何從全世界的檔案去挖掘冷戰的機密。

十年來第二次，克里斯．浦歐波羅（Kris Puopolo）耐心、明智的編輯，引領我從模糊的概念、一箱箱的散亂文件，成為敘事清楚的書稿，我萬分感激。我也要感謝比爾．湯瑪士（Bill Thomas）相信這本書值得推荐給雙日出版社（Doubleday）的讀者。我感謝丹尼爾．梅耶（Daniel Meyer）使本書如期照進度進行。我感謝不尋常的經紀人伊瑟．紐伯格（Esther Newberg），她讀完初稿後打來的電話，充滿熱情，是我珍惜的一刻。

我把最深刻的謝意送給內人卡羅（Carole），一九九〇年代末期我擔任《華盛頓郵報》特派員時，她細心照料我們家的「莫斯科站」，帶領我們兒子丹尼爾（Daniel）和班哲明（Benjamin）。這本書寫作過程，她提供許多建議和見解。更重要的是，她忍受我記者生涯中的許多擾亂和動盪，但是從來沒有失去信念——發掘世界真相是值得的。我記得我們家冰箱門上貼了一張小紙條，上面印著聖奧古斯丁的一句箴言：「世界有如一本書，不旅行的人只讀了一頁。」有她堅定的支持和參與，世界又變成一本書。

to headquarters, March 20, 1980, 200825Z, 以及 Royden, "Tolkachev," 都說，托卡契夫的資訊促使空軍完全改變最現代的美國戰鬥機七千萬美元航空電子儀器項目的方向。詳情如何，現在仍未解密。這有可能指的是戰鬥機的戰術電子戰機組，或是空中自我防護干擾器（後來通稱 ALQ- 165）。後來，這項干擾器項目出現許多技術問題，無法克服，因此從來沒有大量製造或部署。

10 在此之前，蘇聯依賴老舊、螺旋槳動力的 Tu-126 苔蘚式，搭載空中預警雷達。它只有生產九架，其中兩架已經拆解。MOSS 預警系統同時只能追蹤少許目標，無法俯視，相當過時。

11 見 "A-50," *Ugolok neba* (Corner of heaven)，這是俄文的線上航空百科全書，http://www.airwar.ru/enc/spy/a50 .html.

12 Director of Central Intelligence, "Air Defense of the USSR." 另參見 Douglas D. Mitchell, "Bomber Options for Replacing B-52s," Issue Brief No. IB1107, Congressional Research Service, May 3, 1982.

13 "Relative Concern of Soviets About B-1 and Cruise Missiles," memo, June 24, 1977, via CREST, declassified in 2005.

14 Defense Intelligence Agency, "Prospects for the Soviet Union's Airborne Warning and Control System (SUAWACS)," Special Defense Intelligence Estimate, Aug. 6, 1981, released in part via CREST. 另參見 John McMahon, director, National Foreign Assessment Center, "Note for: Deputy Director of Central Intelligence," Sept. 22, 1981, via CREST. Also Interagency Intelligence Memorandum,"Prospects for Improvement in Soviet Low- Altitude Air Defense,"NIO IIM 76- 010 J, March 1976, declassified in part by CIA, Oct. 1999, 4.

15 關於數據資料鏈，見 Director of Central Intelligence, "Air Defense of the USSR," 14.

派人士。他們拿到 CIA 本部分析師進行戰略力量年度分析所採用的相同原始情報。當時成立三個小組，其中之一分析蘇聯的空防。B 隊空防小組的結論是，蘇聯的空防「強大」，並且有許多裝備。他們宣稱，「每一架飛到蘇聯海岸線的美國轟炸機，將遇上三十架蘇聯戰鬥機和一百枚地對空飛彈的招呼。這個系統還在成長，規模和能力都在增進。」這個令人大為警惕的結論認為，蘇聯或許有能力制止美國轟炸機打到其目標，換言之，三分之一的美國戰略嚇阻——陸、海、空三軍之一的空軍——已經陳舊到不行了。但是 B 隊的局外專家也看到證據，蘇聯系統運作不佳，因為陸基雷達單位和通訊網動作遲緩。B 隊堅稱，重點在於 CIA 根本不明白情勢。B 隊空防小組的結論是：「充足的確切情報可以解決或縮小所有這些目前的和未來的不確定，可是在近期內大概都得不到。」A 隊、B 隊的整個實驗，詳見 Anne Hessing Cahn, *Killing Detente: The Right Attacks the* CIA (University Park: Pennsylvania State University Press, 1998). 另參見"Competitive Analysis Experiment: Soviet Low Altitude Air Defense Capabilities," Feb. 24, 1977, top secret; "Summary of B Team Findings—Low Altitude Air Defense," no date; "Soviet Low Altitude Air Defense: A Team Briefing to PFIAB, Outline," no date; and memo for the record, Joint Meeting of "B" Teams, Sept. 9, 1976, 感謝 Cahn Collection, National Security Archive, Washington, D.C 提供這些資料。

4 Director of Central Intelligence, National Intelligence Estimate NIE 11/3- 8/78, "Soviet Capabilities for Strategic Nuclear Conflict Through the Late 1980s," Jan. 16, 1979, 1:19–23.

5 National Intelligence Officer for Strategic Programs to Director of Central Intelligence, "Assessments of Soviet Strategic Air Defenses," memo, Oct. 30, 1981, via CREST.

6 Director of Central Intelligence and Secretary of Defense, "US and Soviet Strategic Forces: Joint Net Assessment," Executive version, NI 83- 10002X, Nov. 14, 1983.

7 "Soviet Capabilities for Strategic Nuclear Conflict, 1983- 93," National Intelligence Estimate 11/3-8/83, March 6, 1984, vol. 1, "Key Judgments and Summary," 9- 10. 這份報告送呈總統過目，上面手寫標註「總統已在八四年三月八日讀過了」。

8 Director of Central Intelligence, "Air Defense of the USSR," Interagency Intelligence memo No. 85-10008, Summary, Dec. 1985. 另參見 Special National Intelligence Estimate 11/7- 9/85/L, "Soviet Reactions to Stealth," Aug. 1985.

9 Alfred Price, *The History of Electronic Warfare, Vol. 3: Rolling Thunder Through Allied Force, 1964–2000* (Alexandria, Va.: Association of Old Crows, 2000), 339–47. CIA 一份電文 Moscow station

Agency, presented at the Society for Military History, University of Calgary, Calgary, Alberta, May 2001, and updated July 8, 2002. 伊拉克空軍大多決定不接戰；一百三十七名伊拉克飛行員駕機逃到伊朗。以下數字不包括被地面火力擊落的部分；伊拉克在波斯灣戰爭擊落十四架美國空軍飛機。這些數字也不包括海軍的損失，譬如海軍中校 Michael Scott Speicher 駕駛的 F/A-18 大黃蜂戰機在一九九一年一月十七日遭到擊落，他是波斯灣戰爭第一位陣亡的軍人。他的飛機怎麼被擊落，一直不清楚。他的遺體直到二〇〇九年才在伊拉克找到。

4 Thomas A. Keaney and Eliot Cohen, *Gulf War Air Power Survey: Summary Report* (Washington, D.C.: Government Printing Office, 1993), 58–62.

5 這兩位專家接受本書作者訪談，但要求身份保密。他們多年來直接接觸托卡契夫的積極情報。

6 譬如，從一九七四年至一九八六年，CIA 每一次「國家情報評估」（National Intelligence Estimate）都高估蘇聯戰略部隊現代化的步調。Haines and Leggett, CIA*'s Analysis of the Soviet Union*, 291, from "Intelligence Forecasts of Soviet Intercontinental Attack Forces: An Evaluation of the Record," SOV 89- 10031, March 1, 1989.

7 Haulman, "No Contest." These kill ratios 指的是空戰和空軍，不涉及地面戰鬥的損失、也不涉及美國其他軍種造成敵軍的損失，但大體事實是如此。

8 Anatoly Chernyaev, *My Six Years with Gorbachev* (University Park, Pa.: Pennsyl-vania State University Press, 2000), 9.

關於托卡契夫提供的情報

1 Interagency Intelligence Memorandum 76- 010, "Prospects for Improvement in Soviet Low-Altitude Air Defense," March 1976, top secret, declassified in part, Oct. 1999.

2 CIA 長期以來為這個問題辯論不休。Howard Stoertz Jr., "Observations on the Content and Accuracy of Recent National Intelligence Estimates of Soviet Strategic Forces (NIE 11/3- 8)," July 25, 1978, 5–6, 45–50, Anne H. Cahn Collection, National Security Archive, Washington, D.C.

3 A 隊、B 隊的實驗發生在一九七六年底，正是尼克森時期與蘇聯「低盪和解」（détente）在美國國內的支持崩潰之時。美國國內鷹派保守人士，如保羅・尼茲（Paul Nitze），指控蘇聯努力爭取軍事優勢，並且聲稱 CIA 沒看到此一威脅。CIA 局長老布希同意實驗相互競爭的不同分析。局外的專家由理查・派皮斯（Richard Pipes）教授領軍，大多是保守國家安全顧問約翰·波音狄克斯特（John M. Poindexter）就此一簡報，向雷根上了簽呈說，「我要請您特別注意，確保將來的案子需要及時提交聯邦調查局調查。」John M. Poindexter, "Memo to the President," Oct. 1, 1986, contained in Regan files, Ronald Reagan Presidential Library. Also see Wise, *Spy Who Got Away*, 87–93.

5 "USSR" folder, President's Foreign Intelligence Advisory Board, Oct. 2, 1986, box 7, Regan files, Ronald Reagan Presidential Library.

6 Andrew Rosenthal, "Soviet Linked with Howard Case Executed for Treason," Associated Press, Oct. 22, 1986. 塔斯社的報導沒有提到行刑日期。

7 Libin, "Detained with Evidence," 以及與托卡契夫家庭熟悉、但要求身份保密人士的說法。庫斯明受到整肅的資料，是由娜妲莎整理，收在莫斯科「悼念國際組織」（Memorial International）的檔案館中。

8 有位知情官員說，CIA 從一九九七年李彬寫的文章才知道她陳情求助。這位官員說，托卡契夫賺的大筆酬勞仍存放在代管戶頭，如果當時 CIA 知道，會交給娜妲莎。這封信的存在亦得到與托卡契夫家庭熟悉、但要求身份保密人士的證實。

9 根據與托卡契夫家庭熟悉、但要求身份保密人士的說法。

尾聲

1 這段敘述是依據拉瑞·皮提斯二〇一三年九月十日在科羅拉多泉（Colorado Springs）接受本書作者的訪談紀錄，並參考以下資料："Dogfights of Desert Storm," History Channel, Nov. 5, 2007; Craig Brown, *Debrief: A Complete History of U.S. Aerial Engagements, 1981 to the Present* (Atglen, Pa.: Schiffer Military History, 2007), 51–59; Steve Davies and Doug Dildy, *F-15 Eagle Engaged: The World's Most Successful Jet Fighter* (New York: Osprey, 2007); Steve Davies, *Red Eagles: America's Secret MiGs* (2008; Oxford: Osprey, 2012). 作者也要感謝 David Kenneth Ellis 和 Robin Lee 兩位的通信。

2 Lieutenant Colonel James W. Doyle (ret.), "1967 Soviet Air Show: Naming the Planes," U.S. Air Force, National Air and Space Intelligence Center, Wright- Patterson Air Force Base, Ohio. 北約組織將米格 -25 稱為「狐蝠」。關於這一型飛機的詳情因貝連科投誠而揭露出來。見 U.S. Fifth Air Force, "The MiG Incident," 1976 command history, vol. 3 of 13, obtained under FOIA.

3 Daniel L. Haulman, "No Contest: Aerial Combat in the 1990s," Air Force Historical Research

11 FBI, "Disappearance of Edward Lee Howard," 3–4.

12 Ibid., 6–8.

13 「FBI 報告」，6 頁。霍華德在他的回憶《安全屋》91 頁說，他們在餐廳就受到監視，但是 FBI 的報告不支持這個說法。瑪麗・霍華德後來告訴 FBI，小丑盒奏效是因為 FBI 跟蹤奧斯莫比汽車距離太遠，但是這個說法不符合 FBI 的紀錄。FBI 紀錄顯示，跟監小組沒有跟蹤他們，稍後才進駐鄰近地區。霍華德說，用錄音打電話和心理醫師約時間，是他的主意，是要讓 FBI 對他不提防。

14 Wise, *Spy Who Got Away*, 223.

15 關於機票的詳情，見「FBI 報告」，38 頁。

16 Ibid., 318.

17 FBI, "Disappearance of Edward Lee Howard," 7.

18 「FBI 報告」，7 頁。

19 Ibid. 「FBI 報告」塗黑瑪麗的姓名，但是從前後文脈絡可以看清楚指的是她。見 ibid., 285–447. 有關瑪麗離婚的經過，見 ibid., 57, sec. 1, loose papers.

20 Howard, *Safe House*, 140, 141, 144–45.

21 State Department, Office of the Spokesman, Washington, D.C., Aug. 19, 2002. 國務院說：「根據俄羅斯警察當局的說法，愛德華・李・霍華德因為在家跌倒而死亡。他的屍體依其近親家屬的指示火化。」

第二十一章　為了自由

1 Mikeladze, *Ampule with Poison*. 特洛培相機、資料室借閱單和 L 藥丸都出現在影片中，影片中還有 KGB 提供給 Mikeladze 的原始檔案影片，以及參與本案調查的 KGB 官員的訪談，譬如當時的反情報處處長里姆・柯拉斯爾尼可夫（Rem Krasilnikov），以及 KGB 調查處處長歐烈格・杜布洛沃爾斯基（Oleg Dobrovolsky）上校的訪談。Mikeladze 二〇一一年九月十九日在莫斯科接受本書作者的訪談。Mikeladze 說，這部影片於一九九七年攝製，同年在俄羅斯電視上播出。

2 *Ampule with Poison* 中出現一段宣判的片段，但日期不詳。

3 根據與托卡契夫家庭熟悉、但要求身份保密人士的說法。

4 這一點在總統外國情報顧問委員會就霍華德案提出的報告，是一項重點。當時的白宮

2 這可以說是冷戰最為詭譎的一刻：CIA 派已經祕密替 KGB 效力的艾姆斯，到安德魯空軍基地去接尤欽科，跟他同車進城並展開偵訊。尤欽科向這名 CIA 官員陳述 KGB 的機密，而這位 CIA 官員肯定一五一十再向 KGB 報告。幾個月不到，尤欽科就幻想破滅，他希望叛逃到美國這件事能保密，可是消息已外洩。十一月二日，在喬治城一家餐館用餐時，他甩掉沒有經驗的 CIA 隨扈。十一月四日，蘇聯大使館召開記者會，尤欽科聲稱他在羅馬遭人下藥、綁架，美方違反他的意志羈押他。後來他就飛回莫斯科。有一種臆測說尤欽科是來搗亂的，讓美方沒空注意艾姆斯的活動，但是 CIA 官員不以為然，聲稱尤欽科交出的情報太敏感。CIA 官員相信尤欽科是真心投誠，只是後來變卦。CIA 某些官員接受本書作者的訪談；尤欽科在記者會上講話的逐字文本，見 CREST, CIA- RDP88-01070R000301930005- 9.

3 當時葛伯的副手、米爾頓・貝爾登（Milton Bearden）在回憶錄裡提到，他和葛伯在一九八五年八月三日星期六於維吉尼亞州某停車場，與 FBI 情報處處長詹姆斯・基爾（James Geer）會面，告訴 FBI，霍華德涉嫌為 KGB 擔任間諜。見 Bearden and Risen, *Main Enemy*, 83. 葛伯也記得在停車場會面，他告訴 FBI，霍華德是什麼樣的人，以及為什麼他認為霍華德就是「羅伯」。基爾說，他當天沒有在停車場與葛伯和貝爾登見面，但是他記得晚一點的日期，要到安全屋被介紹認識尤欽科時，曾在途中某停車場與 CIA 官員見面。可是，基爾說，他不記得當時有談到霍華德。基爾的副手、菲爾・派克（Phil Parker）說，他不記得有這一會面，基爾也從來沒向他提起。見基爾二〇一四年九月十日接受本書作者的電話訪談；派克二〇一四年九月十二日給作者的信。

4 「FBI 報告」，12 頁；關於瑞士銀行開戶經過，ibid., 289–90.

5 Ibid., 309–12，FBI 在一九八五年十月十七日挖出箱子的內容報告。

6 有關 FBI 初期反應的敘述來自菲爾・派克，當時是 FBI 情報處主管行動的副處長，負責反情報及反間諜調查。派克二〇一四年九月十二日給作者的信。

7 FBI,"Disappearance of Edward Lee Howard,"Albuquerque Division, admin-istrative inquiry, Dec. 5, 1985, 3–4, 依據《資訊自由法》開放給本書作者。這份報告專談 FBI 監視霍華德的行動，和 FBI 調查霍華德從事間諜活動的報告不同。

8 「FBI 報告」，12 頁。

9 Ibid., 4, 17–18.

10 Ibid., 20.

15 Moscow station to headquarters, June 13, 1985, 132347Z, and June 14, 1985, 141518Z.

16 Moscow station to headquarters, June 13, 1985, 132305Z.

17 依據 Grimes and Vertefeuille, Circle of Treason, 77 頁的說法，艾姆斯在 CIA 奉命檢討托卡契夫的檔案，以及史東巴哈被捕經過，並分析哪個環節出差錯，但是他一直未完成這份報告。CIA 在後來所謂的「一九八五年的折損」（the 1985 losses），繼續遭遇問題；它的影響延續到一九八六年以後。霍華德不可能跟這些事統統有關。是誰、是什麼事引起這一切呢？有一陣子，CIA 認為可能是通訊上走漏風聲。總部和莫斯科站訂出新的嚴格防範措施和劃分。但是問題不在通訊方面。當時 CIA 不曉得艾姆斯持續出賣美方的間諜和行動。艾姆斯不僅提供訊息，證實托卡契夫和「CK 手肘」的存在，也出賣美國對「柵欄雷達」的情報報告，傷害葛伯獨創審查志願人員的「葛伯定律」。他出賣狄米崔・波亞可夫——蘇聯軍事情報機關將領，他是第一位實驗手持通訊器材巴斯特的間諜；艾姆斯也出賣「史塔斯」，這位 KGB 官員提供美國「間諜塵」的樣本，後來查明他就是瑟蓋・沃隆佐夫（Sergei Vorontsov）。兩人都遭到處決。根據 CIA 的損害評估，艾姆斯在六月十三日出賣的間諜，有九人遭到處決。美國國會參議院特設情報委員會（Senate Select Committee on Intelligence）說，艾姆斯承認出賣了一百多個 CIA、FBI、軍方及盟國政府的情報作業行動。委員會說，「他的背叛是美國史上最惡劣的一頁。」然而，聯邦調查局反情報專家羅伯・韓森（Robert Hanssen）造成的傷害更大。韓森在一九八五年十月投效 KGB。韓森和艾姆斯替蘇聯效力了很多年。關於艾姆斯，見 Senate Select Committee on Intelligence, "Assessment of the Aldrich H. Ames Espionage Case and Its Implications for U.S. Intelligence," 53; CIA 局長約翰・杜意奇（John Deutch）一九九五年十二月七日的聲明；以及 Grimes and Vertefeuille, *Circle of Treason*. 關於韓森的詳情，見 "Statement of Facts," *United States of America v. Robert Philip Hanssen*, July 3, 2001, Criminal Case No. 01-188-A, U.S. District Court for the Eastern District of Virginia, Alexandria Division.

18 Gerber, interview with author, Jan. 30, 2013.

19 Headquarters to Moscow station, July 12, 1985, no time-date stamp.

20 Headquarters to Moscow station, July 8, 1985, no time-date stamp.

第二十章　逃亡

1 Gerber, interview with author, Jan. 30, 2013.

都沒有成功。一九八五年初，CIA 認為它已找到可能的人士，在莫斯科設法聯繫時，留下一封信說明如何與 CIA 聯繫。但是這封信落入 KGB 手中。原本的科學家一直沒被找到。「史塔斯」告訴謝勒斯，莫斯科站搞砸了，KGB 查獲 CIA 這封信。見 Bearden and Risen, *Main Enemy*, 50–59.

13 Sellers, interview with author, Jan. 28, 2014. 另參見 Bearden and Risen, *Main Enemy*, 59. 謝勒斯的網站 http://mdsauthor.thejohncarterfiles .com，以及 Antonio Mendez and Jonna Mendez, *Spy Dust: Two Masters of Disguise Reveal the Tools and Operations That Helped Win the Cold War*, with Bruce Henderson (New York: Atria Books, 2002), 120.

14 這段敘述來自直接了解內情的一位消息人士。Bearden and Risen, *Main Enemy*, 29 說：「錄音帶是空白」，但情勢比此更複雜；電纜不再傳輸有用的資訊。

15 Headquarters to Moscow station, April 1, 1985, no time- date stamp.

第十九章　毫無預警就發生了

1 根據與托卡契夫家庭熟悉、但要求身份保密人士的說法。

2 Moscow station to headquarters, June 6, 1985, no time- date stamp.

3 Mikeladze, *Ampule with Poison*.

4 Libin, "Detained with Evidence." 李彬是托卡契夫家親密友人。

5 Mikeladze, *Ampule with Poison*.

6 Libin, "Detained with Evidence."

7 根據與托卡契夫家庭熟悉、但要求身份保密人士的說法。

8 Headquarters to Moscow station, April 26, 1985, no time- date stamp.

9 Royden, "Tolkachev," 31.

10 Moscow station to headquarters, May 23, 1985, 231358Z.

11 Royden, "Tolkachev," 31.

12 謝勒斯於二〇一四年一月二十八日接受本書作者的訪談。謝勒斯當時是莫斯科站專案官員。

13 Wallace and Melton, *Spycraft*, 124, 複製了 CIA 對水管（TRUBKA）的繪圖。

14 Moscow station to headquarters, June 13, 1985, 132347Z. 電文中沒有提到史東巴哈的姓名，但是 Bearden and Risen, *Main Enemy*, 11 有提到他。

2 「FBI 報告」，285 頁。瑪麗．霍華德在一九八五年十月十七日接受 FBI 約談的紀錄。瑪麗的姓名被抹黑掉，但是從文字中清楚看出來是她。

3 「FBI 報告」，10 頁。

4 Ibid., 287, 399.

5 Ibid., 1390. FBI 訪談了聯合國機構某人，提出報告說：面談時間定在四月二十五日，但是「在要進行面談之前不久，霍華德先生打電話給聯合國近東巴勒斯坦難民賑濟暨公共工程局（UNRWA, United Nations Relief and Works Agency for Palestine Refugees in the Near East）的一位代表，取消求職申請。」霍華德給聯合國的信，收錄在「聯邦調查局報告」1086 頁。FBI 的編年紀事記錄顯示，瑪麗告訴他們，霍華德在這次開了一個瑞士的銀行帳戶，但是細節並不清楚。她也告訴 FBI，霍華德後來在一九八五年八月才拿到出賣情報的報酬。

6 Howard, Safe House, 59. 瑪麗對於轉往蘇黎世，對聯邦調查局提出相互衝突的說法。她一度說，霍華德轉往蘇黎世，在瑞士銀行開戶。但是後來她又說，他在八月單獨去開戶。

7 「FBI 報告」，11, 100–101, 112–17 頁。Bosch 的身份沒有被直接提到。但是從報告的前後文，明顯看出是他。欲知更多有關 Bosch 的詳情，見 Wise, *Spy Who Got Away*, 103–8, 118–23, 160–64.

8 Howard, *Safe House*, 141, 143.

9 Vakhtang Mikeladze 是一位作家和導演，一九九七年為俄羅斯電視台製作一部影片 Ampule with Poison，對此事有報導。Mikeladze 告訴本書作者，這部電影根據聯邦安全局（Federal Security Service）——由 KGB 改組的情治機關——所提供的原始材料和訪談紀錄。這部影片有關 KGB 反情報的敘述並不全然可信，但是原始的影片和訪談，讓我們對已知的案情增添一些有意思的了解。Vakhtang Mikeladze, interview with author, Sept. 19, 2011.

10 Senate Select Committee on Intelligence, "An Assessment of the Aldrich H. Ames Espionage Case and Its Implications for U.S. Intelligence," Nov. 1, 1994, pts. 1 and 2, U.S. Senate, 103rd Cong., 2nd sess. 另參見 Cherkashin, *Spy Handler*.

11 這項偷渡行動發生在五月底。見 Grimes and Vertefeuille, *Circle of Treason*, 72–75; Bearden and Risen, *Main Enemy*, 29.

12 一九八一年，CIA 收到一位匿名科學家的信函，它包含對蘇聯戰略武器極為詳盡和寶貴的資訊，可是有些問題沒有答案。往後幾年，莫斯科站極力設法找尋這位科學家解惑，

32 Ibid., 277. 這顯然是 FBI 在證實霍華德已經叛逃的當天，去訪問瑪麗的紀錄。

第十七章　新代號：征服

1 Headquarters to Moscow station, April 27, 1984, no time- date stamp.

2 Moscow station to headquarters, April 20, 1984, 201316Z.

3 Headquarters to Moscow station, Feb. 22 and 23 and April 27, 1984, no time- date stamps.

4 Headquarters to Moscow station, April 27, 1984, no time- date stamp.

5 Ibid. 這封電文包括四月份會面時托卡契夫行動紀錄的翻譯。

6 Headquarters to Moscow station, May 25, 1984, no time- date stamp.

7 Moscow station to headquarters, Oct. 12, 1984, 121213Z.

8 Headquarters to Moscow station, Oct. 31, 1984, no time- date stamp.

9 Ibid.

10 根據與托卡契夫家庭熟悉、但要求身份保密人士的說法。

11 Headquarters to Moscow station, Nov. 1, 1984, 010133Z.

12 Moscow station to headquarters, Nov. 27, 1984, 271314Z, 為下次會面預擬的行動紀錄草稿。

13 Moscow station to headquarters, Jan. 19, 1985, 191038Z; Royden, "Tolkachev," 30.

14 Moscow station to headquarters, Nov. 27, 1984, 271314Z, 它也包含預備在一九八五年一月和托卡契夫會面預擬的行動紀錄草稿。

15 Moscow station to headquarters, Jan. 19, 1985, 191038Z.

16 Headquarters to Moscow station, Jan. 31, 1985, 311535Z.

17 Headquarters to Moscow station, Feb. 4, 1985, no time- date stamp.

18 Ibid.

19 Headquarters to Moscow station, Feb. 6, 1985, no time- date stamp.

20 關於開錯氣窗，見 Royden, "Tolkachev," 30.

第十八章　出賣

1 「FBI 報告」，10 頁。 新墨西哥州聖塔菲的州議會財政委員會紀錄顯示，霍華德只在九日請了一個上午的病假。顯然他是利用週末時間飛往維也納。後來發現，他的桌曆有一個星期被撕掉。

12 Wise, *Spy Who Got Away*, 87; Howard, *Safe House*, 51.

13 "Edward L. Howard," résumé, in FBI report, 201.

14 Wise, *Spy Who Got Away*, 85; Howard, *Safe House*, 51.

15 「FBI 報告」，sec. 5, 1316, and FBI interviews with Legislative Finance Committee personnel in sec. 4.

16 「FBI 報告」，285 頁。

17 CIA 家醜不外揚的作法是 CIA 官員告訴作者的。後來總統外國情報顧問委員會即以此為調查重點，Wise, *Spy Who Got Away*, 87–93 對此也有討論。有位前任 CIA 官員告訴作者，此時並沒有充足的確實證據可讓聯邦調查局採取行動。

18 「FBI 報告」，306 頁。

19 同上註，286 頁，引述瑪麗的說法。霍華德在《安全屋》（*Safe House*）第五十四頁說，他在思索，「如果我走進那道門，把我所知道的全盤托出，會是什麼狀況？」他說他沒有進去，但是他完全避而不談他留下的信。

20 Victor Cherkashin, *Spy Handler: Memoir of a* KGB *Officer*, with Gregory Feifer (New York: Basic Books, 2005), 146.

21 「FBI 報告」，307 頁。

22 Howard, *Safe House*, 49.

23 「FBI 報告」，285-86 頁。

24 Ibid., 2, 23; 另參見 Wise, *Spy Who Got Away*, 108–17; Howard, *Safe House*, 55.

25 「FBI 報告」，285 頁。

26 關於聖塔菲會面這件事，米爾斯告訴作者，他不記得有這件事。包括葛伯在內，其他消息人士接受作者訪談則說有；「FBI 報告」，401 頁； Wise, *Spy Who Got Away*, 137–40; Howard, *Safe House*, 56–57.

27 「FBI 報告」，308 頁。

28 Ibid., 11, 287.

29 Ibid., 10, 286.

30 Cherkashin, *Spy Handler*, 148.

31 「FBI 報告」，287 頁。齊卡辛也說是有一套系統是使用寄明信片到駐舊金山總領事館傳送訊息。

11 Headquarters to Moscow station, Nov. 23, 1983, time- date stamp redacted. The identity of the officer is not known.

第十六章　埋下背叛的種子

1 Thomas Mills, interview with author, Feb. 16, 2013.

2 霍華德的履歷收在 FBI "Prosecutive Report of Investigation Concerning Edward Lee Howard; Espionage- Russia," Nov. 26, 1986, Albuquerque, N.M., file No. 65A- 590, sec. 2, 201–2, 有一部分依據《資訊自由法》公布，以下簡稱「FBI 報告」(FBI report)。另參見 Edward Lee Howard, *Safe House: The Compelling Memoirs of the Only* CIA *Spy to Seek Asylum in Russia* (Bethesda, Md.: National Press Books, 1995), 15–32, and David Wise, *The Spy Who Got Away* (New York: Random House, 1988), 22–31.

3 關於霍華德的瑞士夢，見 Safe House, 38; 關於他的酗酒，見 Wise, *Spy Who Got Away*, 31.

4 Wise, *Spy Who Got Away*, 54.

5 Howard, *Safe House*, 39.

6 關於霍華德的服務日期來自總統外國情報顧問委員會（President's Foreign Intelligence Advisory Board）上呈雷根總統的報告，以及某白宮官員一九八六年十月二日的說法。見"USSR" folder, President's Foreign Intelligence Advisory Board, box 7, Donald T. Regan files, Ronald Reagan Presidential Library.

7 關於「CK 手肘」的訓練方式，來自兩位身份必須保密的消息人士；「聯邦調查局報告」，273 頁；關於一般的訓練，見 Wise, *Spy Who Got Away*, 58–63.

8 Howard, *Safe House*, 40–42; Wise, *Spy Who Got Away*, 64–75.

9 瑪麗告訴 FBI，霍華德「試圖使肌肉緊縮來擊敗第二次測謊」；當他在第三次測謊時向測試人員承認，測試人員氣壞了，要求他第四次測謊。「聯邦調查局報告」，353 頁。霍華德自己對測謊經過的說法，見 *Safe House*, 43–50; Wise, *Spy Who Got Away*, 76–86. David Forden, interview with author, Feb. 6, 2013.

10 Wise, *Spy Who Got Away*, 85, 引述霍華德的話。霍華德本身對事件的說法， 見 *Safe House*, 46–47.

11 「聯邦調查局報告」，306 頁，日期是一九八五年十月二十八日，對瑪麗進行訪談；雖然她的名字塗抹掉，但從內容看得出是霍華德的太太。

第十五章　不能被活逮

1 除非另有註明，這段記載是根據托卡契夫交給 CIA 的行動紀錄詳述事件經過之翻譯，信件收在 Moscow station to headquarters, Nov. 17, 1983, 171810Z. 電文把紀委翻譯為「程序」部門（“procedures” department），但作者認為「安全」部門比較能反映其目的與職掌。

2 一九八三年初有幾個星期，蘇共新任領袖尤里安德洛波夫利用 KGB 和內政部，發動新的「紀律與秩序」運動，對付缺勤怠工和經濟表現欠佳的問題。很多人被逮到上班時間摸魚，溜到三溫暖玩樂或商場購物。托卡契夫肯定曉得此一新情勢，但它顯然不像是發動此次調查的原因。關於安德洛波夫這項運動，見 R. G. Pikhoia, *Soviet Union: History of Power, 1945–1991* [in Russian] (Novosibirsk: Sibersky Khronograf, 2000), 377–79, and in Mikhail Gorbachev, *Memoirs* (New York: Doubleday, 1995), 147.

3 托卡契夫掛名為屋主的繼承人，但實際未握有產權登記，屋主若是不誠實，任何時候都可把他換掉。Libin, “Detained with Evidence.” 其他消息人士向作者證實，這是一般常見的作法。

4 Ibid.

5 關於「CK 手肘」（CKELBOW）的詳情，見 Wallace and Melton, *Spycraft*, 138–56; Bearden and Risen, *Main Enemy*, 28–29; and Rem *Krasilnikov, Prizraki s ulitsy Chaikovskogo* [The ghosts of Tchaikovsky Street] (Moscow: Gei Iterum, 1999), 179–88.

6 Moscow station to headquarters, Nov. 17, 1983, 171007Z.

7 Moscow station to headquarters, Nov. 17, 1983, 171810Z.

8 Moscow station to headquarters, Nov. 22, 1983, 221400Z, 談論到埋藏相機的建議。

9 Headquarters to Moscow station, Nov. 30, 1983, time- date stamp redacted. CIA 總部說，托卡契夫手寫的資料從來沒送出過蘇聯組大門。他的資料翻譯出來後，只用「最高機密」的藍框備忘錄分發。這些資料的保密等級高出「極機密」，而藍色邊框是一種管控系統，代表極端敏感。任何國防工業承包商都看不到它。它們送到政府「客戶」那時，保管在每個機關專責這類藍框敏感資料的保險箱裡，只有少數人可以接觸到它們。總部給莫斯科站的電文說：「不幸的是，這杜絕不了口風不緊的人」；但是，「我們曉得十九號資料，口頭上或書面上，都沒有外洩。」

10 “Expanding Navy’s Global Power,” *Aviation Week and Space Technology*, Aug. 31, 1981, 48.

14 Moscow station to headquarters, Feb. 16, 1982, 161100Z.

15 Moscow station to headquarters, March 9, 1982, 091400Z.

16 Moscow station to headquarters, March 15, 1982, 150742Z.

17 Moscow station to headquarters, March 17, 1982, 171006Z.

18 Royden, "Tolkachev," 23.

19 Moscow station to headquarters, May 25, 1982, 250800Z, and confidential source.

20 William Plunkert, correspondence with author, March 28, 2014.

21 Moscow station to headquarters, Dec. 8, 1982, 081335Z.

22 Moscow station to headquarters, Dec. 10, 1982, 101400Z, and Dec. 22, 1982, 220940Z. 托卡契夫讓 CIA 深感不安，因為他在行動紀錄中表示，如果他被查獲，他可能利用 CIA 給他的錢，收買同事緘默。CIA 認為此舉既危險、也不實際，後來告訴托卡契夫，除了行賄，還有別的方法。見 Headquarters to Moscow station, March 1, 1983, 010053Z.

23 Moscow station to headquarters, Dec. 10, 1982, 100945Z.

24 Thomas Mills, interview with author, Feb. 16, 2013, and correspondence, Dec. 19, 2013.

25 Headquarters to Moscow station, Feb. 19, 1983, 190143Z.

26 Headquarters to Moscow station, March 1, 1983, 010053Z.

27 Robert O. Morris, interviews with author, May 4, 2012, and Dec. 19, 2013; Robert O. Morris, Fighting Windmills (Virginia Beach, Va.: Legacy, 2012), 144.

28 Moscow station to headquarters, March 17, 1983, 171555Z.

29 Headquarters to Moscow station, March 22, 1983, 220128Z.

30 Moscow station to headquarters, March 22, 1983, 221210Z.

31 Headquarters to Moscow station, April 1, 1983, 010055Z.

32 Moscow station to headquarters, April 25, 1983, 250900Z.

33 Moscow station to headquarters, April 25, 1983, 251445Z.

34 Headquarters to Moscow station, June 13 and 23, 1983, no time- date stamp on either cable.

35 Headquarters to Moscow station, June 23, 1983, no time- date stamp.

36 Headquarters to Moscow station, July 6, 1983, no time- date stamp.

第十四章　危機四伏

1 Moscow station to headquarters, Nov. 12, 1981, 120858Z; Rolph interview with author, May 6, 2012.

2 "mashina," undated, map and description of signal site, given to Tolkachev, released to author by CIA.

3 一九八一年九月三日，CIA一名情治人員員前往會晤一名蘇聯籍間諜。但是這個間諜身份已經曝光。兩人在現場遭到拘捕。蘇聯報紙《消息報》(Izvestiya)指出被捕的人名為Y. A. Kapustin. Dusko Doder, "Moscow Arrests Soviet Citizen as Agent of CIA," *Washington Post*, Sept. 4, 1981, A25.

4 Rolph, interview with author, May 6, 2012; Moscow station to headquarters, Nov. 12, 1981, 120858Z and 121233Z.

5 Royden, "Tolkachev," 21. Each broadcast lasted ten minutes, a burst of dummy messages with a genuine one mixed in. Tolkachev could later break out the genuine message by scrolling numbers on the demodulator. The first three digits of the message would indicate if it included a genuine message; if so, he could view the message, contained in five- digit groups, and then decode it using a onetime pad. He could receive up to four hundred five- digit groups in any one message. It was complex and cumbersome but a way to avoid the KGB.

6 Casey, "Progress at the CIA," memo, May 6, 1981.

7 Burton Gerber, interview with author, Jan. 30, 2013.

8 Gus Weiss, "The Farewell Dossier," *Studies in Intelligence* 39, no. 5 (1996). 關於爆炸，見 Thomas C. Reed, *At the Abyss: An Insider's History of the Cold War* (New York: Ballantine Books, 2004). 關於維特洛夫的詳情，見 Sergei Kostin and Eric Raynaud, *Farewell: The Greatest Spy Story of the Twentieth Century*, trans. Catherine Cauvin- Higgins (Las Vegas, Nev.: Amazon Crossing, 2011).

9 Moscow station to headquarters, Dec. 9, 1981, 091105Z.

10 Headquarters to Moscow station, Nov. 25, 1981, 251829Z.

11 Moscow station to headquarters, Feb. 16, 1982, 161100Z.

12 有關「深度潛伏」的描述來自身份必須保密的消息人士。

13 Moscow station to headquarters, Jan. 13, 1982, 130801Z, draft station ops note.

declassified 2013. 美國在一九六一年取消 XB-70 轟炸機，美國空軍改變它威脅蘇聯的戰略。美國空軍決定不從很高的高度投擲炸彈，改派低飛、可滲透的轟炸機。蘇聯在低空的空防力量很薄弱。事實上，美、蘇兩大超強都為這個問題傷透腦筋；一九六〇年代的雷達無法偵測飛得很低的飛行器，因為地表輪廓不勻。但是蘇聯感受的雷達落差威脅較大，因為它的邊境太大，是全球最長，也因為北約組織就位在它歐洲部分的西側。歐洲會發生衝突的起爆點遠離美國，但近在蘇聯門口。美國也想利用以下兩種利器縮小低空的落差：第一是 E-3 空中預警機，它能偵測到兩百英里以外的低飛目標；第二是 F-15 戰鬥機，第一種具備俯視／俯射能力的軍機。

26 Phazotron, "From 20th to 21st Century," 提到「儀器工程科學研究中心」（NIIP）利用「法佐龍」提供的零組件製造雷達。移交給「儀器工程科學研究中心」也可參見 "Overscan's Guide to Russian Avionics," http://aerospace.boopidoo .com/philez/Su- 15TM %20 PICTURES %20&%20DOCS/Overscan%27s%20guide%20to%20Russian%20 Military%20Avionics .htm.

27 Lyudmila Alexeyeva and Paul Goldberg, *The Thaw Generation: Coming of Age in the Post- Stalin Era* (Boston: Little, Brown, 1990), 4.

28 Andrei Sakharov, *Memoirs* (New York: Knopf, 1990), 282–85.

29 Ibid., 292–93. Michael Scammell, *Solzhenitsyn* (New York: W. W. Norton, 1984), 640.

30 Joshua Rubenstein and Alexander Gribanov, eds., *The* KGB *File of Andrei Sakha-rov* (New Haven, Conn.: Yale University Press, 2005), 144.

31 Ibid., 150.

32 沙卡洛夫在其回憶錄第 385 至 386 頁提到他和新聞記者會面的情形，也在第 631 至 640 頁提到對他的某些攻擊。另參見 Robert G. Kaiser, R*ussia: The People and the Power* (London: Martin Secker, 1976), 424–25.

33 Rubenstein and Gribanov, KGB *File of Andrei Sakharov*, 155.

34 托卡契夫寫說：「我不會先和中國大使館建立任何金錢接觸。為什麼？錢不是不臭嗎？是的，錢不臭。但是，社會是由人創造的，有時候會發臭。」 Moscow station to headquarters, April 26, 1979, 261013Z.

35 Libin, "Detained with Evidence."

是親密的家庭友人。有位和托卡契夫家族熟悉、但要求身份保密的人士記得，娜妲莎閱讀巴斯特納克和孟德爾史坦的作品。

22 Rodric Braithwaite, *Moscow, 1941: A City and Its People at War* (London: Profile Books, 2006), 184–207. 蘇聯科學家和工程師從一九三〇年代起就研究新的雷達技術，但因為三軍的競爭、傾軋和意見不合，以及史達林的整肅，一直落後英國和美國。Pavel Oshchepkov 是蘇聯最優秀的雷達科學家之一，一九三七年遭到逮捕，坐牢十年。John Erikson, "Radio-location and the Air Defence Problem: The Design and Development of Soviet Radar, 1934–40," *Social Studies of Science* 2 (1972): 241–68.

Also see http://en.wikipedia .org/wiki/Radar_in_World_War_II for details on Factory No. 339.

23 托卡契夫出生在鐵路城鎮阿克土賓斯克市（Aktyubinsk），該地是布爾什維克革命之後內戰一場重大戰役的戰場。布爾什維克黨人一九一九年從白軍手裡搶下阿克土賓斯克。本地檔案文獻顯示，一九一九年九月有個姓托卡契夫的男子被推為阿克土賓斯克本地布爾什維克組織局書記。他有可能就是托卡契夫的父親喬治。大約十年之後，蘇聯當局在一九二八年預備將本地政府移交給哈薩克人，托卡契夫全家遷往莫斯科。見 "History of Aktyubinsk Oblast: A Historical Chronicle of the Region in Documents, Research, and Photographs," http://myaktobe.kz.

24 "Phazotron: From 20th to 21st Century," Phazotron- NIIR Corp., 2003. 本書作者感謝俄羅斯建築史學者 Rustam Rahmatullin 提供有關建築物的資料。

25 冷戰初期，核子威脅來自高飛的轟炸機。美國計畫部署 XB-70 女武神式（Valkyrie）新型載人滲透型轟炸機，它的飛行高度可達七萬七千英尺，速度是音速的三倍。見 National Museum of the U.S. Air Force, "North American XB-70 Valkyrie," fact sheet, http://www.nationalmuseum.af.mil/factsheets/factsheet. asp?id=592. 另外，從一九五六年起，CIA 的 U-2 間諜飛機在六萬八千英尺以上高度飛越蘇聯上空。為了應付這些高空威脅，蘇聯軍機設計師開始研究日後的米格 -25 攔截機。它的雷達即在「法佐龍」（Phazotron）設計。蘇聯也研製經改良的防空飛彈，以擊落高空飛機。一九六〇年五月一日，蘇聯一枚防空飛彈在斯維爾德洛夫斯克市（Sverdlovsk）上空七萬五百英尺高度，擊落由鮑爾斯（Francis Gary Powers）所駕駛的 U-2，終結了 CIA 飛越蘇聯上空的偵察任務。Gregory W. Pedlow and Donald E. Welzenbach, "The Central Intelligence Agency and Overhead Reconnaissance: The U-2 and OXCART Programs, 1954–1974," Central Intelligence Agency, Washington D.C., 1992,

8 Robert Conquest, *Stalin: Breaker of Nations* (New York: Viking, 1991), 206.

9 Conquest, *Great Terror*, 239. 根據 Orlando Figes 的說法，一九三四年蘇共十七屆黨代表大會產生的一百三十九名中央委員，一九三七至三八年，有一百零二人被逮捕、槍決，另有五人自殺；此外，這段期間有百分之五十六黨代表被捕。紅軍高司單位指揮官七百六十七人當中，有四百一十二人被處死，二十九人死於獄中，三人自殺身亡，另有五十九人仍在牢中。見 Figes, *The Whisperers: Private Life in Stalin's Russia* (New York: Metropolitan, 2007), 238–39.

10 檢視了莫斯科郊外一座萬人塚之後發現，藍領工人和白領工人受害最深。加上農民，他們占總受害人數三分之二左右。見 Karl Schlögel, *Moscow*, 1937 (Malden, Mass.: Polity Press, 2012), 490.

11 Figes, *Whisperers*, 240; Schlögel, *Moscow*, 1937, 492–93.

12 Conquest, *Great Terror*, 240.

13 Ibid., 256–57.

14 猶太人屯墾區（我在內文是寫流放區）是帝俄的一部分，位於西部，猶太人被局限永久居住在徙置區內。這些猶太人通常是窮人，集中在一塊地區，使他們成為遭受攻擊或迫害的目標。

15 Bamdas, S. E., fond 1, opis 1, delo 282, 1–2, Archives of Memorial International, Moscow.

16 Kuzmin, I. A., fond 1, opis 1, delo 2543, 1–2, Archives of Memorial International.

17 Conquest, *Great Terror*, 235.

18 Cathy A. Frierson and Semyon S. Vilensky, *Children of the Gulag* (New Haven, Conn.: Yale University Press, 2010), 167.

19 這是根據和托卡契夫家族熟悉、但要求身份保密的人士所說。我們不清楚為什麼蘇菲雅的姊妹沒有收容她女兒，但一般親屬都很怕接納「人民公敵」的子女。蘇菲雅的姊妹伊絲斐·班達斯嫁給莫斯科一名黨部領導人康士坦汀·史塔羅斯廷（Konstantin Starostin）；他也在一九三七年十二月因涉及「反蘇維埃活動」罪名被捕，判處有期徒刑十年，但一九三九年即死於獄中。伊絲斐也是黨員，在一九五一年遭譴責而被捕，判刑五年，但是一九五三年獲大赦出獄。

20 Kuzmin, I. A., fond 1, opis 1, delo 2543, 1–2, Archives of Memorial International, Moscow.

21 Vladimir Libin, "Detained with Evidence," *Novoye Russkoye Slovo*, New York, June 27, 1997. Libin

儀器的天線太小，而且莫斯科位於海上通信衛星（Marisat）可及範圍的外緣。另參見 Moscow station to headquarters, July 2, 1981, 021348Z. 大約兩年後，儀器又送到莫斯科站測試。一九八三年三月七日，星期一，副站長理查・奧斯彭（Richard Osborne）把它帶到莫斯科一個空曠地點 Poklonnaya Gora。奧斯彭一架起儀器，當場就被 KGB 逮捕。蘇聯「塔斯通訊社」報導，美國大使館一等祕書奧斯彭「今年三月七日在莫斯科操作間諜無線電設施當場被逮捕。從他身上沒收了一套透過美國海上通信衛星傳送間諜情報的行動情報特殊目的設備，以及他用可溶於水的紙張所寫的筆記，從而曝露奧斯彭的間諜活動。」奧斯彭被宣布為不受歡迎人物驅逐出境。見 John F. Burns, "Moscow Ousts a U.S. Diplomat, Calling Him a Spy," *New York Times*, March 11, 1983, 11.

21 Moscow station to headquarters, April 11, 1981, 110812Z.

22 Headquarters to Moscow station, Nov. 25, 1981, 251829Z. 這些議題有些在以前的底片中已經涉及。

第十三章　歷史的糾纏

除非另外註明，本章有關托卡契夫家庭及工作的敘述，取材自他寫給 CIA 的信件和評論，主要是以下三封電文：Moscow station to headquarters, March 2, 1978, 021500Z，CIA 在電文中報告托卡契夫交代其身份的訊息； Moscow station to headquarters, April 26, 1979, 261013Z，它轉呈托卡契夫對總部提問所做答覆；以及 Moscow station to headquarters, Dec. 10, 1980, 101150Z，托卡契夫對有關偷渡安排問題所提供的答覆。本書作者也訪問了一位與他家人熟悉、但身份保密的人士。

2 這是奇基克九烈士教堂（Church of the Nine Martyrs of Kizik），由一位反對十七世紀彼得大帝（Peter the Great）改革的族長教士所創立。

3 公寓大樓立有石碑表彰曾經住在這裡的航空及火箭菁英人才。

4 他那個時代的俄國男子，大多數在二十五歲左右結婚。見 Sergei Scherbov and Harrie van Vianen, "Marriage in Russia: A Reconstruction," *Demographic Research* 10, article 2 (2004): 27–60, www.demographic- research .org.

5 *Lyogkaya Industriya*, Jan. 1, 1937, 1, Russian State Archive of the Economy, Moscow.

6 *Lyogkaya Industriya*, Jan. 19– Feb. 1, 1937, Russian State Archive of the Economy.

7 Robert Conquest, *The Great Terror* (New York: Oxford University Press, 1990), 252.

「偷渡計畫並未安排在今天或明天。在這段期間，任何事都可能發生以致拖延了我的離境，或甚至根本不可能離境，譬如我可能出車禍、或生重病，然後失去工作能力。」他說：他需要掌握錢，以防發生「不可預見」的事，使他「不可能離開蘇聯」。

7 Moscow station to headquarters, Dec. 9, 1980, 090811Z and 091505Z; draft of ops note to Tolkachev, undated; Rolph interviews May 2, 2012, and Feb. 10, 2013.

8 William J. Casey, "Progress at the CIA," memo, May 6, 1981. WHORM Subject Files: FG006- 02, doc. No. 019195s, May 6, 1981, Ronald Reagan Presidential Library.

9 Bob Woodward, *Veil: The Secret Wars of the* CIA, *1981–1987* (New York: Simon & Schuster, 1987), 86, 305.

10 Moscow station to headquarters, March 11, 1981, 110940Z.

11 Moscow station to headquarters, March 11, 1981, 111439Z.

12 葛伯在一九八〇年八月十三日致總部的電文（131400Z）中提到，「我們不認為行動的步調和產出的性質使它們有必要」進行電子通訊 。「我們過去不曾因缺乏電子通訊而有顯著不利，也沒看到未來真正需要這種能力。」他又說：「『CK 球面』案的要求從來就不是簡短、明確和急迫。根據我們對『CK 球面』能接觸資料的了解，我們也不能期待他透過狄斯卡傳輸提供情報。」葛伯更說，即使有小心的作業技巧，「只要間諜與被跟監的專案官員接近，都會有風險。本站人員在測試或使用，或是間諜的舉止行動或使用上略有差錯，都可能禍害嚴重。對於『CK 球面』，我們也沒有機會去訓練或讓他練習。」

13 Weiser, *Secret Life*, 230–32. Also Hathaway, interview with author, Aug. 28, 2013.

14 Bob Wallace (former head of the CIA's Office of Technical Service), interview with author, Oct. 7, 2013.

15 Moscow station to headquarters, March 11, 1981, 111439Z. 羅夫在這個電文中說：「雖然『CK 球面』沒有提到他原始的產出計畫，我們不能不想到他可能已經達到他能合理、輕鬆拿到所需材料的極限。」

16 Moscow station to headquarters, March 11, 1981, 111439Z.

17 Moscow station to headquarters, April 2, 1981, 020732Z.

18 Moscow station to headquarters, June 23, 1981, 231244Z.

19 Headquarters to Moscow station, June 26, 1981, 260019Z.

20 Moscow station to headquarters, June 26, 1981, 261440Z. 另外有兩位要求身份保密人士表示，

第十章　逃向烏托邦

1　David Rolph, interview with author, Feb. 3 and May 19, 2013.

2　Victor Sheymov, *Tower of Secrets: A Real Life Spy Thriller* (Annapolis, Md.: Naval Institute Press, 1993). 謝默夫在回憶錄中沒有交代他曾接觸其他的 CIA 情治人員，他形容有一部分會面就像做夢。本章一部分依據他的回憶錄，另外亦採擇其他祕密消息來源的資訊。

第十一章　隱形人

1　Wallace and Melton, *Spycraft*, 108.

2　大衛・羅夫二〇一二年五月六日和二〇一三年五月十九日，兩度接受作者訪談的紀錄。本章亦包括向祕密消息來源訪談後的材料。

3　Moscow station to headquarters, Sept. 9, 1980, 091200Z, 其中包含羅夫起稿的行動紀錄。

4　Moscow station to headquarters, Sept. 17, 1980, 171047Z.

5　Headquarters to Moscow station, Sept. 29, 1980, 292348Z.

6　Moscow station to headquarters, Oct. 16, 1980, 161309Z.

第十二章　滿足對設備與渴望的要求

1　大衛・羅夫二〇一二年五月六日接受作者訪談的紀錄。

2　關於致命的 L 藥丸，兩名熟悉此一物品的保密人士提供的資訊。

3　Vasily Aksyonov 一九八一年寫了一本小說《克里米亞島》（*The Island of Crimea*）(New York: Random House, 1983)，描述新聞記者參訪一座虛構的島嶼，見到繁榮的俄羅斯自由市場，被要求將罕見的東西帶回到共產蘇聯。這些東西就是書上清單中的一些樣本。見該書第 113 頁。

4　Moscow station to headquarters, Oct. 18, 1980, 180826Z.

5　Moscow station to headquarters, Nov. 21, 1980, 211118Z, and Nov. 28, 1980, 281231Z.

6　Moscow station to headquarters, Dec. 10, 1980, 101150Z. 托卡契夫非常注意報酬。他的信裡有很長一段以數學公式計算利息和盧布匯率。他接受 CIA 年薪三十萬美元的提案，加上盧布利息，一年約四萬三千美元。他在信件末承認，CIA 可能問得有道理，如果偷渡計畫執行了，而「我原先收到的錢都沒花掉」，幹嘛還要求交給他那麼多現金？ 他寫說：

33 沙卡洛夫被捕，於一九八〇年一月二十二日被流放到高爾基。

34 桂爾瑟向總部報告說，根據電話和不熟悉的聲音，顯然家裡有客人，托卡契夫不能出來。後來，托卡契夫告訴他，他兒子歐烈格接電話。通常，身份轉換需要專案官員在大使館有個「堪可配對」的夥伴，譬如身材、容貌相似。桂爾瑟沒有這樣一個夥伴；他的化妝只能是隨機湊合著硬搞而可能會有出錯的，好在順利矇混過關。

35 Moscow station to headquarters, May 23, 1980, 231415Z.

36 狄斯卡已經問世約二十年後，第一支黑莓機（BlackBerry）消費性機型才在一九九九年問世。

37 Headquarters to Moscow station, June 4, 1980, 042348Z.

38 Moscow station to headquarters, June 5, 1980, 051345Z.

39 Moscow station to headquarters, June 11, 1980, 111407Z.

第九章　身價十億美元的間諜

1 Moscow station to headquarters, June 20, 1980, 201145Z.

2 Ibid.

3 Moscow station to headquarters, June 24, 1980, 241232Z.

4 一九八〇年春天，桂爾瑟的健康和體力都已經出現問題。和托卡契夫的祕密會面已經使他精疲力竭。他太太懇求他離開莫斯科接受治療。美國大使館醫生檢查後，認為他應該立刻搭下一班飛機到法蘭克福治病。但是桂爾瑟堅持托卡契夫的案子還沒有告一段落之前，不肯離開莫斯科站。他堅持不能辜負托卡契夫。後來他一回國，必須接受手術切除甲狀腺的癌腫瘤。（凱莎琳・桂爾瑟，二〇一三年十二月十四日接受作者訪談的紀錄。）桂爾瑟在二〇〇八年去世，翌年 CIA 追贈他中情局先鋒獎，表揚他在托卡契夫一案對美國國家安全做出「重大、恆久的」貢獻。

5 Memo to the Director of Central Intelligence from chief, Soviet division, July 23, 1980.

6 Moscow station to headquarters, June 21, 1980, 210715Z.

7 Ibid.

8 Moscow station to headquarters, June 24, 1980, 241232Z.

9 Memo to the Director of Central Intelligence from chief, Soviet division, July 23, 1980.

10 Headquarters to Moscow station, July 11, 1980, 110003Z.

在覺得，我們必須盡全力設法說服『CK球面』不要冒不必要的風險。這包括在家拍照……我們知道『CK球面』是個頑固的人，一心一意要在最短時間內給蘇聯當局造成最大傷害。我們固然完全有意遵守承諾，但是也覺得我們的承諾，包含有道義責任盡能力所及保護合作者。這位『資產』顯然受到歌劇「諸神的黃昏」擊倒眾神的心理所驅使，但是我們不能讓他這樣牽著走。做為情報機關，我們當然要蒐集情報，但是在目前狀況下我們也有專業責任讓『CK球面』放慢腳步。」

15 Moscow station to headquarters, Jan. 18, 1980, 181453Z.

16 不曉得為什麼，一模一樣的紅色特洛培相機卻很正常。

17 光照度是照明單位，一平方英尺燭光等於一支蠟燭可照亮一平方英尺的亮度。如果托卡契夫能夠在他辦公室偷偷拍照的話，特洛培相機的功能恐怕並不佳；因為他用CIA提供的測光儀測出他辦公桌光度只有十五至二十平方英尺燭光。

18 當時美國情報圈和決策圈對蘇聯強調民防，出現一項重大辯論，不知道這是否代表蘇聯正在為可能爆發核子戰爭做準備。

19 Guilsher draft ops note, typewritten, undated.

20 Moscow station to headquarters, Jan. 28, 1980, 281135Z. 關於通行證的問題列在桂爾瑟二月份會面所擬的行動紀錄草稿，日期不詳，打字稿。

21 Moscow station to headquarters, Feb. 12, 1980, 121358Z.

22 Moscow station to headquarters, Feb. 14, 1980, 141235Z.

23 Moscow station to headquarters, March 20, 1980, 200825Z.

24 Headquarters to Moscow station, March 26, 1980, 262244Z.

25 U.S. intelligence assessment quoted in cable, undated but believed to be March 27, 1980. 這份文件沒有蓋上日期、時間戳記。

26 Moscow station to headquarters, March 20, 1980, 200825Z.

27 Headquarters to Moscow station, April 12, 1980, 12184Z.

28 Headquarters to Moscow station, May 10, 1980, 100049Z.

29 Moscow station to headquarters, Feb. 14, 1980, 141235Z.

30 Moscow station to headquarters, March 20, 1980, 200825Z.

31 Headquarters to Moscow station, May 10, 1980, 100049Z.

32 Moscow station to headquarters, May 8, 1980, 081428Z.

7 Moscow station to headquarters, undated but apparently written immediately after the meeting.

8 Moscow station to headquarters, Oct. 18, 1979, 181630Z.

9 Moscow station to headquarters, Nov. 16, 1979, 161426Z.

10 George T. Kalaris, memo for the Director, Dec. 12, 1979.

11 Charles Battaglia, interview with author, Feb. 7, 2013.

12 Headquarters to Moscow station, Dec. 15, 1979, 150019Z.

第八章　橫財和風險

1 Moscow station to headquarters, Dec. 28, 1979, 281255Z.

2 桂爾瑟後來責備托卡契夫不應該追上來。他坦承：「我嚇壞了，在那種情況下，最好是把忘了的東西留在下次再交出來。」桂爾瑟把這一點寫在一九八〇年二月的行動紀錄中，但確實日期不詳。

3 Moscow station to headquarters, Dec. 29, 1979, 290943Z.

4 Royden, "Tolkachev," 18. 七千萬美元此一估計，見 Moscow station to headquarters, March 20, 1980, 200825Z.

5 在這一輪新的軍備競賽中，核子彈頭巡弋飛彈非常重要。蘇聯一九七〇年代末期部署 SS-20 飛彈、瞄準西歐後，北約組織採取「雙軌」辦法，一方面尋求談判，一方面部署新武器，如潘興二型飛彈（Pershing II missile）和四百八十四枚巡弋飛彈。

6 Moscow station to headquarters, Jan. 9, 1980, 091410Z.

7 Headquarters to Moscow station, Jan. 16, 1980, 160052Z.

8 Moscow station to headquarters, Jan. 8, 1980, 081240Z.

9 "Memorandum for: Director of Central Intelligence," Jan. 17, 1980.

10 Moscow station to headquarters, Jan. 28, 1980, 281127Z.

11 Headquarters to Moscow station, Jan. 12, 1980, 120429Z. 總部提議的掩飾故事是，「他目前正在研究的一套系統設計出現某些問題，他想要核對舊系統的規格，查明它們是否也有同樣的弱點。如果『CK 球面』挑出的缺點是真的，那就很棒。」

12 Headquarters to Moscow station, Jan. 16, 1980, 160052Z.

13 Headquarters to Moscow station, Jan. 16, 1980, 160058Z.

14 Headquarters to Moscow station, Jan. 23, 1980, 231655Z. CIA 總部在電文中表示：「本部現

16 Moscow station to headquarters, June 7, 1979, 071342Z.

17 關於福特總統時期的討論，見 Erin R. Mahan, ed., *Foreign Relations of the United States, 1969–1976, vol. XXXIII, SALT II, 1972–1980* (Washington, D.C.: Government Printing Office, 2013), 452.

18 主管研究和工程的國防部副部長威廉·裴利（William Perry）在一九七九年估計，即使蘇聯花費巨資急起直追，包括建置五十至一百架空中預警機，兩千架配備俯視／俯射雷達和新式空對空飛彈的先進攔截機，以及五百至一千枚地對空飛彈，或許要花掉三百億至五百億美元，也需要五至十年時間去部署，而它們只能摧毀半數來犯的美國巡弋飛彈。Kenneth P. Werrell, *The Evolution of the Cruise Missile* (Maxwell Air Force Base, Ala.: Air University Press, 1985), 191.

19 David Binder, "George T. Kalaris, 73, Official Who Changed CIA's Direction," *New York Times*, Sept. 14, 1995.

20 George T. Kalaris to Director of Central Intelligence and deputy directors for operations and for intelligence, memo, June 25, 1979.

第七章　間諜相機

1 Moscow station to headquarters, April 30, 1979, 301033Z.

2 Wallace and Melton, *Spycraft*, 37. 關於美樂時相機的特性，見 http://www .sub club .org/shop/minoxa .htm.

3 Wallace and Melton, *Spycraft*, 37–40.

4 Ibid., 90–92, 233. 紐約州菲爾波特市（Fairport）的特洛培公司（Tropel Inc.）於一九五三年由羅徹斯特大學光學研究所（The Institute of Optics at the University of Rochester）Robert Hopkins, Jim Anderson, and Jack Evans 等三位教授創立。後來第四位夥伴 John Buzawa 加入，替 CIA 研發時，他擔任公司總裁。特洛培後來被康寧公司（Corning Inc.）併購，日後又被釋出。Louis Denes (Corning Inc.), correspondence and telephone interview with author, Sept. 18, 2013.

5 Moscow station to headquarters, Feb. 15, 1979, 1513111.

6 這個間諜名叫 Elyesa Bazna，代號 CICERO，他拍下英國駐土耳其大使的文件，交給德國情報機關 SD。H. Keith Melton, *Ultimate Spy*, 2nd ed. (New York: Dorling Kindersley, 2002), 34.

8 Headquarters to Moscow station, May 1, 1979, 012316Z.

9 Moscow station to headquarters, May 4, 1979, 041429Z.

10 Headquarters to Moscow station, May 7, 1979, 072329Z.

第六章　六位數獎金

1 關於蘇聯商品短缺，欲知其詳可參見 David E. Hoffman, *The Oligarchs: Wealth and Power in the New Russia* (New York: Public Affairs, 2002). 關於食物供應情形，見 David Hoffman, "Stalin's 'Seven Sisters': 'Wedding- Cake' Style 1950s Towers Define Moscow Skyline," *Washington Post*, July 29, 1997, 1.

2 Royden, "Tolkachev," 11.

3 Hathaway, interview with author, June 10, 2011.

4 Headquarters to Moscow station, May 1, 1979, 012316Z.

5 Ibid.

6 Headquarters to Moscow station, May 18, 1979, 182251Z.

7 Moscow station to headquarters, May 22, 1979, 221139Z.

8 Moscow station to headquarters, May 8, 1979, 081522Z.

9 譬如，美國在一九六〇年代和一九七〇年代初期，假裝洩密、餵假情報給蘇聯軍事情報機關 GRU，誘使它相信美方在研發神經性毒氣方面有了「突破」，其實那是編造出來的。美國從來沒有神經性毒氣此一武器。見 David Wise, *Cassidy's Run: The Secret Spy War over Nerve Gas* (New York: Random House, 2000).

10 在提供給本書作者的電文中，研究領域這一部分被塗掉。

11 Headquarters to Moscow station, June 1, 1979, 011954Z.

12 Moscow station to headquarters, May 8, 1979, 081522Z.

13 權威的匿名人士說，CIA 從華沙公約組織內部透過雷札德・庫克林斯基發出情報時，也是採用相似的程序。庫克林斯基是波蘭陸軍一名重要上校軍官。

14 Headquarters to Moscow station, April 12, 1979, 120107, 另外的資訊來自權威的匿名人士。

15 誤會可能是托卡契夫所引起。他在信中寫說，「我有」病。接下來在敘述治療後，他寫說：「如果在這方面有更有效的治療方法，能讓我們家人知道的話，會很有幫助。」Moscow station to headquarters, April 30, 1979, 301033Z.

12 Hathaway, interview with author, Aug. 28, 2013; Grimes and Vertefeuille, *Circle of Treason*, 60–62. 庫拉克並未被發現，後來死於心臟病。

13 Hathaway, interview with author, Aug. 28, 2013; Royden, "Tolkachev," 9.

14 Moscow station to headquarters, March 21, 1978, 210817Z.

15 Moscow station to headquarters, March 21, 1978, 211350Z.

16 Headquarters to Moscow station, March 24, 1978, 242036Z.

17 Moscow station to headquarters, April 11, 1978, 111215Z.

18 Royden, "Tolkachev," 10.

19 Headquarters to Moscow station, May 17, 1978, 170214Z.

20 Royden, "Tolkachev," 9.

21 Headquarters to Moscow station, June 13, 1978, 13000Z.

22 Moscow station to headquarters, Aug. 25, 1978, 251205Z.

23 Royden, "Tolkachev," 9.

24 Moscow station to headquarters, Nov. 1, 1978, 011315Z.

第五章　「打從心裡頭就是個異議份子」

1 我們沒有辦法很有意義地指出這個數字相當於多少美元。雖然官方匯率是 0.60 盧布等於 1 美元，蘇聯盧布並不是自由兌換的貨幣，而托卡契夫也無法換到美元。他的盧布價值完全看能在蘇聯經濟體系內買到什麼而定。1000 盧布大約是托卡契夫月薪的三倍。

2 Moscow station to headquarters, Jan. 2, 1979, 020805Z, and a longer cable to headquarters that followed on Jan. 2, 1979, 021403Z. Also Catherine Guilsher, interview with author, March 30, 2011.

3 Draft of Moscow station ops note to agent, untitled and undated, in Tolkachev collection from the CIA.

4 Moscow station to headquarters, March 2, 1979, 021410Z, 其中包含桂爾瑟為下次會面所起草的行動紀錄草稿。

5 Moscow station to headquarters, April 5, 1979, 050859Z.

6 Royden, "Tolkachev," 9–10, and a confidential source.

7 Moscow station to headquarters, April 26, 1979, 261013Z, and April 30, 1979, 301033Z.

Air Base Wing, CHO (AR) 7101, Vol. III, 1 July– 31 Dec. 1976," 316, released to author under FOIA, June 12, 2014.

18 Hathaway, interview with author, June 10, 2011.

19 "Evaluation of Information Provided by cksphere," memo, CIA, Dec. 29, 1977.

20 Moscow station to headquarters, Jan. 3, 1978, 031450Z.

21 Ibid.

22 "Memorandum for: Director of Central Intelligence," CIA, Jan. 3, 1978.

第四章　「終於聯絡上你」

1 Hathaway, interview with author, June 10, 2011.

2 Royden, "Tolkachev," 8.

3 Moscow station to headquarters, March 2, 1978, 021500Z. 這封電文把托卡契夫的字條譯為英文，它提到喀可夫斯基這個機構，但確實意思是「系」，我把它改了過來。

4 Royden, "Tolkachev," 8.

5 Nina Guilsher Soldatenov, "Our Family History," unpublished, courtesy Catherine Guilsher, April 5, 2013.

6 Catherine Guilsher, interviews with author, March 30, 2011, and April 5, 2013.

7 雷根總統（Ronald Reagan）一九八四年二月核准「槍手行動」（Operation GUNMAN）移除被植入竊聽器的機器，由國家安全局負責執行。見 Sharon Maneki, "Learning from the Enemy: The GUNMAN Project," *United States Cryptologic History, Series VI*, vol. 13, Center for Cryptologic History, National Security Agency, 2009. 根據 CIA 兩個消息來源的說法，被植入竊聽器的打字機是由外交官員在使用，莫斯科站並沒用到它們。

8 一般都說賈琳娜具有上校軍階，但有位消息人士告訴作者，她雖是 KGB 線民，可能並沒有此一階級。

9 Catherine Guilsher, interview with author, March 30, 2011.

10 Moscow station to headquarters, March 6, 1978, 060835Z. Guilsher's cable, sent the next morning, reconstructed the call.

11 引起緊張的這本書是 Edward Jay Epstein, *Legend: The Secret World of Lee Harvey Oswald* (New York: Reader's Digest Press, 1978), 20, 263. Grimes and Vertefeuille, *Circle of Treason*, 61 提到這件事。

8 Gates, *From the Shadows*, 138.

9 譚納上任後一個月，指示威廉斯「徹底檢討」諜報部門如何運作。譚納回憶說，威廉斯回報，它的運作合乎倫理、也很健全，他也如此向卡特報告。Turner, *Secrecy and Democracy*, 197. 但是 CIA 官員告訴作者，威廉斯在提問個人行為時，眾人對他的發問覺得很可疑。威廉斯是譚納在海軍戰爭學院任職時即追隨他的部屬。

10 譚納說：「太多老人留任。」CIA 本身在一九七六年進行研究，建議五年內裁汰一千三百五十人，但老布希沒有採取行動。譚納兩年內裁掉八百二十人，其中十七人免職、一百四十七人被迫提早退休，其餘人因調職而自請報退。他在一九七七年八月做出決定，但是一九七七年十月三十一日才發出通知，後來通稱這是「萬聖節大屠殺」（the Halloween Massacre）。被裁人員突然接到一封僅有兩段文字的信，就丟了工作。譚納後來也承認這樣做「太不近人情」（unconscionable）。Turner, *Secrecy and Democracy*, 195–205.

11 Jack F. Matlock Jr., correspondence with author, Dec. 2, 2012; Dick Combs, interview with author, Sept. 27, 2013; James Schumaker, correspondence with author, Sept. 23, 2013, and blog post in "Personal Recollections of the Moscow Fire," from MoscowVeteran.org. Schumaker 當時是大使特別助理。哈達威因保衛莫斯科站的舉動，經 CIA 頒予情報之星勳章。

12 Bearden and Risen, *Main Enemy*, 26.

13 Sandra Grimes and Jeanne Vertefeuille, *Circle of Treason: A* CIA *Account of Trai-tor Aldrich Ames and the Men He Betrayed* (Annapolis, Md.: Naval Institute Press, 2012), 59. 兩位作者是 CIA 蘇聯組長期的幕僚人員。

14 Gardner "Gus" Hathaway, interview with author, June 10, 2011.

15 庫拉克這個個案有十分複雜的歷史，涉及到 FBI 和 CIA。胡佛（J. Edgar Hoover）擔任局長時，FBI 將他視為可靠的資產，而 CIA 卻因安格頓的疑心，對他頗有保留。安格頓去職、胡佛也去世之後，兩個單位的立場變了。FBI 開始懷疑庫拉克是否可以信賴。根據直接知情人士的說法，FBI 竊聽庫拉克在紐約和華府之間一次電話通話，對他言談內容起了疑心。同時，CIA 對案情進行調查，認為庫拉克是可靠的，可以在莫斯科指揮他作業。Grimes 是執行調查的團隊之一員。見 Grimes and Vertefeuille, *Circle of Treason*, 55–57.

16 Ibid., 55–61.

17 "Foxbat/Lt. Belenko Update," Oct. 12, 1976, released to author under FOIA, Air Combat Command, Department of the Air Force, Aug. 25, 2014; Pacific Air Forces, "History of the 475th

調查小組結論是「這些間諜本身的行動造成自身失敗。」見 Clarridge, *A Spy for All Seasons: My Life in the* CIA (New York: Scribner, 1997), 167–68. 日後獲悉歐格洛德尼克是被 Karl Koecher 舉發。捷克人 Karl Koecher 夫婦一九六五年來美國，聲稱是躲避共產主義暴政，其實他們是捷克情報機關和 KGB 的特務。Koecher 進入哥倫比亞大學唸書，後來取得替 CIA 做翻譯的工作。依據合約，他會拿到電話監聽的譯文負責翻譯。他翻譯的某些通話指出蘇聯駐波哥大的一位外交官是 CIA 的消息來源。這個情報導致 KGB 追查，最後揪出歐格洛德尼克；他可能在夏初就被逮捕，比彼德生在橋上遭伏擊要早。見 Peterson, *Widow Spy*, 241. Koecher 在一九八四年被捕，一九八六年為了換取異議人士安納托利・夏克蘭斯基（Anatoly Shcharansky）的自由，美國同意以 Koecher 夫婦等九人與蘇聯交換。Koecher 原來判處無期徒刑，但減刑獲釋，條件是絕不能再回美國。

2 John T. Mason Jr., *The Reminiscences of Admiral Stansfield Turner, U.S. Navy (Retired)* (Annapolis, Md.: U.S. Naval Institute, 2011). 這是對譚納進行口述歷史的二十次訪談錄之一，感謝美國海軍學院提供。

3 Loch K. Johnson, *A Season of Inquiry: Congress and Intelligence* (Chicago: Dorsey Press, 1988).

4 John Raneleagh, *The Agency: The Rise and Decline of the* CIA (New York: Simon & Schuster, 1987), 234 報導指出，卡特請伯納德・羅吉斯（Bernard Rogers）將軍出任 CIA 局長，他婉拒後推荐譚納。

5 Stansfield Turner, address to the U.S. Naval Academy Class of 1947, Nov. 13, 1980, Washington, D.C. 另參見 Stansfield Turner, *Secrecy and Democracy: The* CIA *in Transition* (Boston: Houghton Mifflin, 1985), 15, and Mason, *Reminiscences*, 744–48. 關於卡特的想法，見 Raneleagh, *Agency*, 634–35.

6 關於人造衛星計畫的詳情，見 F. C. E. Oder, J. C. Fitzpatrick, and P. E. Worthman, *The Gambit Story* (Chantilly, Va.: Center for the Study of National Reconnaissance, 2012), and R. J. Chester, *A History of the Hexagon Program: The Perkin- Elmer Involvement* (Chantilly, Va.: Center for the Study of National Reconnaissance, 2012). 另參見 Stansfield Turner, *Burn Before Reading: Presidents,* CIA *Directors, and Secret Intelligence* (New York: Hyperion, 2005), 161.

7 譚納堅持對軍事均勢採取這種分析方式高度不尋常，一九八〇年的情報評估引起大爭議。見 Gerald K. Haines and Robert E. Leggett, *Watching the Bear: Essays on* CIA*'s Analysis of the Soviet Union* (Washington, D.C.: Center for the Study of Intelligence, 2003), 169.

方面的研究。

39 Milt Bearden and James Risen, *The Main Enemy: The Inside Story of the* CIA*'s Final Showdown with the* KGB (New York: Random House, 2003), 22–24 討論葛伯的研究及其結論。

40 Ibid., 23–24. 關於 Blee，見 Weiser, *Secret Life*, 7–9.

41 Wallace and Melton, *Spycraft*, 87–102.

42 Ibid., 87–96. 華萊士是 CIA 技術處前任處長。

第二章　莫斯科站

1 Martha Peterson, *The Widow Spy: My* CIA *Journey from the Jungles of Laos to Prison in Moscow* (Wilmington, N.C.: Red Canary Press, 2012). 另參見 Bob Fulton, *Reflections on a Life: From California to China* (Bloomington, Ind.: Authorhouse, 2008), 61.

2 Martha Peterson, interview with author, Oct. 12, 2012, and *Widow Spy*.

3 Fulton, *Reflections*, 72–76.

4 Peterson, *Widow Spy*, 174, and interview.

5 Robert Fulton, interview with author, May 12, 2012. 加油站會面發生在一九七七年一月十二日。Moscow station to headquarters, Jan. 13, 1977, 131150Z; Fulton, *Reflections*.

6 Royden, "Tolkachev," 5–33. 關於本案有一份列為機密比較長篇的報告，這是其中未列入機密的部分。

7 Ibid., 6. Royden 報導，CIA 對未來幾個月在莫斯科另外規劃有幾個行動，不希望傷害到它們；甚且，卡特總統的新政府預備派內定的國務卿范錫（Cyrus Vance）到莫斯科，商量武器控制談判，不希望有間諜案另生枝節。

8 Moscow station to headquarters, Feb. 18, 1977, 181010Z.

9 Royden, "Tolkachev," 6–7; Fulton, *Reflections*, 79.

10 James M. Olson, interview with author, Nov. 2, 2012.

11 Peterson, *Widow Spy*, 241–42.

第三章　代號「球面」的男人

1 彼德生被捕及驅逐出境之後，CIA 內部對歐格洛德尼克為何會出紕漏，以及幾個月之後間諜被捕的事件進行內部檢討。CIA 官員 Duane R. Clarridge 參與這項內部檢討，他說，

1, in the document collection accompanying Bird and Bird, "CIA Analysis." 過去一些說法聲稱，從地道搜集來的情資已經被蘇聯混入了假情報，誤導西方國家。Murphy, Kondrashev, and Bailey, Battleground Berlin 的權威記載則說，地道作業在還沒有辦法利用 U–2 高空偵察機和人造衛星拍照以前的時代，「事實上生產大量迫切需要、且很難取得的軍事情報」。他們也說，KGB 有本身安全的通訊管道，但是紅軍和 GRU 仍使用遭西方竊聽的線路。

32 Anne Applebaum, *Iron Curtain: The Crushing of Eastern Europe, 1944–1956* (New York: Doubleday, 2012), 64–87. Robarge 在"Cunning Passages"說：安格頓「專注蘇聯，大致上忽略」其他敵人，如東德和捷克的情報機關。

33 Haviland Smith, correspondence with author, June 5, 2013. 史密斯開創性的影響在 Benjamin Weiser, *A Secret Life: The Polish Officer, His Covert Mission, and the Price He Paid to Save His Country* (New York: Public Affairs, 2004), 74–78 中有詳盡的報導。

34 David Forden, interview with author, Feb. 6, 2013.

35 Bruce Berkowitz, "The Soviet Target— Highlights in the Intelligence Value of Gambit and Hexagon, 1963–1984," *National Reconnaissance: Journal of the Dis-cipline and Practice*, no. 2012-UI (Spring 2012): 110–12. 這一創新有一大部分是為了因應在蘇聯境內缺乏良好的人力情報而產生。一九五四年，艾森豪總統成立一個小組，由麻省理工學院教授 James Killian 主持，研究蘇聯突襲的可能性。小組的結論是：「我們必須找出方法，增加我們情報估計所依據的確實事實數量，以提供更好的戰略性示警……我們建議採取積極的計畫，在許多情報程序中廣泛利用最先進的科技知識。」見 National Security Policy, doc. 9, "Report by the Technological Capabilities Panel of the Science Advisory Committee," Feb. 14, 1955, in *Foreign Relations of the United States, 1955–1957, vol. XIX* (Washington, D.C.: Government Printing Office, 1990).

36 Martin L. Brabourne, "More on the Recruitment of Soviets," *Studies in Intelligence* 9 (Winter 1965): 39–60.

37 Paul Redmond, "Espionage and Counterintelligence," panel 3, at U.S. Intelligence and the End of the Cold War, a conference at the Bush School of Government and Public Service, Texas A&M University, College Station, Nov. 18–20, 1999.

38 Jerrold M. Post, "The Anatomy of Treason," *Studies in Intelligence* 19, no. 2 (1975): 35–37. 後來 William Marbes, "Psychology of Treason," *Studies in Intelligence* 30, no. 2 (1986): 1–11 也提出這

23 Schecter and Deriabin, *Spy Who Saved the World*, 147. 關於潘可夫斯基提供的積極情報的實例，詳見 Bird and Bird, "CIA Analysis," 13–28, 以及相關的文件收藏。McCoy 對這項行動得到的積極情報也有詳細記載。Len Scott, "Espionage and the Cold War: Oleg Penkovsky and the Cuban Missile Crisis," *Intelligence and National Security* 14, no. 3 (Autumn 1999): 23–47，則對潘可夫斯基對古巴飛彈危機的貢獻持比較懷疑的觀點。

24 Unknown author, "Reflections on Handling Penkovsky," Studies in Intelligence, CIA, date unknown, CIA 二〇一四年九月三日解密的這篇文章，作者是一九六二年六月到任的 CIA 情治人員，見第 53 頁。

25 Wallace and Melton, *Spycraft*, 36–39.

26 Unknown author, "Reflections," 57; McCoy, "Penkovskiy Case," 9.

27 韋恩被判有期徒刑八年，但在一九六四年交換間諜時獲釋。

28 關於安格頓的文獻記載甚多。本章取材自 Tom Mangold, *Cold Warrior: James Jesus Angleton: The CIA's Master Spy Hunter* (New York: Simon & Schuster, 1991); David C. Martin, *Wilderness of Mirrors* (New York: Harper & Row, 1980); David Robarge, "Cunning Passages, Contrived Corridors: Wandering in the Angletonian Wilderness," *Studies in Intelligence* 53, no. 4 (2010); and Barry G. Royden, "James J. Angleton, Anatoliy Golitsyn, and the 'Monster Plot': Their Impact on CIA Personnel and Operations," *Studies in Intelligence* 55, no. 4 (2011), released via the National Security Archive, Washington, D.C. 另可參見 "Moles, Defectors, and Deceptions: James Angleton and His Influence on U.S. Counterintelligence," report on a conference held at the Woodrow Wilson Center and co- sponsored by the Georgetown University Center for Security Studies, March 29, 2012, Washington, D.C. 另見 Robert M. Hathaway and Russell Jack Smith, "Richard Helms as Director of Central Intelligence," Center for the Study of Intelligence, CIA, 1993, 103.

29 Robert M. Gates, *From the Shadows: The Ultimate Insider's Story of Five Presidents and How They Won the Cold War* (New York: Simon & Schuster, 1996), 34. 另參見 Robarge, "Cunning Passages."

30 Burton Gerber, interview with author, Oct. 25, 2012.

31 雖然地道打從一開始就被 KGB 潛伏在英國情報機關的特務 George Blake 所洩漏，蘇聯顯然允許它繼續不受干擾使用，希望保護他們的消息來源。關於地道作業的官方記錄，見 "The Berlin Tunnel Operation, 1952–1956," Clandestine Services History, Historical Paper No. 150, June 24, 1968, declassified in part by the CIA in 2012, included as doc. No. 001- 034, chap.

Penkovskiy Papers (New York: Doubleday, 1965)，它們相當大量依據潘可夫斯基和美、英情報團隊的會面。最近還有一本書，Gordon Corera, *The Art of Betrayal: The Secret History of* MI6 (New York: Pegasus Books, 2012), 135–83. 另參見 Leonard McCoy, "The Penkovskiy Case," Studies in Intelligence, CIA, date unknown, declassified Sept. 10, 2014, and "Reflections on Handling Penkovsky," author and date unknown, Studies in Intelligence, CIA, declassified Sept. 3, 2014. CIA 解密文件可在 www.foia.cia.gov 上查到，超過二十五年的文件可到 CREST 去查，這是 CIA 的電子搜尋工具，可到 the National Archives, College Park, Md 去找。

17 代號「羅盤」的這個官員在一九六〇年十月抵達莫斯科。他的對外身份是美國之家（America House）的主任管理員，基本上是個榮譽職。美國之家是一棟宿舍大樓，供大使館的陸戰隊警衛員等人住宿。「羅盤」沒有經驗，樣樣施展不開來。他向 CIA 總部打報告，建議讓俄國間諜把敏感的情報資料包好，在夜裡丟過美國之家十二英尺的高牆，他守在牆裡面收件就行了，完全沒想到這棟樓房一直在 KGB 監視下。「羅盤」在莫斯科找不到其他祕密情報交換點，又不時抱怨個人生活環境太差。他到任兩個月了，都還不能和俄國間諜建立接觸。一九六一年二月五日，他終於試圖打電話到潘可夫斯基的住家。這是星期天上午，他得到的指示是上午十點打電話，要說俄語。這位老兄卻在上午十一點才撥電話，而且講英語。潘可夫斯基只略通英語，在家裡從來不說英語。他告訴來電人，他聽不懂，就掛上電話。「羅盤」行動根本行不通。

18 Hart, *The* CIA*'s Russians*, 59–60.

19 McCoy, "Penkovskiy Case," 3.

20 Ibid., 5.

21 Christopher Andrew, "Intelligence and Conspiracy Theory: The Case of James Angleton in Long-Term Perspective," keynote address at a conference, March 29, 2012, Washington, D.C., sponsored by the Woodrow Wilson Center and the Georgetown University Center for Security Studies. McCoy 認為逮到潘可夫斯基一定讓蘇聯領導人在一九六二年九、十月之間相當震驚，因為他們不曉得他究竟洩漏給美國什麼機密。McCoy 說，這很可能傷害到赫魯雪夫回應甘迺迪總統時的信心。他寫說：「潘可夫斯基被捕的時機反而使甘迺迪占了上風。」McCoy, "Penkovskiy Case," 11.

22 潘可夫斯基出入莫斯科高層軍事圈，包括前任 KGB 頭子、現任 GRU 首長伊凡・瑟洛夫（Ivan Serov）將軍的家，因此使西方國家理解蘇聯軍事領袖的思維。

13 關於波帕夫案的描述來自五個來源：William Hood, *Mole: The True Story of the First Russian Intelligence Officer Recruited by the* CIA (New York: W. W. Norton, 1982) 敘述很詳盡。Hood 當時是派在維也納的第一線行動人員，但是他對部分細節的敘述很含糊。Clarence Ashley, CIA *Spymaster* (Grenta, La.: Pelican, 2004) 依據的是對 George Kisevalter 的訪談紀錄，作者是前任 CIA 分析員。John Limond Hart, *The* CIA*'s Russians* (Annapolis, Md.: Naval Institute Press, 2003) 有一章專談波帕夫。Murphy, Kondrashev, and Bailey, *Battleground Berlin* 也有一些報導。最後，關於積極情報及其重大意義的例子，見 Joan Bird and John Bird, "CIA Analysis of the Warsaw Pact Forces: The Importance of Clandestine Reporting," a monograph and document collection, Central Intelligence Agency, Historical Review Program, 2013. 關於農村雜誌這一段，見 Hood, Mole, 123.

14 根據波帕夫提供情資的情報報告，包含在 Bird and Bird, "CIA Analysis"裡頭。

15 這個專人即三十二歲的 Edward Ellis Smith，二戰期間曾在莫斯科擔任軍事武官。他以國務院低階官員身份前往莫斯科，波帕夫並不滿意他選擇的祕密情報交換點。見 Richard Harris Smith, "The First Moscow Station: An Espionage Footnote to Cold War History," *International Journal of Intelligence and Counterintelligence* 3, no. 3 (1989): 333–46. 這篇文章依據的是對 Edward Smith 的訪談紀錄和他的文件。（Edward Smith 一九八二年車禍亡故。）關於 Smith 在波帕夫案的角色，以及波帕夫在莫斯科任職時是否提供有用的情報給 CIA，有相互牴觸的說法。根據 Hood 在 *Mole* 一書的說法，CIA 認為在莫斯科的風險極高，完全不讓波帕夫活動。可是，Richard Harris Smith 卻說，波帕夫在莫斯科期間提供給 CIA 當時最轟動的政治事件的內情——赫魯雪夫一九五六年二月二十五日在蘇共第二十屆黨代表大會發表談話，批判史達林。Ashley 說 Smith 從來沒見過波帕夫。然而，這並不能排除作業行動的存在，如果 Edward Smith 只負責在祕密地點取、送文件，他們並不需要碰面。Smith 和他的俄國女傭發生戀情，她是 KGB 人員，偷偷拍下照片。KGB 把照片拿給 Smith 看，要脅他替 KGB 工作。Smith 不從，向美國大使查爾斯・鮑林（Charles "Chip" Bohlen）自首。Smith 在一九五六年七月被調回 CIA 總部後革職。

16 Jerrold L. Schecter and Peter S. Deriabin, *The Spy Who Saved the World: How a Soviet Colonel Changed the Course of the Cold War* (New York: Scribner's, 1992). 這是對潘可夫斯基相當肯定的一本書，依據的是 CIA 的檔案。另參見 Richard Helms, "Essential Facts of the Penkovskiy Case," memo for the Director of Central Intelligence, May 31, 1963, and Oleg Penkovskiy, *The*

"Investigation of the Pearl Harbor Attack," U.S. Senate, 79th Cong., 2nd sess., Report no. 244, July 20, 1946, 257–58. 杜魯門在回憶錄中寫說，他「經常想到若是政府資訊相互協調，即使日本人可能突襲珍珠港，至少也很難突襲成功。」 Harry S. Truman, Memoirs, vol. 2, Years of Trial and Hope (Garden City, N.Y.: Doubleday, 1956), 56.

2 Woodrow J. Kuhns, ed., *Assessing the Soviet Threat: The Early Cold War Years* (Washington, D.C.: Center for the Study of Intelligence, CIA, 1997), 1, 3.

3 CIA 推翻伊朗和瓜地馬拉領導人；在豬玀灣登陸失敗；對蘇聯在古巴部署飛彈提出警告；被捲入越戰的深淵；最後還負責在寮國的全面性地面戰爭。U.S. Senate, "Final Report of the Select Committee to Study Governmental Operations with Respect to Intelligence Activities," 94th Cong., 2nd sess., bk. 1, "Foreign and Military Intelligence," pt. 6, "History of the Central Intelligence Agency," April 26, 1976, Report 94- 755, 109.

4 Dmitri Volkogonov, *Stalin: Triumph and Tragedy*, trans. Harold Shukman (London: Weidenfeld & Nicolson, 1991), 502–24.

5 David E. Murphy, Sergei A. Kondrashev, and George Bailey, *Battleground Berlin:* CIA *vs.* KGB *in the Cold War* (New Haven, Conn.: Yale University Press, 1997), ix.

6 "Report on the Covert Activities of the Central Intelligence Agency," Special Study Group, J. H. Doolittle, chairman, Washington, D.C., Sept. 30, 1954, 7.

7 Richard Helms, *A Look over My Shoulder: A Life in the Central Intelligence Agency,* with William Hood (New York: Random House, 2003), 124.

8 Evan Thomas, *The Very Best Men: The Daring Early Years of the* CIA (New York: Simon & Schuster, 1995), 25, 30, 36, 142–52. Also, U.S. Senate, "Final Report," pt. 6, "History of the Central Intelligence Agency." Richard Immerman, "A Brief History of the CIA," in *The Central Intelligence Agency: Security Under Scrutiny*, ed. Athan Theoharis et al. (Westport, Conn.: Greenwood Press, 2006), 21.

9 Helms, Look over My Shoulder, 124, 127.

10 Gerald K. Haines and Robert E. Leggett, eds., CIA*'s Analysis of the Soviet Union, 1947–1991: A Documentary Collection* (Washington, D.C.: Center for the Study of Intelligence, 2001), 35–41.

11 Kuhns, Assessing the Soviet Threat, 12.

12 Richard Helms, interview with Robert M. Hathaway, May 30, 1984, released by CIA in 2004. 哈達威是有關赫姆斯擔任局長事蹟的一份內部報告的共同作者。

註釋

托卡契夫的故事部分根據944頁解密的作業檔案而撰寫，它們主要是一九七七年至一九八五年，CIA總部和莫斯科站之間的來往電文。以下註釋依據發文者、受文者、日期和時日戳記分別引用。時日的格式如下：頭兩位數字為日期，後四位則為電文發出的格林威治標準時間（GMT），後面再加個Z；譬如電文131423Z代表它在十三日的格林威治標準時間下午兩點二十三分發出。有些電文，此一時日資訊編改過；如有可能，作者會標明其日期。

CIA的電文經常以簡略的文體書寫，有些字被省略。當直接引用時，作者保留此一文體，逐字引用。

CIA檢查文件是否涉及敏感資訊，這類資訊交給本書作者之前已經編改過。CIA沒有限制作者如何使用它發布的文件，也沒有在本書出版前檢視原稿。

CIA有些電文貼在www.davidehoffman.com上。

FBI回應本書作者依據《資訊自由法》（Freedom of Information Act (FOIA)）提出的申請，公布有關霍華德的調查紀錄。

本書也根據作者從其他消息來源取得的文件和進行的訪談紀錄。

序曲

1 William Plunkert, correspondence with author, March 28, 2014; Moscow station to headquarters, Dec. 8, 1982, 081335Z.

2 Barry G. Royden,"Tolkachev, a Worthy Successor to Penkovsky,"*Studies in Intelligence* 47, no. 3 (2003): 22. Also Robert Wallace and H. Keith Melton, *Spycraft: The Secret History of the* CIA*'s Spytechs from Communism to al- Qaeda*, with Henry Robert Schlesinger (New York: Dutton, 2008), 130–31.

第一章　走出鏡像

1 Roberta Wohlstetter, *Pearl Harbor*: Warning and Decision (Stanford, Calif.: Stanford University Press, 1962), 48–49. 另參見 Joint Committee on the Investigation of the Pearl Harbor Attack,

終結冷戰：一個被遺忘的間諜及美蘇對抗祕史

The Billion Dollar Spy: A True Story of Cold War Espionage and Betrayal

作者　大衛・霍夫曼（David E. Hoffman）
譯者　林添貴
總編輯　富察
責任編輯　區肇威
校審　謝仲平
企劃　蔡慧華
封面設計　吳宗恒
排版　宸遠彩藝

社長　郭重興
發行人兼出版總監　曾大福
出版發行　八旗文化／遠足文化事業股份有限公司
地址　新北市（二三一）新店區民權路一〇八—二號九樓
電話　（〇二）二二一八—一四一七
傳真　（〇二）八六六七—一〇六五
客服專線　〇八〇〇—二二一—〇二九
信箱　gusa0601@gmail.com
Facebook　facebook.com/gusapublishing
Blog　gusapublishing.blogspot.com
法律顧問　華洋法律事務所／蘇文生律師
印刷　成陽印刷股份有限公司
初版一刷　二〇一七年四月
定價　三八〇元

國家圖書館出版品預行編目（CIP）資料

終結冷戰：一個被遺忘的間諜及美蘇對抗祕史 / 大衛．霍夫曼 (David E. Hoffman) 著；林添貴譯．-- 初版．-- 新北市：八旗文化，遠足文化，2017.04
352 面；17 X 22 公分
譯自：The billion dollar spy : a true story of Cold War espionage and betrayal
ISBN 978-986-94231-4-4（平裝）

1. 美國中央情報局 (Central Intelligence Agency, United States) 2. 情報戰 3. 冷戰

599.7252　　106001284